可逆逻辑综合

管致锦　著

科学出版社

北　京

内 容 简 介

本书以作者和课题组多年来可逆逻辑综合工作为基础，但又不囿于此。撰写中把可逆逻辑综合基础与最新研究成果相融合，以可逆逻辑门级联为主线，从简单可逆逻辑门级联出发，逐步拓展可逆门级联的种类，引入相关的可逆逻辑综合理论和方法。本书系统介绍可逆逻辑门、可逆逻辑函数与可逆逻辑门网络及其相互关系，分析可逆逻辑和可逆逻辑门的本质特征，反映可逆逻辑门网络的结构特点和内涵特性，并给出相应的表示；较为全面地给出传统可逆逻辑门到扩展可逆逻辑门可逆逻辑综合的相关理论和方法。

本书可作为高等院校计算机、电子信息、通信等专业高年级本科生和研究生课程的参考用书，同时对相关研究人员也具有指导意义和参考价值。

图书在版编目(CIP)数据

可逆逻辑综合/管致锦著. —北京：科学出版社，2011. 2

ISBN 978-7-03-030049-2

Ⅰ. ①可…　Ⅱ. ①管…　Ⅲ. ①电子计算机-逻辑设计　Ⅳ. ①TP302. 2

中国版本图书馆 CIP 数据核字（2011）第 009955 号

责任编辑：任　静　王国华 / 责任校对：邹慧卿

责任印制：赵　博 / 封面设计：耕者设计工作室

科学出版社 出版

北京东黄城根北街 16 号

邮政编码：100717

http://www.sciencep.com

丽源印刷厂 印刷

科学出版社发行　各地新华书店经销

*

2011 年 2 月第 一 版　开本：B5（720×1000）

2011 年 2 月第一次印刷　印张：14

印数：1—2 500　字数：263 000

定价：50. 00 元

前　言

计算复杂性是求解一个计算问题所需要的时间和空间的度量,时间和空间量是计算的重要资源。计算过程中还有一类资源往往被人们忽略,那就是能量。可逆计算是解决计算过程中能量资源损耗的重要手段。从逻辑的观点,可以对一个基本计算步骤所消耗的能量进行计算。抛开计算机制造过程中工艺和材料的因素,计算机中能耗问题主要是逻辑上的不可逆操作产生的。自 Landauer(1961)提出计算过程中能量消耗与计算的可逆性有着必然联系的论点以来,对信息、能耗和计算之间关系的研究虽然经历了漫长的过程,但只有近十几年来随着量子计算的发展和低功耗集成电路技术的要求才被真正重视起来。

可逆逻辑综合是可逆计算研究的关键问题之一,它是量子计算和量子信息技术研究的重要组成部分,并在低功耗网络设计、信息安全、纳米技术等其他一些现代科学领域有着重要应用(Long et al., 2001; Nielsen et al., 2000; Picton, 2000; Merkle, 1993; Peres, 1985)。其潜在的巨大实际应用价值和重大的科学理论意义,正引起越来越多的关注。

可逆计算中的逻辑综合是近年来发展起来的新兴研究领域,是交叉性很强的学科,有诸多问题需要进行研究。可逆逻辑综合的关键问题是如何构造和优化可逆逻辑网络,主要表现在可逆逻辑设计算法、规模、优化及代价等。研究可逆逻辑综合的理论和方法,能够让新兴的相关技术领域通过使用可逆门网络的级联结果得以更好地发展。

由于可逆逻辑综合在可逆计算中的基础地位和在光计算、纳米技术以及信息安全方面的重要应用,近十年来研究成果不断涌现。因此,总结国际上近十年来可逆逻辑综合的研究成果,反映我国学者在该领域的贡献,引导更多的人投身该领域开展研究是十分迫切和非常必要的。本书对相关问题给出了一系列解决方案,各章的具体安排是:

第 1 章阐述了可逆逻辑综合的研究背景,介绍了可逆计算及可逆计算中逻辑综合的研究内容和研究现状,分析了可逆逻辑综合目前的研究方法和存在的问题,并概述了本书的主要研究内容。

第 2 章对可逆的物理意义和逻辑意义进行了探讨,给出了可逆逻辑的数学基础——布尔代数的相关内容,分析研究了可逆逻辑门的演化过程,给出了一般可逆逻辑门及其表示方法,研究了可逆逻辑门和一般可逆逻辑门之间的关系。

第 3 章分析了可逆逻辑网络结构和可逆网络级联的基础,提出了一种可逆网络门的计数方法，给出了可逆网络的表示方法，提出了一种可逆逻辑门网络基本元素的产生方法和可逆逻辑门的级联方法。

第 4 章给出了一种可逆逻辑门网络的基本构造方法。

第 5 章介绍了典型的 Toffoli 门序列可逆逻辑综合，将给定的可逆函数转换为恒等函数，避免了大规模的查找，有利于扩充可逆网络的规模。

第 6 章将 Toffoli 门、SWAP 门和 Fredkin 门统一到一个可逆逻辑门库中进行讨论，并给出了一种组合级联方法，实现了不同输入下典型可逆门簇网络的级联方法。

第 7 章对传统可逆逻辑门进行了扩展，提出了一种基于正/反控制门簇的可逆网络级联算法，该算法采用逐个门添加的方法，引入了正/反控制交换门(PNCSG)的概念，验证了正/反控制门簇在可逆网络级联中的优越性。

第 8 章提出了可逆函数复杂性网络综合方法。该方法根据可逆函数的输出排列，逐次交换输出向量，在交换过程中减少函数的复杂性，完成可逆网络的构建与优化。

第 9 章给出了一种可逆函数复杂性网络综合方法，并对一些具有代表性的可逆函数进行了综合。

第 10 章给出了不可逆逻辑函数转化为可逆函数的方法，并针对扩展的可逆逻辑门(MCMT 门)给出了相应转化实例。

第 11 章给出了可逆网络的优化方法。运用模板的方式等价替换可逆网络中的某一部分可逆逻辑门，减少可逆逻辑门的数量，优化可逆网络。

第 12 章主要介绍了通过 PPRM 扩展式综合可逆网络的方法。该方法通过识别候选因子，把候选因子替换成为新的 Reed-Muller 展开式，来判断能否优化可逆网络。

作者无意在本书中简单罗列近年来可逆逻辑综合的方法，而试图以可逆门级联为主线，从基本理论出发，以简单可逆逻辑门级联为基础，逐步拓展可逆门的种类，引入相关的可逆逻辑综合方法，反映近年来国际国内可逆逻辑综合研究成果，其中以作者和课题组成员近年来所做的工作为主。

国家自然科学基金(60873069)、南通大学学术著作出版基金、南通大学信息与通信工程学科科研项目基金，江苏省高等学校优秀科技创新团队项目基金为本书的出版和相关研究工作提供了资金保证。

感谢中国科学院计算技术研究所倪光南院士、清华大学龙桂鲁教授、南京大学宋方敏教授为本书出版给予推荐；感谢南京航空航天大学秦小麟教授、南通大学包志华校长和景为平教授、南京理工大学刘凤玉教授、南京大学许满武教授一直对作者的研究工作给予支持、指导和帮助。感谢 Maslov 博士、Yang 教授、Miller 教授、陈汉武教授、李志强博士、张小颖博士等诸多本领域学者以及研究生朱文颖和倪丽惠同学的研究成果为本书提供相关素材。感谢我的夫人张义清女士对本书作出贡献以及对我工作上持之以恒地给予理解和支持。特别感谢吕彦鸣教授等老师和朋友，感谢他们多年来给予的专业上的指导、生活上的照顾、工作上的支持和精神上的鼓励。感谢南通大学计算机科学与技术学院支持和帮助我的同仁，他们为我的研究工作创造了良好的环境，并给予充分的时间保障，让我的研究得以顺利进行。

在本书的写作过程中，研究生倪丽惠同学对本书的书稿进行了细致的校对和修正，在这里表示衷心感谢。

由于可逆逻辑综合的研究尚未成熟，加之写作时间仓促、作者水平有限、部分内容还是课题组所取得的阶段性研究成果，不妥之处在所难免，殷切期待读者给予批评指正。

管致锦

2010 年 10 月 1 日于南通

目　录

第1章　绪　论

可逆计算理论是基于保持命题规则的可逆转性。目前可逆计算在计算处理过程中还不能在功能和结构方面达到满意的效果，其主要原因是抽象计算系统的行为与物理法则之间没有得到相应的匹配。构造等价可逆网络是解决上述相关问题的关键内容之一。

1.1　引　言

计算复杂性是求解一个计算问题所需要的时间和空间量(Turing，1936；Church，1936)，时间和空间量是计算的重要资源；计算过程中还有一类资源往往会被人们忽略，那就是能量。可逆计算(von Neumann，1966；Landauer，1961；Bennett，1973，1982；Maslov et al.，2004)最初的提出就是为了解决计算机中的能量消耗问题。

对信息、能耗和计算之间关系的研究经历了很长的历史。主要的工作始于Landauer(1961)的论文《计算过程的不可逆性与热量的产生》，该文提出了著名的Landauer原理。事实上，1929年Szilard(1929)的论文和von Neumann(1949)的演讲已经提出了接近于Landaure原理的结论，但还没有找到擦除信息需要消耗能量的本质。

计算过程的能量消耗与计算的可逆性有着必然的联系(Landauer，1961)。20世纪60年代以来，计算机硬件以惊人的速度发展，1965年Moore把这种现象概括为一条规律(Wikipedia，2006)，即Moore定律。Moore定律在几十年里都近似成立。然而，大多数业内人士认为，Moore定律将在21世纪的前20年内结束(Chen，2003)。其主要原因是：一方面，电子器件越做越小，功能会受到量子效应的干扰；另一方面，单位面积中器件的数量增加，产生的热量会越来越多。这些将会使硅芯片的发展最终走到极限。

Landauer(1961)最早考虑了能耗导致计算机芯片发热的问题，他研究了能耗的来源，指出能耗产生于计算过程中的不可逆操作。例如，对两位的异或操作，因为只有一位的输出，这一过程损失了一个自由度，因此是不可逆的，按照热力学理论，必然会产生一定的热量。Keyes和Landauer(1970)证明了每一位(bit)不可逆信息的丢失会产生$kT\lg 2$焦的热量，其中k是Boltzmann常量、T是热力学温度。这种热量的消耗对于每一信息位来说看起来很小(2.9×10^{-21} J)，但不可忽略不计。由于信息的丢失使得热量的产生呈指数增长，在未来的集成电路设计中，热量的产生是特别要考虑的。Stinson 和 Rusu(2003)给出了 Madison Itanium-2 处理器信息丢失发热的精确计算。为了避免这种逻辑上的不可逆性，Landauer 认为可以对异或门的操作进行简单改进，即保留一个无用的信息位（或称垃圾信息），该操作就变为可逆。就是说，逻辑上消除能耗的关键是将不可逆操作改造为可逆操作。

Bennett(1973)更严格地考虑了可逆计算的问题。经典计算机实际上就是一个通用图灵机(Turing, 1936)，通用图灵机是计算机的抽象数学模型，图灵机的模型是不可逆的。Bennett(1973)证明了一个基本结论，即对所有不可逆的通用图灵机，都可以找到对应的可逆图灵机，使得两者具有完全相同的计算能力。也就是说，计算机中的每步操作都可以变为可逆操作。

早在 20 世纪 70 年代，可逆操作就与量子计算建立了紧密的联系，因为所有的量子计算必须是可逆的(David,1998)，在量子力学中，它可以用一个幺正变换来代表。Benioff(1982)最早用量子力学来描述可逆计算机。1982 年，Fredkin 和 Toffoli(1982)设计了一种没有信息量损失的方案，引入了计算的可逆网络模型。考虑到传统逻辑门(如 AND、OR 门等)通常有两个输入和一个输出，是不可逆的，Fredkin 和 Toffoli(1982)设想，如果人们作出安排，使它既能传递逻辑门的输出值，也能传递它的输入值，这样就不会有信息位丢失。按照 Bennett 的理论，使用这种逻辑门设计的计算机能计算常规计算机所能计算的任何事情。因此，Fredkin 和 Toffoli 找到了使计算可逆的方法。Feynman(1986)发明了一种序列可逆计算的全量子模型，这一工作大大推动了量子计算研究的发展。在大约同一时间，Charles 等(1985)和他在加利福尼亚州的同事描述了一种新的叫做 MOSFET 的实现可逆计算的新技术，这一技术只要求很少数量的大感应器，用来起隔断作用，使得制造和测试可逆芯片设计的实验变得容易了。然而，在可逆计算能够成为超省能源、高性能计算的一个实用依据之前，还有很多挑战性的研究工作需要去解决，这些将在 1.3 节加以介绍。

1.2 可逆计算

可逆计算是一门新兴的交叉学科，其研究角度各有不同，并产生了不同的流派。但不论从哪个角度进行研究，其基础都是可逆逻辑，基本的计算和命题规则都需要保持可逆性。

按照 Toffoli(1980)的观点，如果一个动态系统从它的状态集合任意一点能够唯一地及时按照原来的轨迹返回，就说这个动态系统是可逆的。换句话说，如果一个动态半群能够扩充成一个群，就说这个动态系统是可逆的(George, 2004)。

通常情况下，抽象计算是不可逆过程，因为它可能是多对一函数的对应关系。

因此,对于一个在物理系统中通过数字网络意义下的处理过程实现的抽象计算任务,在建模层面需要由给定计算过程的不可逆性替换物理法则的可逆性。在传统的方法中,这种转换是在低级的物理层面通过逻辑门完成的。这样的物理变换过程涉及热量转换过程的具体问题,超出了通常计算模型概念的范畴。

在任何数字计算机中,一个0和1的数组代表一个数。计算机中的每个操作对应着相应的位操作,例如,从0到1翻转为0或1。本质上,计算机是由成千上万实现逻辑操作的门组成的。在大多数情况下,这些逻辑运算是所谓"不可逆"的。也就是说,每次一个逻辑操作(功能)的执行,有关的信息输入信息可能被删除。因此,我们不能从得到的输出推断出唯一的输入。

如果一个逻辑门是不可逆的,则部分输入信息在逻辑门运算的时候将不可恢复地丢失掉,或者说某些信息被擦除了。但在可逆计算中,不存在信息的擦除,因为输入信息可由输出信息推知。换句话说,计算是可逆的等价于计算过程中没有信息被擦除。所谓信息被擦除,是指由计算的输出状态无法反推回输入状态。例如,传统的"OR"门,如果输出是0,可知两个输入都是0;如果输出是1,由于其三种输入状态(0, 1)、(1, 0)、(1, 1)的输出结果都为1,所以无法确定原始输入。如果一个逻辑门网络是可逆的,可以从输出结果推知输入结果;反之亦然。可逆布尔网络,输入和输出数目是相等的。传统的逻辑"或"门和"与"门都是不可逆的,有3/4输出和输入不一一对应。同样,"异或"门、"与非"门和"或非"门也是不可逆的。而"非"门是可逆逻辑门,因为给定其输出就可以确定其输入值。

Toffoli(1980)阐述了一般计算模型下的不可逆行为与机器层面上的可逆性之间的关系,解决了物理定律的可逆性与计算机运算的不可逆性如何统一的问题。通常可以用因果关系网络图的形式表示一个函数组合(Wasaki, 1988; 王锵和石纯一, 1997),这是一个基本的非循环有向图。这样的构造中,因果关系网是"自由环",即它们不包含循环路径。一个组合网络是一个不包含无限路径因果关系的网络。一个有限因果关系网络等同于一个组合的网络。如果一个因果关系网络能够通过可逆组合实现,就说这个因果关系网络是可逆的。一个可逆的组合网络总可以定义为一个可逆函数。因此,在组合网络结构中,可逆性的形式与可颠倒性的形式是一致的。

可逆计算的研究告诉我们,普通的不可逆逻辑运算会引起一个基本最小单位的能量损耗(Landauer, 1961),该现象本身并不是由于热噪声引起的。这一事实将影响未来几十年内计算机性能的发展。然而,基于可逆逻辑运算的计算机可以对一部分信号能量进行重新利用,并且随着硬件质量的提升,理论上能够重新利用的信号能量可以任意地接近于100%,这就为在一个给定功率损耗水平内任意高性能计算机的实现提供了可能。自从这种方法的理论可行性首先由Bennett(1973)提出后,对于怎样设计和实现基于可逆逻辑实用机器的理解有了极大的提高。但是目前有很多有意义的、具有挑战性的研究工作需要做(Frank，2005)：①快速廉价且绝热能量系数比晶体管小得多的转换装置；②高可逆性的时钟系统；③可逆逻辑设计算法、规模、优化及代价等。本书主要讨论上述第三个问题，并给出一系列解决方案。

1.3 可逆计算中的逻辑综合

1.3.1 可逆逻辑综合的概念

可逆逻辑综合是可逆计算的重要研究内容(Andrel et al.，2002；Miller et al.，2003a；2003b；Maslov，2003；2003a；2003b)。可逆逻辑综合，就是用给定的可逆逻辑门，按照可逆网络无扇出、无反馈等约束条件和限制，实现相应的可逆逻辑网络，并使得代价尽可能小。

可逆逻辑门的级联是可逆逻辑综合的关键问题之一。可逆逻辑门网络是输入数与输出数相等，并且输入向量与输出向量为一一映射的可逆逻辑门集合。因此，输入向量的状态可以唯一地被输出向量重构。通过函数的方式描述即为：如果函数的每一个输入向量唯一地映射一个输出向量，则称该函数是可逆的。一个 n 变量的可逆函数也可以定义为整数集 $\{0,1,\cdots,2^n-1\}$ 的自身映射。一个不可逆函数总可以通过变换找到它的可逆函数，即可以把不可逆网络变为可逆网络，但一般需要在输入端添加相应的常量，在输出端添加无用输出信息。在可逆逻辑综合问题的研究中，不只是为了找寻构造可逆网络的方法，而且要使得构造代价尽可能小。可逆逻辑门的数量和无用输出信息输出的数量是影响可逆门逻辑级联代价的重要因素，也是衡量可逆逻辑综合好坏的主要依据。也就是说，一个较优的可逆逻辑综合算法既要保证可逆逻辑综合过程中使用的可逆逻辑门数尽可能少，同时也要使添加的无用输出信息数尽可能少。实现可逆网络的每一种技术，都需要有一个合理的代价。

1.3.2 可逆逻辑综合的意义

可逆逻辑综合是可逆计算研究的关键问题之一，它是量子计算和量子信息技术研究的重要组成部分，并在低功耗网络设计、信息安全、纳米技术等其他一些现代科学领域有着重要应用(Nielsen et al.，2000；Picton，2000；Merkle，1993；Peres，1985；Long et al.，2001)。可逆逻辑综合由于潜在的巨大实际应用价值和重大的科学理论意义，正引起越来越多的关注。

传统逻辑的不可逆性是造成集成电路发热的重要原因，也是影响集成电路发展的主要因素。为了避免这种不可逆性，可以对“异或”门的操作进行改进，即保留

(添加)一个无用位,该操作就变为可逆。为了降低能耗,可以将不可逆操作改造为可逆操作。由于可逆逻辑门都是可逆的,可以用可逆的设计方法级联可逆逻辑门网络,使得不会因信息丢失而产生热耗散,从理论上解决芯片的发热问题。因此,可逆性成为未来网络设计的基本特性之一。可逆逻辑设计是未来低功耗网络设计的基础。

量子计算可以解决多项式时间复杂性难度的问题,所有的量子计算必须是可逆的(Nielsen et al., 2000; Gershenfeld et al., 1998)。因此,基于可逆逻辑的研究,对未来量子信息技术的发展是十分有益的。可逆逻辑设计方法可以推出量子可逆网络结构的方法,以此产生更强大的计算能力。不只是量子信息技术具有可逆性(Smolin et al., 1996; Miller et al., 2003a; Kim et al., 2000; Kim, 2002; Price et al., 1999),在其他一些的现代科学技术领域,如在低功耗 CMOS 的设计技术(Feynman, 1986; Merkle, 1993; Rentergem et al., 2005)、光子技术(Picton, 2000)、热力学技术(Merkle et al., 1996)、纳米技术(Merkle, 1993)和 DNA 技术(Thapliyal et al., 2005)中,都应用了可逆实现。

如果能将集成电路变为可逆网络,则它们产生的热量会更少,消耗的能量也将变少。采用可逆计算的信息技术领域将对全社会的节能降耗产生重要的意义。

如果接受可逆计算的概念,可以开始尝试一些革命性的想法。因为热量问题要求目前的网络只能是二维的,而采用可逆逻辑设计的无热网络,使得制造大型的三维网络成为可能。理论上,没有任何尺寸上的限制,计算能力也将没有限制。

研究可逆逻辑综合的理论和方法,能够让新兴的相关技术领域通过使用可逆门网络的级联结果得以更好地发展。

因此,可逆逻辑综合规模与代价的研究具有重要的理论意义和实际的应用价值。

1.4 可逆逻辑综合中的主要问题

可逆计算中的逻辑综合是近年来发展起来的新研究领域,是交叉性很强的学科,有诸多问题需要进行研究。主要表现在可逆逻辑设计算法、规模、优化及代价等。本节将对一些关键问题进行归纳和概括。

1.4.1 可逆逻辑门的级联

传统数字电路设计中的逻辑门多数都是不可逆操作。例如,逻辑门 AND、OR、XOR 和 NOT 中,只有 NOT 门是可逆的。要设计可逆网络,需要使用可逆逻辑门集合。在最近二十多年中,已经产生了几种可逆逻辑门,如控制非门(Controlled-Not,即 CNOT 门)(Feynman, 1985)、Toffoli 门(Toffoli, 1980)和 Fredkin 门(Fredkin et al., 1982)等。这些可逆逻辑门从各个角度已经有很多研究。关于可逆逻辑门的级联,Shende 等(2002)提出了一个 3 输入变量的综合方法。Iwama 等(2002)给出了 CNOT 网络的转换规则,这些转换可以应用到可逆逻辑的综合上。Miller(2002)应用谱技术找到了接近最优的网络。Yang 等(2005a)给出了 3 输入/输出精确的综合方法。Mishchenko 和 Perkowski(2002)提出了可逆波级联的规则结构,并且证明了与用 ESOP 积项相比,这样的结构不需要更多级联函数。已有的方法要么受到约束条件很强的限制,要么不具有完备性,要么级联的规模太小。人们一直希望找到更好的综合方法。

1.4.2 最小代价问题及其实现

在可逆逻辑综合问题的研究中,一方面要找到可逆网络的实现方法,另一方面要尽可能地减小可逆网络的实现代价。实现可逆逻辑网络的每一种技术,都需要有一个合理的代价。可逆门的数量和无用输出信息输出的数量是影响可逆逻辑综合代价的重要因素,也是衡量可逆逻辑综合过程好坏的主要依据。所以,可逆网络代价问题在可逆计算的逻辑综合研究中具有重要意义和实际应用价值。龙桂鲁等提出了初始化量子寄存器方案(Long et al., 2001),该方案在没有引入附加量子位的情况下,只需要 $O(Nn^2)$ 标准的 1 位和 2 位可逆门就能实现。Barenco 等(1995)给出了利用简单的单比特量子门和两比特 CNOT 门构造任意量子酉变换的方法,并给出了 4 个比特以下情况的结果。龙桂鲁等发展了 Barenco 等的方法,给出了任意比特数目的量子体系的酉变换的分解的解析公式(Liu et al., 2008)。利用广义量子干涉原理,龙桂鲁提出了对偶量子计算机的概念(龙桂鲁等,2008)。对偶计算机的明显特点是允许非酉的变换,Gudder(2007)给出了对偶量子计算机的数学理论,并且证明了任意有界线性变换都可以在对偶量子计算机的广义量子门中实现。杜鸿科等给出了无穷维下广义量子门的性质(Wang et al., 2008)。邱道文等研究了对偶量子计算机的数学理论(Zou et al.,2009),曹怀信等给出了复数广义量子门的数学性质,以及任意广义量子门的构造方法(Cao et al., 2010)。Mottonen 等(2004)提出了基于余弦-正弦矩阵分解的最小化基本门序列方法。Vartiainen(2004)通过可逆门的分解消除多可逆逻辑门中多余的控制位,得到总数较少的基本可逆门,以优化可逆门的实现。Tucci(1999)提出了化简任意幺正矩阵 U 为一个基本操作序列的算法。

实际上,网络代价的计算在不同的技术中是不一样的。目前,不同研究领域对网络代价的计算还不能做到信息共享,部分原因是研究人员根据特定的设备产生相应的网络代价计算方法。使用不同可逆逻辑门模型实现网络综合的代价也不同。常用的可逆逻辑门有 Toffoli 门、Fredkin 门和 Feynman 门等。Maslov 等

(2007)对可逆逻辑综合代价和规模进行了详细分析。Barenco 等(1995)提出了网络代价的近似计算方法。

1.4.3 无用输出信息位

在使用可逆逻辑门进行可逆逻辑设计过程中,输入的数量与输出的数量必须是相等的,所以在很多情况下,为了实现网络的可逆,需要添加无用输出信息位(垃圾信息位)。例如,在 IBM 量子计算机的实验技术报告中,有一个典型的最小化无用输出信息的例子(Nielsen et al.,2000),即想要在量子计算机中用可逆的方法实现 5 输入 3 输出的函数,这个设计需要增加 7 个无用输出信息位(需要增加 5 个常量输入),形成 10 输入 10 输出的可逆函数。尽管目前还不能设计出这样的量子计算机,但量子计算未来的需求,会使输入变量不断增大,以满足网络规模的要求,这势必会增加相应的无用输出信息和增加门的数量。一个好的可逆逻辑综合算法要求尽可能少地产生无用输出信息位。所以,可逆逻辑综合研究的一个重要方面,是给出最小化无用输出信息数量的设计方法。在可逆逻辑网络或其他的一些新兴的技术领域中,只要增加一个无用输出信息位就会带来昂贵的代价,甚至不可能实现。基于这样的考虑,研究可逆逻辑优化的理论和方法,以期最小化无用输出信息位的数量,是可逆计算和其他新兴技术领域应用可逆逻辑时不可或缺的内容。

1.4.4 可逆逻辑综合的规模

由于可逆逻辑综合的高度复杂性,可逆逻辑综合的规模一直是研究者关心的重要内容。人们对于最小化单个变量的可逆逻辑网络不感兴趣。最小化两个变量函数可逆逻辑网络也是比较容易实现的。相关研究结果表明,n 变量可逆逻辑函数的数量是 $2^n!$。比如,当 $n = 4$ 时,有 $2^4! = 16! = 20\,922\,789\,888\,000$ 个可逆逻辑函数。因此,随着变量的增大,可逆逻辑综合的难度也会加大。

1.4.5 可逆逻辑综合方法

随着可逆逻辑在诸多领域的应用,除了要考虑最小化无用输出信息的数量,最小化可逆门的规模也是可逆逻辑优化的重要问题之一。在寻找可逆逻辑网络最低代价的过程中,对于相同可逆逻辑门网络的优化问题,最小化门的数量仍然是可逆逻辑优化的重要目标。在可逆门规模最小化的可逆逻辑综合过程中,当网络的规模达到一定程度时,需要太多的空间和时间的消耗。简化搜索空间和算法的复杂度成为可逆逻辑门网络优化问题的关键。

下面对近年来已有的可逆逻辑综合方法进行简单分类并加以阐述。

1. 合成法

合成法(Miller et al., 2003b; Maslov et al., 2003b; Mishchenko et al., 2002; Perkowski et al., 2001; Dueck et al., 2003b)的主要思想是使用已知可逆逻辑门组成可逆块,该可逆逻辑块的使用频率较高。因此,可以把传统的逻辑综合过程修改后应用到综合可逆网络中去,这个网络本质上是由可逆门(块)合成可逆网络。

2. 分解法

分解法(Maslov et al., 2003c; Perkowski et al., 2001; Biamonte et al., 2005)可以描述成一个函数从输入到输出自顶向下的化简。设计过程中,假设函数被分解为几个特定的函数,每个函数的实现都是一个独立的可逆网络。Maslov 等(2003b)给出了一个分解法综合的例子。

分解法和合成法可以是多级的。分解法与合成法非常普通,却是很有效的逻辑综合工具。分解法与合成法是逻辑综合算法分类中使用最多的方法。分解法和合成法具有对偶性。一个可逆逻辑函数 f 合成过程是分解过程的反函数 f^{-1}。

3. 分解因式法

分解因式法(Khan et al., 2003)是另一种逻辑设计的有效工具。它的主要思想是选择一个布尔操作(如"×"操作),对于一个函数 f,可以找到两个函数 f_1 和 f_2,使得 $f = f_1 \times f_2$。关于综合代价的度量,函数 f 的代价小于 f_1 和 f_2 做复合"×"运算后的代价。一般地,"×"操作不是做二元操作,但可以是任意几个自变量的多输出函数。Khan 等(2003)首先把分解因式工具应用到可逆逻辑设计上。

4. EXOR 逻辑的基本方法

在 Toffoli 门的定义中使用了 EXOR 操作。使用该操作的逻辑门可以通过简单的表达式进行描述,允许启发式综合(Barenco et al., 1995)和化简使用 EXOR 逻辑建立起来的网络(Iwama et al., 2002; Miller et al., 2003b; Perkowski et al., 2001; Kerntopf, 2000; Thapliyal et al., 2006)。

5. 回溯算法和模拟退火算法等

回溯技术在期望目标的启发式近似值求解中应用广泛。它们的基本特点是考虑前几步,如果会导致变化,则使决策基于信息的最小变化而产生。这项技术的应用代价是很昂贵的,因为每一个决策树分支顶点和搜索空间的大小呈指数增长,而搜索深度只是线性增加。退火算法来自金属的冷却。如果金属液态冷却得特别快,则这种金属的结构组成就不规则,因而容易破碎;如果金属冷却过程中是渐进的,那么冷却后金属的分子结构就规则,会使得金属的强度和韧度加大。用同样的思想进行网络设计,对一个可逆网络进行扩展或化简,改变它的输出功能,确定一个操作的数量之后,可以找到一个更为简约的可逆网络(Mishchenko et al., 2002; Dueck et al., 2003a;2003b)。

6. 群论的方法

所有可逆函数的集合形成一个不可交换群(Storme et al., 1999; Yang et al., 2005b, 2003)。这个群的性质之一就是,如果可逆函数 f 能够写成几个函数的组合,它的网络是这些函数的级联。所以,可逆网络的设计等价于找到容易构造的简单函数组合问题。对于所有交换群,小规模生成的集合能够找到。利用群论进行可逆网络的研究还没有严格意义上的标准,这种研究方法的缺点之一就是需要一个可逆的规范。

7. 规则结构综合方法

规则结构综合方法(Storme et al.,1999; Yang et al., 2003)的主要特点是建立常规的目标输出,然后用已知的逻辑综合技术去建立可逆的规范。这样的方法通常会产生大量的无用输出信息,使其不可能在高无用输出信息代价的设计中(如量子技术)得到应用。

8. 谱技术

布尔函数的谱与向量长度为 2^n 的所有线性单调递增函数相关。Miller(2002)给出了基于谱的复杂性选择门进行网络合成的方法。实验证明,这个方法对于小规模可逆函数会产生很好的效果(Maslov et al., 2003b; Miller, 2002)。

9. 穷尽搜索

Perkowski(2000)实现了 2 变量函数的最小化网络的搜索。Shende 等(2002, 2003)利用穷尽搜索法对所有 3 变量可逆逻辑函数最小化网络进行了研究。在已有的许多可逆门逻辑级联的方法中,都使用了搜索算法,搜索花费了大量的时间和空间,给网络规模增加造成巨大障碍。

10. 进化算法

进化算法(Lukac et al., 2002;Perkowski et al., 2003;乐亮等,2010)具有智能性、自适应性和全局搜索能力,能将实际问题编码后进行运算。一般适合小规模可逆逻辑综合。

无论采用什么样的方法进行综合,构成网络的基本元素是可逆逻辑门,且网络必须保持逻辑上的可逆性。

1.5 本书的主要任务和内容

本书的主要任务是给出可逆逻辑综合的相关理论和方法。

逻辑综合是根据一个系统逻辑功能与性能的要求,在包含众多结构、功能、性能均已知的逻辑单元集合的支持下,寻找出一个逻辑上最佳的(至少是较佳的)实现方案(管致锦等, 2004)。这个过程主要包括两个方面的内容:

(1) 逻辑结构的生成。主要是用较少的逻辑单元和单元之间的关系形成逻辑结构,满足系统逻辑功能的要求。

(2) 逻辑结构的性能优化。利用给定的逻辑单元集合的元素,对已生成的逻辑结构进行配置,进而估算性能与成本。这里允许对指标进行性能与成本的折中,以确定合适的单元配置,完成最终的、符合要求的逻辑结构。

可逆逻辑综合就是用可逆逻辑单元实现相应的可逆逻辑网络结构(管致锦等, 2007),并使得代价尽可能小。可逆门逻辑级联规模与代价的研究具有重要的理论意义和现实的实际应用价值,但因可逆门网络特殊的约束以及在技术处理中对无用输出信息和可逆门数的限制,这一问题的研究面临一定的挑战,主要表现在:可逆逻辑综合规模小、使用的可逆门数多、需要的无用输出信息(垃圾信息)多、可逆门网络级联算法时间和空间消耗太大、网络代价过高等。本书对相关问题给出了一系列解决方案,各章的具体安排是:

第 1 章阐述了可逆逻辑综合的研究背景,介绍了可逆计算及可逆计算中逻辑综合的研究内容和研究现状,分析了可逆逻辑综合目前的研究方法和存在的问题,并概述了本书的主要研究内容。

第 2 章对可逆的物理意义和逻辑意义进行了探讨;给出了可逆逻辑的数学基础——布尔代数的相关内容;分析研究了可逆逻辑门的演化过程,给出了一般可逆逻辑门及其表示方法;研究了可逆逻辑门和一般可逆逻辑门之间的关系。

第 3 章分析了可逆逻辑网络结构和可逆网络级联的基础;提出了一种可逆网络门的计数方法;给出了可逆网络的表示方法;提出了一种可逆逻辑门网络基本元素的产生方法和可逆逻辑门的级联方法。

第 4 章给出了一种可逆逻辑门网络的基本构造方法。

第 5 章介绍了一种双向最小门宽度算法,通过找到一个 Toffoli 门的序列进行可逆逻辑综合,将给定的可逆函数转换为恒等函数。当可逆门被应用于输入端或输出端时,网络综合可以从输出端到输入端,也可以从输入端到输出端,或者同时从两个方向进行,避免了大规模的查找,有利于扩充可逆网络的规模。

第 6 章将 Toffoli 门、SWAP 门和 Fredkin 门统一到一个可逆逻辑门库中进行讨论,并给出了一种组合级联方法,实现了不同输入下典型可逆门簇网络的级联方法。

第 7 章引入了正/反控制交换门(PNCSG)的概念。提出了一种基于正/反控制门簇的可逆网络级联算法,验证了正/反控制门簇在可逆网络级联中的优越性。

第 8 章提出了可逆函数复杂性网络综合方法。该方法根据可逆函数的输出排列,逐次交换输出向量,在交换过程中减少函数的复杂性,完成可逆网络的构建与优化。

第 9 章提出了一种可逆函数复杂性网络综合方法,并对一些具有代表性的可逆函数进行了综合。

第 10 章提出不可逆逻辑函数转化为可逆函数的方法,并针对扩展的可逆逻辑门(MCMT 门)给出了相应的转化实例。

第 11 章给出了可逆网络的优化方法。运用模板的方式等价替换可逆网络中的某一部分可逆逻辑门,减少可逆逻辑门的数量,优化可逆网络。

第 12 章主要介绍了通过 PPRM 扩展式综合可逆网络的方法。该方法通过识别候选因子,把候选因子替换成为新的 Reed-Muller 展开式,以此判断能否优化可逆网络。

第 2 章　可逆逻辑与可逆逻辑门

从计算模型和可计算性的研究来看，可计算函数和可计算谓词是等价的。也就是说，计算可以用函数运算来表达，也可以用逻辑推理来表达。计算机科学的逻辑基础与构造性数学的逻辑基础是一致的，即为构造性逻辑。而在实际的计算机设计与制造中，采用数字逻辑技术实现各种运算，可逆计算也不例外，采用可逆逻辑实现相应的运算，其理论基础同样是代数和布尔代数。

2.1　关于可逆

严格的物理学意义上的可逆性是指时间反演（梅晓春，2008），即过程按相反的顺序进行。在经典力学的运动方程中（汪志诚，2003），把时间参量 t 换成 $-t$，就意味着过程按相反的顺序历经原来的一切状态，最后回到初始状态。但实际上，机械运动过程总是受到各种复杂的随机因素的作用，因此完全的可逆性是不存在的。

自然界发展中的进化和退化是不可逆过程的两种形式。虽然自然界中的不可逆过程是绝对的，但有些过程在一定的条件下却表现出相对的可逆性，因此，人类可以创造条件，利用这种近似的可逆性。

在传统的计算机系统中，系统在时间 t 的逻辑状态 S_t 将唯一确定时间 $t+1$ 的系统状态（Steven，2005；Giancoli，2000）。设函数 F 映射系统时间 t 的逻辑状态 S_t 到它的后继状态，则 $t+1$ 的系统状态为 $S_{t+1}=F(S_t)$。一个系统后继状态唯一的必要条件可表示为：如果 $F(S_t) <> F(S'_t)$，则 $S_t <> S'_t$。一个逻辑可逆的系统中，时间 t 的系统状态将可以被时间 $t-1$ 和 $t+1$ 的系统状态唯一确定，可以表述为：如果 $F(S_t)\neq F(S'_t)$，则 $S_t\neq S'_t$；如果 $F^{-1}(S_t)\neq F^{-1}(S'_t)$，则 $S_t\neq S'_t$。相反，在一个不可逆的系统中，它有时满足：$F^{-1}(S_t)\neq F^{-1}(S'_t)$，则 $S_t=S'_t$。也就是说，某一给定的状态，可能有两个（或更多）不同前驱状态。

按照 Merkle（1993）的观点，一个物理系统实现一个不可逆的逻辑系统存在下面的问题：当逻辑上不可逆的系统映射两个逻辑状态到一个单一的结果状态时，物理系统也必须以某两种物理状态映射到一个单一的结果状态。这当然是不可能的（物理学的基本定律是可逆的，因此在物理系统中也是可逆的），因此必须付出一定的代价。

一般在计算系统中，一个单一的逻辑状态已经不完全由一个单一的物理状态来表示，而是由几个可能的物理状态表示。换句话说，每一个系统的逻辑状态值由一个相空间确定(Tesla，1911)。当执行一个逻辑不可逆操作并合并其逻辑状态时，要么压缩相空间中的描述，要么增加相空间的值，以此表示一个逻辑状态。如果禁止相空间无限增长，那么就不得不(在某种程度上)压缩逻辑状态相空间的表示。然而，相空间是不可压缩的(就如同合并两个物理状态是不可能的)。因此，不可逆操作迫使由该系统占用的相空间的值增加。但是，如果系统中允许计算的自由度不能扩大，那么不可计算的自由度的相空间的值一定会增加(如浪费能量产生热量)。

因为映射两个逻辑状态到一个单一的逻辑输出状态，存在一个信息比特的丢失，这样的不可逆操作一定会产生热量。上述问题也可以表述为：擦除信息必须散热。擦除单个比特的信息产生，至少产生 $kT\ln 2$ 焦的热量(Landauer，1961)。这种可逆逻辑的讨论中，不是针对个别逻辑单元，而是一种计算系统方面的表述。这样避免了可能会引起混乱问题，即在一个系统范围内，使用的逻辑元素可以是可逆的，也可以是不可逆的。例如，“AND”门通常被认为是“不可逆”的逻辑器件。通常情况下实现和使用 AND 门是不需要可逆的。然而，在一些可逆的方式下可能会使用 AND 门。所有这些，都需要确保在系统背景下 AND 门的操作不会擦除信息。如果这两个输入 AND 门的运算过程中有部分信息被擦除，那么一定会存在能耗。如果这两个输入位没有丢失，那么就不会消失任何信息，也没有能量散失。

任何不可逆的组合函数 F，可以嵌入到更大的可逆函数 F' 中。定义 F' 为：$F'(x)=\langle x,F(x)\rangle$。新的函数 F' 可以通过 F 简单求解，然后串联输入 x 到输出，以确保没有信息被删除。如果在计算 F 的过程中，产生各种中间计算结果 i_1，i_2，…，i_n，就可以保留这些中间结果。可以定义 $F'=\langle i_1,i_2,\cdots,i_n,F(x)\rangle$。$F'$ 也是可逆的，并保持额外信息，可能需要对其化简。

因此，可逆计算有可能(在适当的范围内)使用 AND 和 OR 操作。这样一个逻辑计算物理实例可以用于保护局部的可逆性和渐近耗散。也和输入一样，为了保证逻辑上的可逆性，实际的实施是通过保留计算的中间值完成的，这可确保逻辑可逆性。事实上，F 的计算已植根于 F' 的计算中了，其中 F' 在逻辑上是可逆的。

总之，可逆计算与物理学在微观尺度上的基本定律是一致的，而不可逆的计算，在某种意义上说是根本不相容的。

2.2　可逆逻辑中的布尔代数

逻辑综合的基础是布尔代数。经典计算机采用二值(0 和 1)代码来传递和加工信息。数字 0 和 1 只表示两种不同状态(称为布尔态)，而不表示数值大小，称为逻辑值。一个经典数据位(bit)取 0 或取 1，并且只能取两者之一。运用数学中一些基本的公理和定理对其进行数学运算,可以得到合乎逻辑的结果。可逆逻辑综合与传统逻辑综合一样,其基础也是布尔代数。

布尔代数主要研究 0、1 两个量之间的逻辑关系,这种逻辑关系又可通过逻辑门表示。经典逻辑门可由几种最简单、最基础的逻辑门(基本逻辑门)组成。由基本逻辑门可构成复合逻辑门,进而组成逻辑门网络。传统布尔代数中变量运算只有“或”(OR)、“与”(AND)、“非”(NOT)三种基本运算。“或”运算、“与”运算和“非”运算三种基本运算可用基本逻辑门真值表(表 2.1)中输出项的前三列来描述(“非”门输入为 A 列),表中将常用经典复合门“异或”(XOR)门一起列出。任何复杂的逻辑运算都可以通过这三种基本运算来实现。布尔代数是一个由布尔变量 k,常量 0、1 以及“或”、“与”、“非”三种运算所构成的代数系统。

表 2.1 基本经典逻辑门真值表

输入		输出			
A	B	与(AND)	或(OR)	非(NOT)	异或(XOR)
0	0	0	0	1	0
0	1	0	1	1	1
1	0	0	1	0	1
1	1	1	1	0	0

逻辑门实现了布尔代数中两个数(元素)的基本运算(非门为一个元素)。

设 x_1,x_2 是布尔代数中任意数,用“+”、“·”和“⊕”分别表示 $\{0,1\}$ 上的或运算、与运算和异或运算,则有

$$x_1\text{AND}x_2 = x_1 \cdot x_2 \tag{2.1}$$

$$x_1\text{OR}x_2 = x_1 + x_2 \tag{2.2}$$

$$\text{NOT}(x_1) = x_1 \oplus 1 \tag{2.3}$$

$$x_1\text{XOR}x_2 = x_1 \oplus x_2 \tag{2.4}$$

布尔代数中的运算可用 $\{0,1\}$ 上的函数来表示,且称 $\{0,1\}$ 上的函数为布尔函数。一般地,定义 n 元布尔函数为如下映射:

$$f:\{0,1\}^n \to \{0,1\} \tag{2.5}$$

从函数映射角度理解,对于一组布尔变量 $(x_1,x_2,\cdots,x_n)$,当把这个序列映射到 $B=\{0,1\}$ 时,这个映射就是一个布尔函数。按照逻辑网络的观点,某一逻辑网络的输入变量为 $x_1,x_2,\cdots,x_n$,输出变量为 F;对应于变量 $x_1,x_2,\cdots,x_n$ 的每一组值,F 都有唯一确定的值,则称 F 是变量 $x_1,x_2,\cdots,x_n$ 的布尔函数。记为 $F=f(x_1,x_2,\cdots,x_n)$。

由于 $\{0,1\}^n$ 中的向量与 $[0,1,\cdots,2^n-1]$ 的 $N(N=2^n)$ 个整数之间存在一一对应的关系,可以按照整数的大小排列 $\{0,1\}^n$ 的向量,记为

$$x_1=(0,\cdots,0,0),\ x_2=(0,\cdots,0,1),\ \cdots,\ x_n=(1,\cdots,1,1)$$

在不引起混淆的情况下，二者可以互用。对于一般的 n 元函数 $f(x)$，可将其函数值按 x 的字典序列从小到大排成一个向量：

$$(f(0),f(1),\cdots,f(2^n-1)) \tag{2.6}$$

亦称式(2.6)为 $f(x)$ 的函数值向量或真值。表 2.2 给出了一个二元布尔函数 $f(x)=f(x_1,x_2)=x_1+x_2$ 真值表的例子。

表 2.2　$f(x)=x_1+x_2$ 的真值表

x_1	x_2	$f(x)$
0	0	0
0	1	1
1	0	1
1	1	1

布尔函数有多种表示形式，布尔函数 f 可以用关于 $x_1,x_2,\cdots,x_n$ 的多项式唯一表示，该多项式称为 f 的代数标准形。

2.3　可逆逻辑函数

可逆逻辑综合的关键问题是如何构造和优化可逆逻辑网络。可逆网络为输入数与输出数相等，并且输入向量与输出向量是一一映射的网络，可以通过可逆函数来表示。

2.3.1　问题的提出

"函数组成"的概念是计算理论的基本概念之一。按照函数组成的一般规则，一些函数输入变量数可以由一个函数输出变量数来替代，即允许任意扇出。然而，在进行可逆性问题研究过程中，需要特别关注给定信号处理中多拷贝的过程(从物理的观点看这个过程可以忽略)。

一个函数 $\phi:X\to Y$ 是有限的，如果 X 和 Y 是有限集合。一个有限自动机的特征是一个动态系统，它是通过一个转换函数的形式表现的，即 $\tau:X\times Q\to Q\times Y$，这里 τ 是有限的。

上面明确地给出了集合的笛卡儿积的顺序集合 X、Y 和 Q。这里笛卡儿积与布尔集合 $B=\{0,1\}$是相同的。

按照 Toffoli(1980)的观点，一个抽象计算是一个函数的组合规划，一个计算就是这样一个规划的特殊解。通常可以用因果关系网络图的形式表达一个函数组合的规划。它是一个基本的非循环有向图，其节点是特定的有限函数，并通过每个特定变量形成的有色弧相关联(这里可忽略因果网络与有向图之间的某些微小差别)。上述结构中,因果关系网是"自由环",即它们不包含循环路径。一个组合网络是一个不包含无限路径因果关系网络;一个有限因果关系网络总是一个组合的网络。

对于有限函数中的每一个输入(或输出)行,在组合网络中将有一个相应的输入(或输出)与之对应。相似地,自动机的实现也可以通过连续网络实现。

如果一个因果关系网络能够通过可逆的组合实现,则这个网络是可逆的。这里,一个可逆的组合网络总是对应一个可逆函数。在组合网络结构中,可逆性的形式与可颠倒性的形式是一致的。一个连续网络是可逆的,如果它的组合部分是可逆的。

下面将对可逆组合网络实现有限函数进行描述,其特征是通过内部状态的存在,追加输入和输出状态,并且用可逆连续网络的意义来研究它们的实现。

首先考虑两个简单的函数,即扇出和 XOR,分别见图 2.1 和图 2.2。

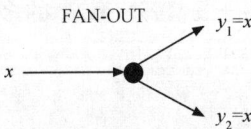

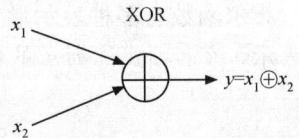

图 2.1　扇出　　　图 2.2　XOR

这两个函数都不是可逆的(扇出不是满射,因为例子中输出⟨0,1⟩不能通过任何输入值获得,见表 2.3。XOR 不是单射,因为例子中输出为 0 时,可以从两个截然不同的输入值⟨0,0⟩和⟨1,1⟩获得,见表 2.4)。然而,这两个函数可以通过一定的操作实现可逆。

表 2.3　扇出表

x	y_1 y_2
0	0 0
1	1 1

表 2.4　XOR 真值表

x_1 x_2	y
0 0	0
0 1	1
1 0	1
1 1	0

下面通过 XOR 和扇出考虑可逆的定义。

把表 2.5 中的一部分复制到表 2.6 和表 2.7 中。在表 2.6 中,取 c 作为一个辅助输入,当 c 的输入为 0 时,扇出可以通过表 2.6 所示函数的方式实现;在表 2.7 中,如果忽略辅助输出 g,就是 XOR 的实际意义。在一些实现技术中,图 2.3 可以通过限制输入 c 取值的方法得到,如表 2.6 所示。图 2.4 可以通过投影得到,如表

2.7 所示。

表 2.5　一个可逆的真值表

x_1 x_2	y_1 y_2
0　0	0　0
0　1	1　1
1　0	1　0
1　1	0　1

表 2.6　扇出的变换

c x		y_1 y_2
0 **0**		**0 0**
0 **1**	→	**1 1**
1 0		1 0
1 1		0 1

表 2.7　XOR 的变换

x_1 x_2		y g
0 0		**0** 0
0 1	→	**1** 1
1 0		**1** 0
1 1		**0** 1

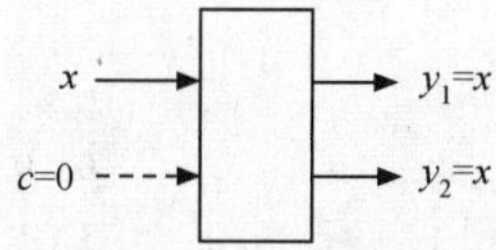

图 2.3　扇出的变换

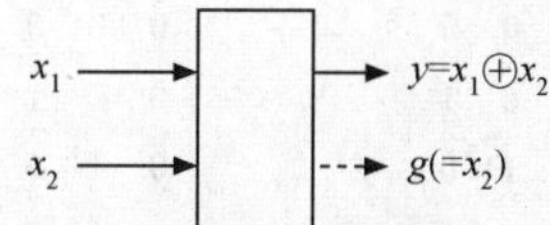

图 2.4　XOR 的变换

定义 2.1　一个给定函数的可逆实现是由输入部分和输出部分引入的。称实现辅助输入的部分为常量，如表 2.6 的 c 部分；辅助输出的组成部分为垃圾信息部分，如表 2.7 中的 g。输入部分除了常量部分外称为论据(Argument)，输出部分除了垃圾信息外称为结果(Result)。因此，对于一个可逆函数，有

$$\text{Argument} + c = \text{Result} + g \tag{2.7}$$

例如，通过表 2.5 和可逆函数定义知，AND 函数(表 2.8 和图 2.5)可以通过表 2.10 中的两行论据和一行结果实现，如图 2.7 所示。

为了获得预期的结果，输入行必须用特定的常数值，即所用的值不依赖论据。对于输入行，一些生成的值依赖论据，如表 2.10 所示。对于某些计算，可以不使用输入常量；另外，一些输出行可能返回常数值，这种情况只要函数的论据和结论之间的关联是自身可逆即可。一个典型的例子，NOT 函数(表 2.9 和图 2.6)是可逆的，在这种情况下，仍然可以通过另外的可逆函数实现，例如，表 2.10 和表 2.11 中的 XOR/扇出函数(图 2.8)。注意，这里的目标 c' 在任何情况下都是通过 c 返回。一般地，如果在一个输入行的集合与输出行的集合之间存在一个可逆的函数关系，即所有其他输入行的值是独立的，这个集合对就称为临时存储通道。

表 2.8　AND 真值表

x_1	x_2	y
0	0	0
0	1	0
1	0	0
1	1	1

表 2.9　NOT 真值表

x	y
0	1
1	0

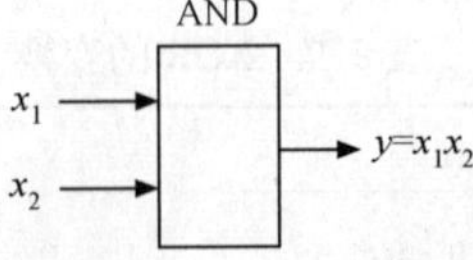

图 2.5　AND 操作

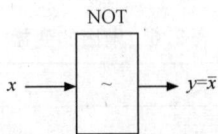

图 2.6　NOT 操作

表 2.10　AND 可逆变换

c	x_1	x_2	y	g_1	g_2
0	**0**	**0**	**0**	0	0
0	**0**	**1**	**0**	0	1
0	**1**	**0**	**0**	1	0
0	**1**	**1**	**1**	1	1
1	0	0	1	0	0
1	0	1	1	0	1
1	1	0	1	1	0
1	1	1	0	1	1

表 2.11　NOT 可逆变换

x	c	y	c'
0	0	0	0
0	1	**1**	1
1	0	1	0
1	1	**0**	1

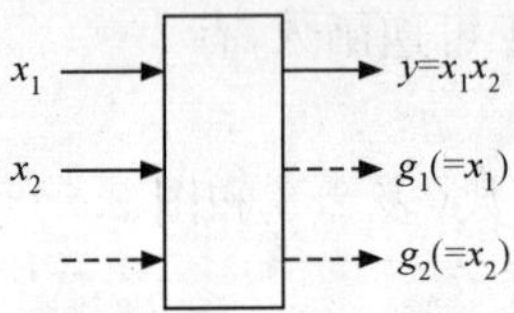

图 2.7　AND 的可逆变换

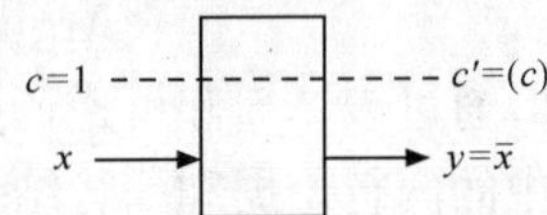

图 2.8　NOT 的可逆变换

由可逆组合函数的意义可知：扇出函数的实现是用常量实现的；XOR 函数带有垃圾信息；AND 函数带有常数和垃圾信息；NOT 函数带有临时存储，“用临时存储器”实现是没有常数和垃圾信息的。

定义 2.2　n 布尔变量的多输出函数 $F(x_1, x_2, \cdots, x_n)$ 是可逆的，如果输出数等于输入数且任一个输出模式有一个唯一的原象。

换句话说，可逆函数是输入向量集合的重新排列。一个可逆函数可以写成一个标准的真值表的形式，如表 2.12 是一个 3 输入/输出的可逆逻辑函数，可以把它看作一个整数序列{0,1,2,3,4,5,6,7}到{0,1,3,2,6,7,4,5}的一一映射。

表 2.12　一个 3×3 的可逆逻辑函数

x_1	x_2	x_3	f_1	f_2	f_3
0	0	0	0	0	0
0	0	1	0	0	1
0	1	0	0	1	1
0	1	1	0	1	0
1	0	0	1	1	0
1	0	1	1	1	1
1	1	0	1	0	0
1	1	1	1	0	1

例 2.1　函数 $f:(x,y)\rightarrow(\overline{x},x\oplus y)$ 和真值向量[2,3,1,0]给出了一个2输入2输出的可逆函数。这个例子可通过真值表(表2.13)得以验证。

表 2.13　$f:(x,y)\rightarrow(\overline{x},x\oplus y)$ 的真值表

x	y	$\overline{x}$	$x\oplus y$
0	0	1	0
0	1	1	1
1	0	0	1
1	1	0	0

例 2.2　函数 $f:(x,y)\rightarrow x\oplus y$ 是2输入1输出的不可逆函数,因为它的输入数不等于输出数。但是,由例2.1知,可以很容易地通过添加垃圾信息输出 $\overline{x}$ 使函数可逆。

例 2.3　函数 $f:(x,y)\rightarrow xy$ 是不可逆的,通过添加一个输出位也不可能使其可逆,但可以通过添加一个常量输入和两个垃圾信息输出使函数可逆。当 $z=0$ 时,此可逆函数实现的功能同不可逆函数 $f:(x,y)\rightarrow xy$ 的功能一样,如表2.14所示。

表 2.14　$f:(x, y)\rightarrow xy$ 添加输入输出后的真值表

x	y	z	x	y	$z\oplus xy$
0	0	0	0	0	0
0	0	1	0	0	1
0	1	0	0	1	0
0	1	1	0	1	1
1	0	0	1	0	0
1	0	1	1	0	1
1	1	0	1	1	1
1	1	1	1	1	0

上述例子说明，要使函数可逆，添加输入/输出是必需的，因此有下面的定义。

2.3.2 可逆逻辑函数实现

前一部分通过实例给出了可逆函数的实现，这里将通过可逆有限函数 f 的意义给出一个针对实现有限函数 ϕ 的一般方法。

在更一般的数学描述中，函数 ϕ 实现是由一个新函数 f 与两个函数 v 和 μ 一起组成的，使得 $\phi = vf\mu$。在这里，希望通过实现 $vf\mu$ 获得 ϕ，使得 f 是可逆的，并且 v 和 μ 映射与 ϕ 本质上是独立的。更准确地，通过 v 和 μ，必须更明显地反映出 ϕ 的组成的输入和输出数。因此，ϕ 的真值表与其他特定内容是无关的，ϕ 是所有组合函数集合形成的排列。

一般地，给定的任意一个有限函数，通过分配确定值，突出输入行，忽视一些输出行。按照下面的理论，任意有限函数都可以采用某种合适的可逆方法实现。

定理 2.1 对于任意有限函数 $\phi: B^m \rightarrow B^n$，存在一个可逆的有限函数 $f: B^r \times B^m \rightarrow B^n \times B^{r+m-n}$，有 $r \leqslant n$，使得

$$f\langle \overbrace{0,\cdots,0}^{r}, x_1,\cdots,x_m\rangle = \phi_i\langle x_1,\cdots,x_m\rangle \ (i=1,\cdots,n) \tag{2.8}$$

证明 设 ϕ 是由下面二进制表的形式给出：

$$2^m\{\overbrace{[X]}^{m} \rightarrow \overbrace{[Y]}^{n} \tag{2.9}$$

这里 X 表示 B 上的所有 2^m 个 m 元组组成的列表，Y 表示 ϕ 的相应值 B 上 n 元组的列表，n 元组覆盖了 B。通过下面的表定义一个函数 $f: B^{n+m} \rightarrow B^{n+m}$，即

$$f:\left\{\begin{matrix} 0 & X \\ 1 & X \\ \vdots & \vdots \\ 2^n-1 & X \end{matrix}\right\} \rightarrow \left\{\begin{matrix} Y & X \\ Y+1 & X \\ \vdots & \vdots \\ Y+2^n-1 & X \end{matrix}\right\} \tag{2.10}$$

这里 X 由 2^m 个恒等元组组成，它们与对应的形式 $k(0 \leqslant k \leqslant 2^n)$组成了 2^n 个块。每一个代表整数 k 的单元用二进制形式表示。形式 $Y+k(0 \leqslant k < 2^n)$ 的每一个单元由 Y 的 2^m 项组成，且每一项为二进制整数，并以 $k \bmod 2^n$ 递增(这样通过循环交换的"$Y+k$"单元中的序列，不同于"k"序列)。通过这样的结构，这个表的每一边，一次只严格地包含 B^{n+m} 中的一个元素。因此，f 是可逆的。另外，当 $r=n$ 时，等式 (2.8)保持这样的结构。

定理 2.2 假设论据 $\langle x_1,\cdots,x_m\rangle$ 自始至终是不变的，编码器与常数值一起提供了 r 个源行，即带有的值不依赖论据本身。另外，假设自始至终结果 $\langle y_1,\cdots, y_n\rangle$ 不变，译码器无论如何都要吸收产生出来的$m+r-n$ 个输出行值。如图 2.9 所示。

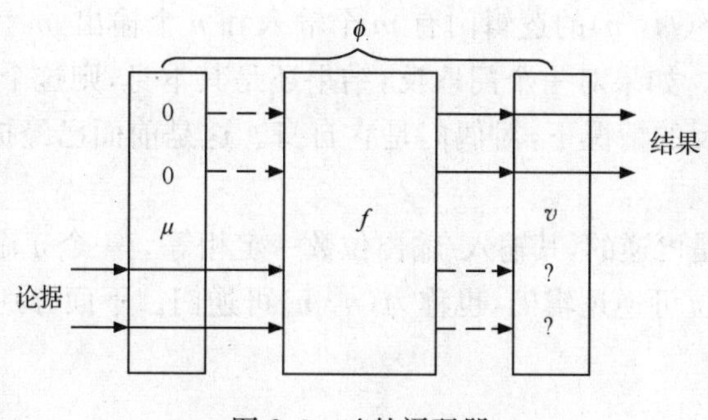

图 2.9　ϕ 的译码器

图 2.9 表明，任何一个有限函数 ϕ 可以写成一个普通的编码器 μ、一个可逆函数 f 和一个普通的译码器 v 的形式。

一个任意有限函数按照图 2.10(a)的规划都是可计算的，通过可逆的有限函数按照图 2.10(b)的规划也同样可计算。

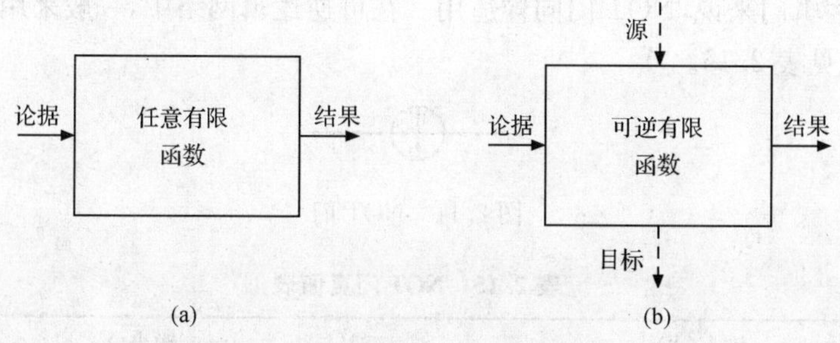

图 2.10　函数规划的可计算性

定理 2.2 证明的结构不能实现函数的最小化，这样会经常使得原始输入行的数量严格地小于 n，且相应原始输出行的数量小于 m。直观地，在结果中，任何情况下，给定的函数 ϕ 使得包含许多的信息内容保留在论据中。这样，为了保证函数 f 可逆，只需要保留垃圾信息作为总信息的一小部分。

2.4　可逆逻辑门

作为逻辑网络的基本元素，通过组合可逆逻辑门，可以构造可逆的网络，用来实现复杂的逻辑和算术运算。也就是说，逻辑门是用来实现布尔函数的。任何逻辑门的特点都可以通过它的输入和输出的数目决定。一般来说，一个逻辑门是可逆的，如果它的逻辑函数能够实现双射。也就是说，输入和输出必须有一个一对一的映射关系，即逻辑门的输出可由输入唯一确定，它的输入也能由输出唯一得到。因此，设一个(m, n)的逻辑门有m个输入和n个输出，$m=n$是一个逻辑门可逆的必要条件。如果对一个门取反，结果还是其本身，则这个门被称为自可逆的。只有一位取反的情况下，对偶门是它自身。这是前面已经描述过的(1,1)扇出门。

一个逻辑门是可逆的，其输入/输出位数一定相等。一个n输入n输出的二值逻辑门也叫做n位可逆逻辑门，也称为(n, n)可逆门。下面分别介绍一些典型的可逆逻辑门。

2.4.1 一位可逆逻辑门

一位可逆逻辑门也称为(1,1)可逆逻辑门。一个一般的(1,1)可逆门是一个输入复制门，其输入值通过该门不发生变化(这是单输入/输出的最简单的逻辑门)。由于输出只是输入的复制，可以很容易地从输出恢复输入。

传统逻辑门中单输入/输出的还有NOT门，它的作用是使0变成1、1变成0。对于可逆逻辑门来说，NOT门同样适用。在可逆逻辑网络中，一般采用图2.11表示，真值表见表2.15。

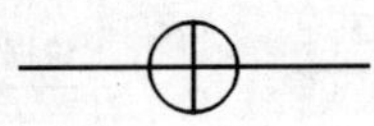

图2.11 NOT门

表2.15 NOT门真值表

输入(X)	输出(Y)
0	1
1	0

NOT门用矩阵的形式表示，就是式(2.11)的2×2幺正矩阵：

$$\text{NOT} = \begin{pmatrix} 0 & 1 \\ 1 & 0 \end{pmatrix} \tag{2.11}$$

$\{0,1\}^n$中两位基本输入对应的向量为$(C_0, C_1) = [0,1]$。因此，NOT门对应的作用方式可以通过式(2.12)表示：

$$\text{NOT} \cdot \begin{pmatrix} C_0 \\ C_1 \end{pmatrix} = \begin{pmatrix} 0 & 1 \\ 1 & 0 \end{pmatrix} \begin{pmatrix} C_0 \\ C_1 \end{pmatrix} = \begin{pmatrix} C_1 \\ C_0 \end{pmatrix} \tag{2.12}$$

2.4.2 Feynman门

多位可逆逻辑门是指输入/输出位数大于1的可逆逻辑门。多位可逆逻辑门有多种，可以通过不同的方式进行构造。典型的有Toffoli门系列和Fredkin门

(Fredkin et al., 1982)。

在多位可逆逻辑门中，最基本的是(2,2)可逆逻辑门。传统的异或(XOR)门采用两个单比特输入 C 和 T，并产生一个单比特输出 Y。如果 $C = T$，则 $Y = 1$，否则 $Y = 0$。然而，(2,1)异或门是不可逆的，因为不能从输出唯一确定输入向量 (C,T)。例如，输出 $Y = 1$ 可能来自输入向量(0,1)，也可能来自输入向量(1,0)。

是不是所有(2,2)门都是可逆的呢？答案是否定的。考虑一个输入向量 (C, T) 和输出向量 (X,Y) 的(2,2)门，其中 $Y = C \oplus T$，并且 $X = C + T$（"+"表示或操作）。这个门的逻辑功能见图 2.12。显然，这不是一个可逆门，因为输入到输出的映射是 2 到 1 的映射。

对于一个可逆的(2,2)门，其逻辑函数映射应该为：输出向量集是输入向量集(00,01,10,11)的重排。由排列组合可知，存在 $4! = 24$ 种可能的可逆(2,2)逻辑门。Feynman 门(Feynman, 1986)是最著名的可逆(2,2)逻辑门。

设 Feynman 门输入向量和输出向量分别为 (C, T) 和 (X, Y)，实现该逻辑门的逻辑函数为：$X = C$, $Y = C \oplus T$。输入到输出的映射为图 2.13。

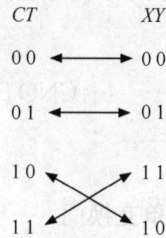

从图 2.13 可以看出，Feynman 门是可逆的(2,2)门，其中的 T 为输入控制信号：如果 $C = 0$，则输出 Y 是简单重复输入端 T；如果 $C = 1$，则输出 $Y = C \oplus 1 = \overline{T}$，是对输入信号 T 取反。由于这个原因，Feynman 门也被称为控制非(1-CNOT)门，或量子异或门(图 2.14)，在量子计算领域是最流行的一个逻辑门。

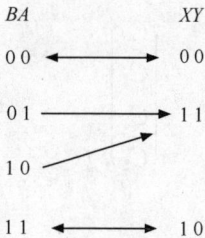

图 2.12　一个不可逆(2,2)门真值表　　图 2.13　可逆的(2,2)Feynman 门

从上面分析可知，Feynman 门同时作用在两个位元上，一个位元作为控制位(control bit，记为 C)，另一个作为目标位(target bit，这里为 T)；当控制位为 1 的时候，会使目标位的值取反，当控制位的值为 0 的时候，目标位的值不变。也就是说，利用控制位的状态值来控制目标位的值是否进行取反(NOT)操作。Feynman 门是单控制门，也称为控制非门(control-not gate)，也简称为 CNOT 门，见图 2.14。CNOT 门的输入是指这两个位的原始状态，输出是指经过 CNOT 门作用后这两个位的状态，其输入/输出的真值表与图 2.13 同，见表 2.16。

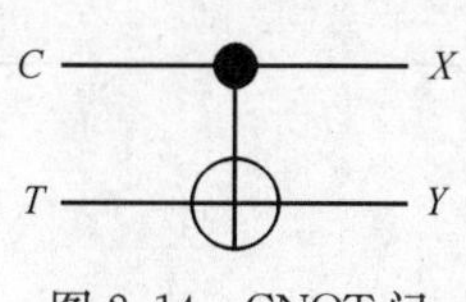

图 2.14　CNOT 门

表 2.16　CNOT 门基本输入/输出的真值表

输入(X)	输出(Y)
0 0	0 0
0 1	0 1
1 0	1 1
1 1	1 0

从上面的分析和表 2.16 可以看出:控制位的值输入/输出保持不变,目标位的输出状态值,等于将控制位的值和目标位的值做异或(XOR)运算的结果。所以 CNOT 门也可以视为传统 XOR 门的衍生,也就是将控制位与目标位进行异或运算的结果存放在目标位中作为输出。通常可以用式(2.13)表示 CNOT 门的作用,其中 $\oplus$ 表示相加除以 2 的余数(即 XOR)。

$$F(C,T)=(X;X\oplus Y) \tag{2.13}$$

CNOT 门可以表示为式(2.14)所示的 4×4 的幺正矩阵形式。

$$\text{CNOT}=\begin{bmatrix}1&0&0&0\\0&1&0&0\\0&0&0&1\\0&0&1&0\end{bmatrix} \tag{2.14}$$

$\{0,1\}^n$ 中两位基本输入对应的向量为 $(C_0,C_1,C_2,C_3)=[0,1,2,3]$。CNOT 门的作用方式可以通过式(2.15)表示。

$$\text{CNOT}\cdot\begin{bmatrix}C_0\\C_1\\C_2\\C_3\end{bmatrix}=\begin{bmatrix}1&0&0&0\\0&1&0&0\\0&0&0&1\\0&0&1&0\end{bmatrix}\begin{bmatrix}C_0\\C_1\\C_2\\C_3\end{bmatrix}=\begin{bmatrix}C_0\\C_1\\C_3\\C_2\end{bmatrix} \tag{2.15}$$

2.4.3　简单交换门

简单交换门(simple swap gate,SSG)有两个输入/输出位,其中一个输出的值等于另一个输入的值。简单可逆交换门的逻辑函数表示为

$$F(x_1,x_2)=(y_1,y_2)=(x_2,x_1) \tag{2.16}$$

表 2.17 为简单交换门的真值表。

表 2.17　简单交换门的真值表

输入		输出	
x_1	x_2	x_2	x_1
0	0	0	0
0	1	1	0
1	0	0	1
1	1	1	1

简单交换门如图 2.15 所示。

简单交换门可以表示为式(2.17)所示的 4×4 的幺正矩阵形式。

$$\mathrm{SSG}=\begin{pmatrix}1&0&0&0\\0&0&1&0\\0&1&0&0\\0&0&0&1\end{pmatrix} \tag{2.17}$$

$\{0,1\}^n$ 中两位基本输入对应的向量为 $(C_0,C_1,C_2,C_3)=[0,1,2,3]$。简单交换门的作用方式可以通过式(2.18)表示。

$$\mathrm{SSG}\cdot\begin{pmatrix}C_0\\C_1\\C_2\\C_3\end{pmatrix}=\begin{pmatrix}1&0&0&0\\0&0&1&0\\0&1&0&0\\0&0&0&1\end{pmatrix}\begin{pmatrix}C_0\\C_1\\C_2\\C_3\end{pmatrix}=\begin{pmatrix}C_0\\C_2\\C_1\\C_3\end{pmatrix} \tag{2.18}$$

与(2,2)可逆逻辑门的情况类似,任意一个(3, 3)可逆逻辑门输出向量都将由输入向量的集合(000, 001, 010, 011, 100, 101, 110, 111)的排列产生。因此,存在 $2^3!=40\ 320$ 个可能的(3, 3)可逆逻辑门。下面将重点介绍两个重要的(3, 3)可逆逻辑门:双控制门和控制交换门。

2.4.4　双控制门

双控制门也叫做控制-控制-反门(CCNOT 门),是由美国麻省理工学院的 Toffoli(1980)提出的,所以也称为 Toffoli 门,如图 2.16 所示。

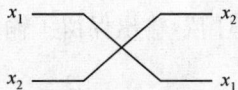

图 2.15　简单交换门　　图 2.16　CCNOT 门

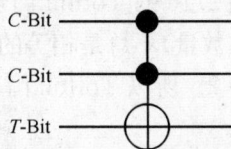

与 CNOT 门对应,CCNOT 门有两个控制位和一个目标位。当两个作为控制的位元都是"1"的时候,才会使目标位做取"反"操作。设 x_1 和 x_2 是两个控制位元,x_3 是目标位元,CCNOT 门可以表示为

$$T(C,T)=(x_1,x_2;(x_1\cdot x_2)\oplus x_3) \tag{2.19}$$

CCNOT 门对应的真值表如表 2.18 所示。

表 2.18　CCNOT 门真值表

输入			输出		
x_1	x_2	x_3	x_1	x_2	$(x_1 \cdot x_2) \oplus x_3$
0	0	0	0	0	0
0	0	1	0	0	1
0	1	0	0	1	0
0	1	1	0	1	1
1	0	0	1	0	0
1	0	1	1	0	1
1	1	0	1	1	1
1	1	1	1	1	0

CCNOT 也有其相应的矩阵形式：

$$\text{CCNOT} \cdot \begin{pmatrix} C_0 \\ C_1 \\ C_2 \\ C_3 \\ C_4 \\ C_5 \\ C_6 \\ C_7 \end{pmatrix} = \begin{pmatrix} 1 & 0 & 0 & 0 & 0 & 0 & 0 & 0 \\ 0 & 1 & 0 & 0 & 0 & 0 & 0 & 0 \\ 0 & 0 & 1 & 0 & 0 & 0 & 0 & 0 \\ 0 & 0 & 0 & 1 & 0 & 0 & 0 & 0 \\ 0 & 0 & 0 & 0 & 1 & 0 & 0 & 0 \\ 0 & 0 & 0 & 0 & 0 & 1 & 0 & 0 \\ 0 & 0 & 0 & 0 & 0 & 0 & 0 & 1 \\ 0 & 0 & 0 & 0 & 0 & 0 & 1 & 0 \end{pmatrix} \begin{pmatrix} C_0 \\ C_1 \\ C_2 \\ C_3 \\ C_4 \\ C_5 \\ C_6 \\ C_7 \end{pmatrix} = \begin{pmatrix} C_0 \\ C_1 \\ C_2 \\ C_3 \\ C_4 \\ C_5 \\ C_7 \\ C_6 \end{pmatrix} \tag{2.20}$$

观察图 2.16 的 Toffoli 门可知，输入向量与它的输出向量的 Hamming 重量(逻辑“1”的数量)不总是相等的。例如，当(111)映射到(110)的时候，Hamming 重量从 3 变为 2。所以 Toffoli 门不是一个所谓的“守恒门”，输出保留了输入中逻辑“1”的数量。

2.4.5　控制交换门

控制交换门(control-swap gate)(Fredkin et al.，1982)又称 Fredkin 门，是由 Fredkin 提出的。控制交换门也有三个输入位，其中一个作为控制位、两个作为目标位。当控制位的值为 1 时，就交换两个目标位的值；当控制位的值为 0 时，则输出值保持不变。如图 2.17 所示。

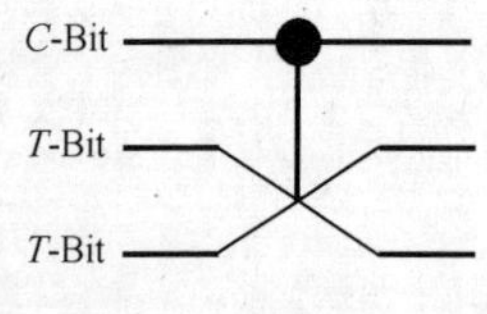

图 2.17　控制交换门

在控制交换门中，设 x_1 控制位元，x_2 和 x_3 是目标位元，表 2.19 是控制交换门的真值表。

表 2.19　控制交换门真值表

输入			输出		
x_1	x_2	x_3	x_1	x_3	x_2
0	0	0	0	0	0
0	0	1	0	0	1
0	1	0	0	1	0
0	1	1	0	1	1
1	0	0	1	0	0
1	0	1	1	1	0
1	1	0	1	0	1
1	1	1	1	1	1

控制交换门的矩阵表示形式为

$$\text{Fredkin}\cdot\begin{pmatrix}C_0\\C_1\\C_2\\C_3\\C_4\\C_5\\C_6\\C_7\end{pmatrix}=\begin{pmatrix}1&0&0&0&0&0&0&0\\0&1&0&0&0&0&0&0\\0&0&0&1&0&0&0&0\\0&0&0&0&1&0&0&0\\0&0&0&0&0&1&0&0\\0&0&0&0&0&0&1&0\\0&0&0&0&0&0&0&1\\0&0&0&0&0&0&1&0\end{pmatrix}\begin{pmatrix}C_0\\C_1\\C_2\\C_3\\C_4\\C_5\\C_6\\C_7\end{pmatrix}=\begin{pmatrix}C_0\\C_1\\C_2\\C_3\\C_4\\C_6\\C_5\\C_7\end{pmatrix} \tag{2.21}$$

2.4.6　多位控制反门

一般地，一个 k-CNOT 门是一个 $(k+1,\ k+1)$可逆逻辑门。它的前 k 个(称为控制输入)输入在输出中保持不变，如果所有 k 个控制输入都是 1，则最后一个输入取其逆。可以看出，Feynman 门是 1 控制可逆逻辑门；3 输入/输出 Toffoli 门为 2 控制可逆逻辑门。

对于一般 Toffoli 门[表示为 TOF(C;T)]。其中输入变量集合 $I_n=\{x_1,x_2,\cdots,x_n\}$，控制位集合 $C=\{x_{i_1},x_{i_2},\cdots,x_{i_k}\}$，$k\in\{1,2,\cdots,n-1\}$，目标位集合 $T=\{x_j\}$，且满足 $C\cap T=\varnothing$，$C\cup T\subset I_n$。当且仅当 $x_{i_1}x_{i_2}\cdots x_{i_k}=1$ 时，把输出变量集合映射成 $(x_1,x_2,\cdots,x_{j-1},x_j\oplus x_{i_1}x_{i_2}\cdots x_{i_k},x_{j+1},\cdots,x_n)$。

每一种多位可逆逻辑门都可以多种形式存在，但一般都是其控制位或目标位的数量发生变化。因此，可以衍生出多种可逆逻辑门，以适应不同网络综合的要求。

2.5 可逆逻辑门的表示

从以上几个典型的可逆逻辑门可以看出,可逆逻辑门输入/输出位数一定相等,其中 k 个输入位可表示为有序 k 元组。记为

$$I = \langle I_1, \cdots, I_k \rangle, \quad I_i \in \{0,1\}, \quad i = 1, \cdots, k \tag{2.22}$$

一个可逆逻辑门 G 可表示为

$$G: O_i = \bigotimes_{j=1}^{k} I_j \tag{2.23}$$

其中,O_i 为可逆逻辑门 G 的第 i 位输出,运算 $\otimes \in \{\wedge, \vee, \neg\}$, $i = 1, 2, \cdots, k$。

2.6 可逆逻辑门的通用性

传统布尔网络中的 AND 门、OR 门和 NOT 门等可以组成一个通用的集合(universal set)。也就是说,利用这三个逻辑门就可以组合出所有的网络。根据传统逻辑门的这种通用性,理论上只要利用可逆逻辑门组合出具有 AND 门、OR 门和 NOT 门功能的网络,就可以构成一组可逆布尔网络的通用集合了。事实上,这种构造方法是可以实现的。

为了说明可逆逻辑门的通用性,首先以 Toffoli 门为例来构造常用的传统逻辑门。图 2.18(a)、(b)和(c)分别代表 Toffoli 门实现 NOT 门、AND 门和 OR 门。

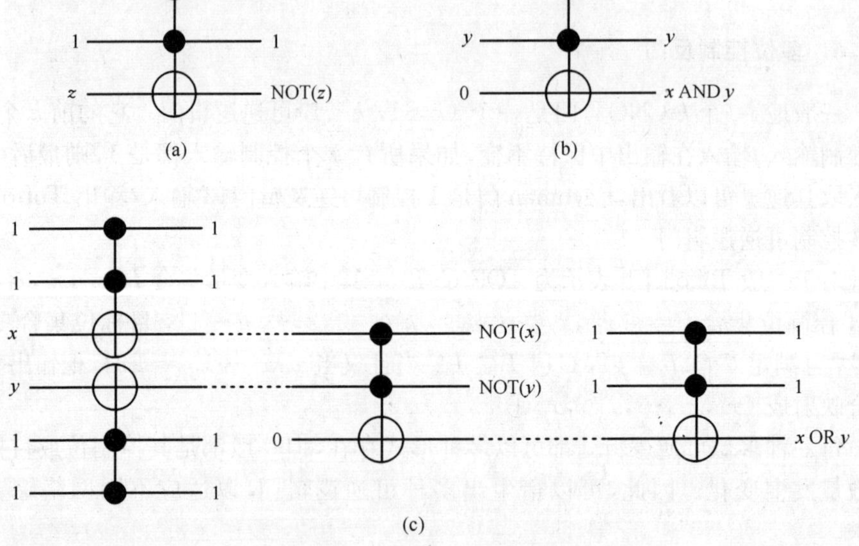

图 2.18 Toffoli 门的通用性

如图 2.17 所示，Fredkin 门使用 C 作为控制位，当 $C=0$ 时，输出是输入的简单复制；如果 $C=1$，则两个输入行（T）交换相应的值（表的下半部分）。显然，Fredkin 门是守恒的。事实上，Fredkin 门是一个通用门，可以通过它不同的基本块构造任意的可逆逻辑网络。例如，可以通过预先设定一些 Fredkin 门的输入构造下面的逻辑门（图 2.19），设输入分别为 A、B、C，输出分别为 X、Y、Z，则有（Pan et al.，2005）：

AND 门：如果输入 $B=0$，则 $Z=C$, $Y=AC$, $X=A\bar{C}$。

OR 门：如果 $A=1$，则 $Z=C$, $Y=B+C$, $X=B+\bar{C}$。

FAN-OUT / NOT 门：如果 $A=1$ 且 $B=0$，则 $Z=C$, $Y=C$, $X=\bar{C}$。

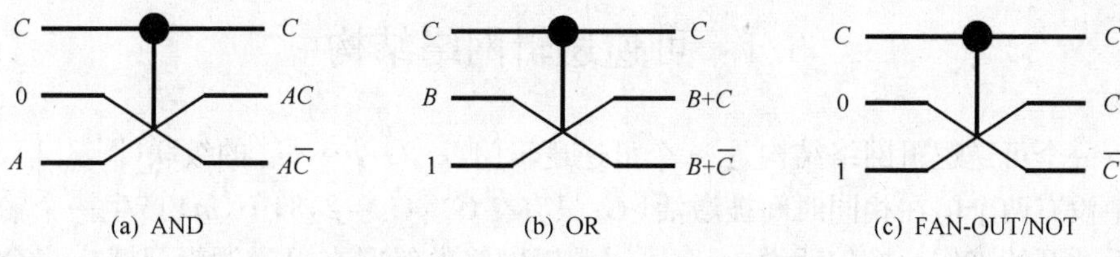

图 2.19　Fredkin 实现

第 3 章　可逆逻辑门网络

在一个计算系统中，其逻辑状态总是通过某些物理状态来表示。物理状态实现逻辑状态过程中必然付出一定的代价，如何降低这种代价，不但是物理实现所要研究的问题，也是数字逻辑本身的研究内容。本章将给出可逆逻辑网络结构和可逆网络级联基础，并给出可逆网络中门的计数方法。

3.1　可逆逻辑网络结构

一个可逆逻辑网络结构是 m 个可逆逻辑门 $G_1, G_2, \cdots, G_m$ 的级联(图 3.1)，网络中没有两个门在相同时间被激活，G_i 只有在 $G_{i-1}(i=2,3,\cdots,m)$ 产生一个输出以后才开始工作。换句话说，一个可逆逻辑网络的级联在可逆逻辑门感应集合上通过信号传播定义了一个总的时序。一般地，信号在网络中从左向右传播。无扇出和无反馈是对构建可逆网络结构的自然约束。

可逆网络代价的一个重要指标是实现网络所需的门数(图 3.1 中的门数是 m 个)。

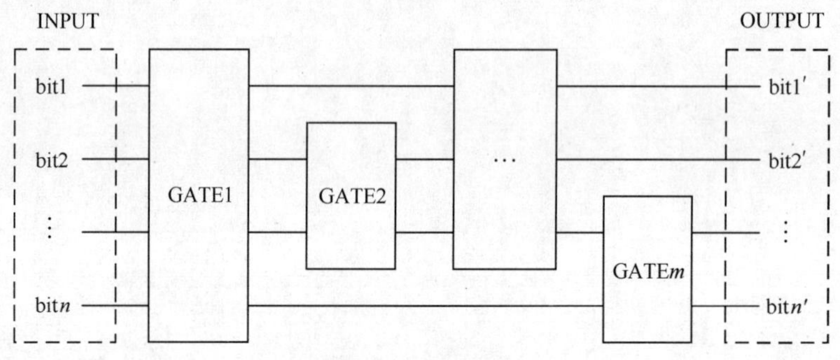

图 3.1　可逆网络结构图

可逆网络可以通过可逆函数表示，可逆函数可以通过由可逆逻辑门组成的可逆网络实现。一个可逆函数 f 表示的一个网络，如果信号是向后传播的，则输出函数是函数 f 的反函数 f^{-1} (管致锦等，2008)。

事实上，信号向后传播和找到反函数本质上是相同的操作。当构造一个可逆网络拓扑结构的时候，可逆逻辑门集合受到很强的限制，但可以变换当前的可逆逻辑门，而变换本身对可逆逻辑门的规模要求很高。这里可逆逻辑门的规模是一个自然数,这个自然数通过函数的输入/输出数表现出来。

由定义 2.1 知,n 输入/输出变量的布尔函数 $f(x_1,x_2,\cdots,x_n)=\{y_1,y_2,\cdots,y_n\}$ 是可逆函数,当且仅当它是双射,即任意输入值 $(x_n\cdots x_2x_1)$ 对应唯一的输出值 $(y_n\cdots y_2y_1)$;反之亦然。其中,$x_i,y_i\in\{0,1\},1\leqslant i\leqslant n$ 分别表示第 i 个输入与输出变量。

可逆函数也可用真值表表示,还可用整数集合 $\{0,1,\cdots,2^n-1\}$ 的置换表示。图 3.2 为一个 3 变量的可逆逻辑网络,表 3.1 为其真值表表示,式(3.1)为置换表示。

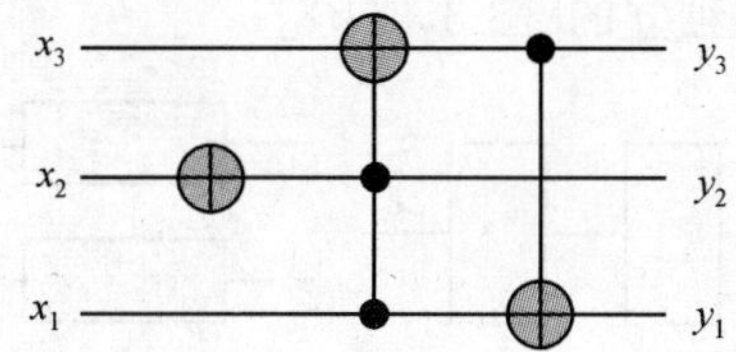

图 3.2　一个 3 输入/输出可逆逻辑网络

表 3.1　图 3.2 可逆网络的真值表表示

输入				输出			
	x_3	x_2	x_1		y_3	y_2	y_1
0	0	0	0	2	0	1	0
1	0	0	1	6	1	1	0
2	0	1	0	0	0	0	0
3	0	1	1	1	0	0	1
4	1	0	0	7	1	1	1
5	1	0	1	3	0	1	1
6	1	1	0	5	1	0	1
7	1	1	1	4	1	0	0

$$\sigma=\begin{pmatrix}0 & 1 & 2 & 3 & 4 & 5 & 6 & 7\\ 2 & 6 & 0 & 1 & 7 & 3 & 5 & 4\end{pmatrix} \tag{3.1}$$

同样,图 3.2 的可逆逻辑网络也可表示成:$f(0)=2,f(1)=6,\cdots,f(7)=4$。

如图 3.2 所示,可逆逻辑网络的特点是:①输入线数与输出线数相等;②没有扇出与扇入;③没有反馈;④网络分层级联,有时为保证网络可逆,需添加一些无用输出信息位,即垃圾信息位。

3.2　可逆网络的级联

与传统逻辑门网络相似,可逆逻辑门网络同样可以分为串联和并联(管致锦等,2008)。如果一个可逆逻辑门的部分输出是另一个可逆逻辑门的部分输入,那么这两个可逆逻辑门是串联的关系;否则是并联关系。当可逆逻辑门串联时,可逆逻辑门的作用顺序是不能改变的。除了网络中的第一个可逆逻辑门,其他每个可逆逻辑门的作用都受限于前一个可逆逻辑门[图 3.3(a)]。可逆逻辑门并联时,相邻两个可逆逻辑门是相互独立的[图 3.3(b)]。

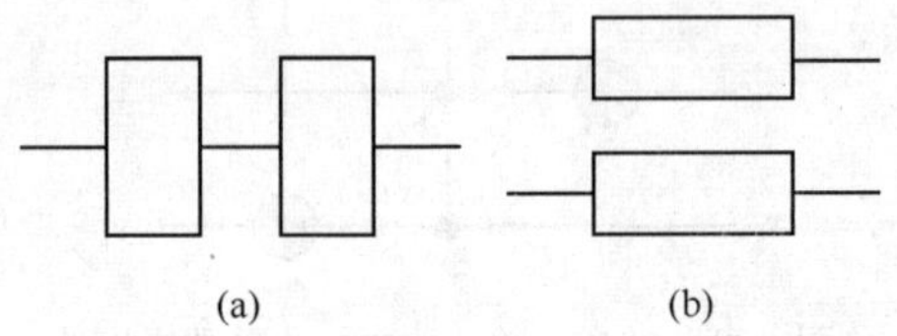

图 3.3　可逆逻辑门的串联与并联

利用可逆逻辑门级联成可逆网络是一个非常复杂的问题,随着可逆逻辑门种类和数量的增加,时间和空间复杂度也会大大增加。为了给出可逆逻辑门网络的构造方法,下面分别对同型可逆逻辑门的串联和并联情况分别进行分析(这里主要以 Toffoli 门为例)。

定义 3.1(管致锦等,2010)　如果两个可逆逻辑门的输入/输出位数相同,且控制位和目标位所在位置一致,则称这两个可逆逻辑门是同型的。

定理 3.1(Guan et al.,2009a)　任意奇(偶)数个同型 Toffoli 门串联,输出结果均相同。奇数个同型 Toffoli 门串联等同一个 Toffoli 门;偶数个同型 Toffoli 门串联等同空线。

证明　如图 3.4 所示,由于是同型 Toffoli 门,即 $g_1 = g_2 = \cdots = g_k$。设 $c_{i,1}$,$c_{i,2}$,…,$c_{i,n-1}$ 分别为控制位输入,t_i 为目标位输入,$c_{i,1}^{\mathrm{O}}$,$c_{i,2}^{\mathrm{O}}$,…,$c_{i,n-1}^{\mathrm{O}}$ 分别为控制位输出,t_i^{O} 为目标位输出,则

$$c_{i,j} = c_{i+1,j} \tag{3.2}$$

其中 $i=1,2,\cdots,k-1,j=1,2,\cdots,n-1$,当 $c_{1,1}$,$c_{1,2}$,…,$c_{1,n-1}$ 至少有一个为 0 时,有

$$t_1 = t_1^{\mathrm{O}} = t_2 = t_2^{\mathrm{O}} = \cdots = t_k = t_k^{\mathrm{O}} \tag{3.3}$$

由式(3.3)知,无论是奇数还是偶数个同型 Toffoli 门串联,输出结果都相同。

当 $c_{1,1} = c_{1,2} = \cdots = c_{1,n-1} = 1$ 时

$$t_{i+1} = t_i^{\mathrm{O}} = \overline{t_i} \tag{3.4}$$

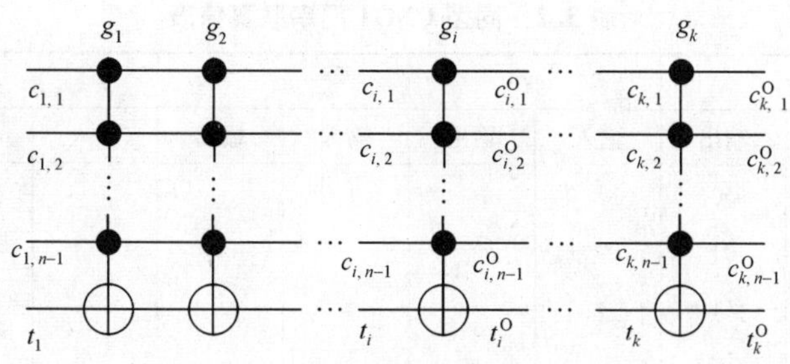

图 3.4　同型 Toffoli 门串联

其中 $i=1,2,\cdots,k-1$。由式(3.4)知，奇数个同型 Toffoli 门串联构成的网络，输出结果都相同，且等于一个 Toffoli 门的输出结果；偶数个同型 Toffoli 门串联构成的网络，输出结果都相同，且等于空线(也就是初始输入态)。

证毕。

推论 3.1(Guan et al.，2009a)　偶数个同型可逆逻辑门串联网络的输出与输入相同，奇数个同型可逆逻辑门串联网络的输出与只有一个可逆逻辑门的输出相同。

也就是说，如果在可逆网络的局部存在同型的偶数个可逆逻辑门串联，可以去掉这偶数个可逆逻辑门；如果在可逆网络的局部存在同型的奇数个可逆逻辑门串联，只需保留其中一个。

1 输入/输出可逆网络只能由 NOT 门级联而成，级联过程非常简单，这里不做讨论。

2 输入/输出可逆网络，使用的可逆逻辑门是 CNOT 门和 NOT 门。其结构是 CNOT 门、NOT 门和空线的组合。下面分别加以讨论。

设可逆网络由 k 个 CNOT 门串联，CNOT 门编号从左至右分别为 $g_1,g_2,\cdots,g_k$。第 i 个 CNOT 门输入端的控制位和目标位分别为 c_i 和 t_i，输出端分别为 c_i^{O} 和 t_i^{O}，其中 $i=1,2,\cdots,k$。根据 CNOT 门的定义，有 $c_i^{O}=c_i$。当 $c_i=0$ 时，$t_i^{O}=t_i$；当 $c_i=1$ 时，$t_i^{O}=\overline{t_i}$。网络结构如图 3.5 所示。

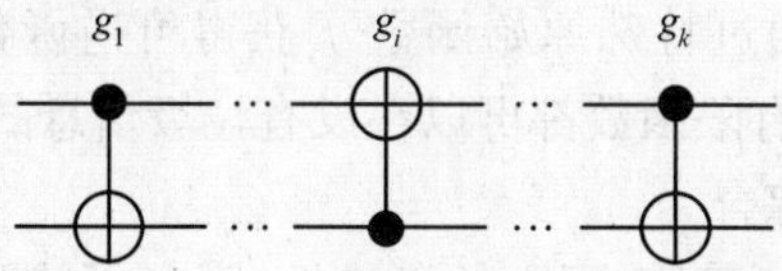

图 3.5　2 输入/输出位 CNOT 门串联网络结构

与 1 输入/输出位的可逆网络结构相似，2 输入/输出位 CNOT 门串联网络中 CNOT 门的数量，取决于输入/输出模式是否与已经出现的网络结构中的输入/输出模式相同。表 3.2 给出了同型 CNOT 门串联真值表。

表 3.2　同型 CNOT 门串联真值表

	g_1		g_2		g_3		g_4		输出向量
	输入	输出	输入	输出	输入	输出	输入	输出	
a	00	00							0
	01	01							1
	10	11							3
	11	10							2
b	00	00	00	00					0
	01	01	01	01					1
	10	11	11	10					2
	11	10	10	11					3
c	00	00	00	00	00	00			0
	01	01	01	01	01	01			1
	10	11	11	10	10	11			3
	11	10	10	11	11	10			2
d	00	00	00	00	00	00	00	00	0
	01	01	01	01	01	01	01	01	1
	10	11	11	10	10	11	11	10	2
	11	10	10	11	11	10	10	11	3

对于 Toffoli 门，无论控制位的数量是多少，其相应的输出结果都不变；而每个 Toffoli 门只有一个目标位，且输出结果受控制位的影响。所以，对于任意相同数量输入/输出的 Toffoli 门，只要串联时控制位和目标位的位置相同，上述结论都成立。

对于集合 $U=\{0, 1\}^n$ 上的函数 ϕ，它的可逆实现方法很多，其中一种是通过给出的直接转换规则来获得。然而，用这种方法获得的可逆网络，一般需要很多输出行和输入行。另外，通过特殊原始函数 f 获得可逆函数 ϕ 也是可能的（见第 9 章）。事实上，任何可逆有限函数都可以在没有垃圾信息的情况下通过理论上可能的存储，从集合 U 进行综合。

在这种可逆综合中，通过上下文的可逆性，强加了特殊的限制和要求。例如，扇出、临时存储、常量和垃圾信息的操作等，当这些限制没有给出的时候，上面的这些操作就不会产生。

众所周知，NAND 门是实现 NAND 运算的数字网络。所谓 NAND，即先将输入信号进行 AND 运算，再将所得结果进行 NOT 运算。由于 AND 门必须在所有输入为 1 的情况下输出结果才为 1，而 NAND 又将这个输出结果再做一次 NOT 运算，因此，可以推导出 NAND 门唯有在所有输入皆为 1 时，输出结果才为 0；否则输出一律为 1。其逻辑符号见图 3.6，布尔函数真值见表 3.3。

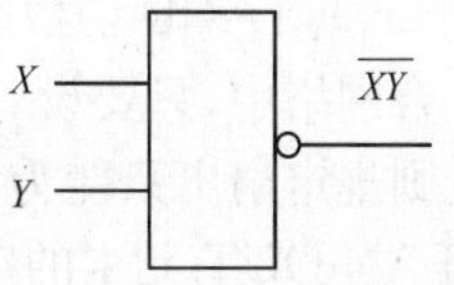

图 3.6　NAND 门的逻辑符号

表 3.3　NAND 门的真值表

X	Y	$F(X,Y)$
0	0	1
0	1	1
1	0	1
1	1	0

只要利用 NAND 门就可以实现 AND、OR 和 NOT 三个逻辑门，所以又称 NAND 门为通用逻辑门(universal gate)，分别见图 3.7～图 3.9。

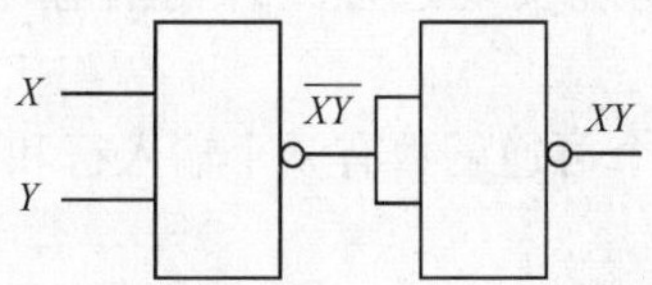

图 3.7　利用 NAND 和 NOT 门实现 AND 门

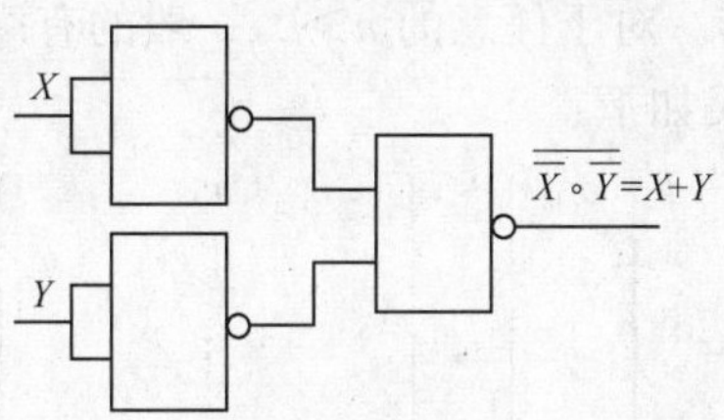

图 3.8　利用 NAND 门实现 OR 门

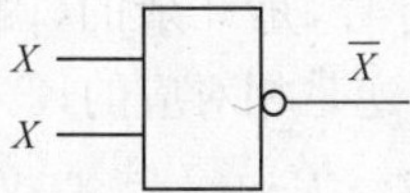

图 3.9　利用 NAND 门实现 NOT 门

由于在布尔函数代数运算的一般规则下，2 输入 NAND 元素对所有组合函数的构造都是通用的。因此，在可逆计算的理论中，AND/NAND 扮演着重要的角色，通过表 2.10 的定义和图 3.10(c)给出的图示以及表 2.11，可以看出：当 $c=0$

时，$y=x_1x_2$（AND 函数）；当 $c=1$ 时，$y=\overline{x_1x_2}$（NAND 函数）。因此，在一个简单的组合网络中，只要设 $c=1$ 并忽视输出 g_1 和 g_2，就可以产生 NAND 门。尽管组合准则规定扇出只能为 1，仍然能够可以实现函数的可逆，如图 3.10(b)描述的 XOR/FAN-OUT 元素的定义。在表 2.6 中，当 $c=0$ 时(扇出函数)，$y_1=y_2=x$；在表 2.7 中，$y=x_1\oplus x_2$（异或函数）。

因此，使用 AND/NAND 元素和 XOR/FAN-OUT 原始可逆组成的集合，当提供适当的输入常量时，任何组合网络都可以立刻转换为可逆的。例如，因为 XOR/FAN-OUT 能够使用它们的临时存储行，通过取映射 $\langle 1,p,q\rangle\rightarrow\langle 1,p,p\oplus q\rangle$ 从 AND/NAND 获得，所以集合 U 上的单元素 AND/NAND 组合就满足上述目的。

一个给定组合函数所表示的可逆网络的实现，元素与元素替换过程本身是一种浪费。因此，在一般情况下，给定函数的最小化需要付出非常大的代价。

从物理实现的观点看，这里的信号是用一些能量进行编码，每一常量输入引起可预知形式的能量供给或工作；每一垃圾信息的输出，有可预知形式的能量的转移或发热。因此，在物理实现过程中伴随着输入和输出会有少量的能量散失。

为了方便起见，如果一个可逆函数有 n 个输入行和 n 个输出行，则称作 n 序列可逆有限函数。

定义 3.2(Toffoli, 1980)　考虑带有布尔环的一般结构集合{0,1}，$\oplus$ 表示加操作，Θ 表示加法的反操作(这种情况下与恒等操作一致)，与(AND)为两变量之间不带有任何符号的操作。对于任意的 $n>0$，一般的有序 AND/NAND 函数通过 $\theta^{(n)}:B^n\rightarrow B^n$ 表示，其定义如下：

$$\theta^{(n)}:\begin{pmatrix}x_1\\x_2\\\vdots\\x_{n-1}\\x_n\end{pmatrix}\rightarrow\begin{pmatrix}x_1\\x_2\\\vdots\\x_{n-1}\\\Theta x_n\oplus x_1x_2\cdots x_n\end{pmatrix}\tag{3.5}$$

注　① 在式(3.5)中的 Θ 符号，是冗余的(因为 $\Theta x_n=x_n$)；② 对于任意的 $n>0$，$\theta^{(n)}$ 是可逆的，并且与它的逆是相对应的；③ 对于 $i=1,2,\cdots,n-1$，$\theta^{(n)}$ 的第 i 个组成部分 $\theta_i^{(n)}$，即 $\theta_i^{(n)}\langle x_1,x_2,\cdots,x_n\rangle=x_i$；④ $\theta^{(n)}$ 最后的组成部分 $\theta_n^{(n)}$，$n=1$ 时与 NOT 函数相一致(习惯上，当 $i=0$ 时，$x_1x_2\cdots x_i=1$)，并且对于 $n=2$，与它的两个输入的异或运算相一致；⑤ 对于 n 的所有其他的值，$\theta_n^{(n)}$ 在第 n 个输入中仍然是线性的，但在第 $n-1$ 个输入是非线性的。

在 $\theta^{(1)}$ 下已经有 NOT 元素，在 $\theta^{(2)}$ 下有 XOR/FAN-OUT 元素；在 $\theta^{(3)}$ 下有 AND/NAND 元素。对于一般的 AND/NAND 函数，可以用图 3.10(d)表示。

图 3.10 的表示只是提供了函数用来帮助记忆，并不意味函数隐含着“内部结构”，或提出一个实现方法：① $\theta^{(1)}$ 与 NOT 元素是一致的；② $\theta^{(2)}$ 与 XOR/FAN-OUT 元素是一致的；③ $\theta^{(3)}$ 与 AND/NAND 元素是一致的；④ $\theta^{(n)}$ 与一般序列 n 的 AND/NAND 函数是一致的。

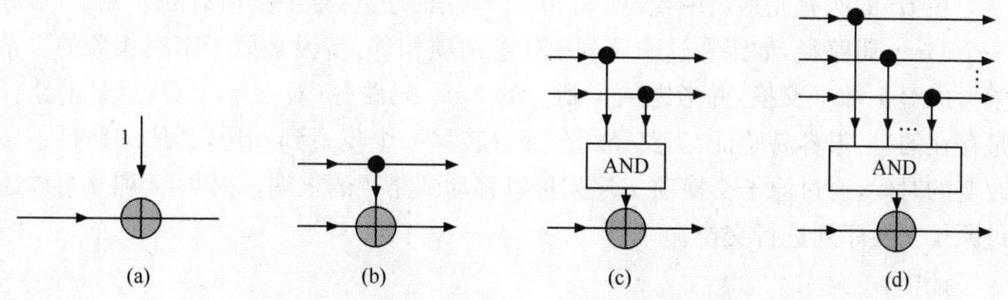

图 3.10　一般的 AND/NAND 函数的图形表示

一个可逆函数的动作是在其域上元素的置换，而任何一个置换可以写成元素交换积的形式，也就是说，这样的置换是两个元素的交换。这里，试图考虑综合序列 n 的任意可逆函数，构建 B^n 上的基本置换，甚至更基本的 B^n 上的置换，称为原子置换。

对于 AND/NAND 的元素真值表(表 3.5)，经观察可知表的左右两边有两行不同(即⟨0,1,1⟩和⟨1,1,1⟩)，它们的 Hamming 距离各自为 1，Hamming 距离为 1 的已经被改变。任意一个函数的原子置换都具有这样的性质。

任意一个 n 序列的原子置换可以由一般 n 序列的 AND/NAND 元素构造，这种构造是通过对输入行和相应的输出行附加一些 NOT 元素实现的，如图 3.11(a)说明，这个置换可由图 3.11(b)表示。这里输入 AND 门的一些符号是被否定的(用 ⊕ 表示)。

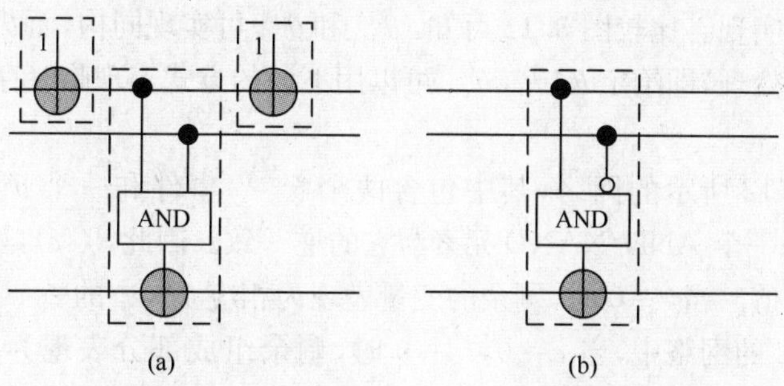

图 3.11　原子交换的结构(a)和原子交换的图形表示(b)

定理 3.2(Toffoli, 1980)　任何一个 n 阶可逆有限函数可以通过 n 阶原子交换的组合获得。因此通过不大于 n 阶的一般 AND/NAND 组合可以获得可逆的有限函数。

证明　B^n 上的任意一个基本置换都将可以获得充分证明,这里 $B=\{0,1\}$。

在 B^n 的所有元素表中,表项 $a_1,a_2,\cdots,a_i$ 的序列(这些是所有的 n 元组)形成一个 Gray 码路径,如果在这个序列中任意两项相邻,就说是原子交换相关的。希望考虑对 x 和 y 交换,并考虑从 x 到 y 的 Gray 码路径(对于 x,y 对,这样的路径是存在的)。很容易验证:当路径剩余部分转移一个位置到左边,其他的路径不做改变的时候,通过原子交换项 x 序列可以移动到路径的末端。因此,x 和 y 可以通过原子交换序列进行交换。

证毕。

定理 3.3(Toffoli, 1980)　存在可逆的 n 阶有限函数,不能通过阶数严格小于 n 的一般 AND/NAND 的代数运算获得。

证明　在上面定理 3.2 的证明中,当 $\theta^{(i)}$ 应用到任意 i 组成的 B^n,这个集合被分解成两个不相交的集合 2^{n-i} 和 2^i。每个集合用同样的方式通过 $\theta^{(i)}$ 排列而成。因此,当 $i<n$ 时,只能获得偶数置换。因为偶数置换的积是偶数,只有偶数置换可以通过阶数小于 n 的任意数量的 AND/NAND 函数的一对一组合获得。

证毕。

按照上述理论,原始的 AND/NAND 不满足大阶数的任意可逆有限函数的同构可逆实现。

定理 3.4(Toffoli, 1980)　任意一个可逆有限函数都可以用临时存储实现(但不用垃圾信息),这个实现是基于可逆组合网络的意义,使用阶数小于等于 3 的一般原始 AND/NAND 元素完成的。

证明　按照定理 3.3 的观点,所有 n 阶原子的排列,对于每一个 n,都能够满足用临时存储实现。比较图 3.11 可知,$\theta^{(1)}$ 和 $\theta^{(n)}$ 可实现同构,而 $\theta^{(n)}$ 自身是同构的。通过递归处理,即给定 $\theta^{(n-1)}$,$\theta^{(n)}$ 可以用下面的方式实现临时存储。

证毕。

构造图 3.12 所示的网络,其中包含两个 $\theta^{(n-1)}$ 事件和一个 $\theta^{(3)}$ 事件。观察 $c'\equiv c$,因为每一个 AND/NAND 元素与它的逆一致。因此,$\langle\{c\},\{c'\}\rangle$ 构成了一个临时存储通道。当 $c=0$ 时,剩余的变量表现为相应 $\theta^{(n)}$ 中的一个。

在图 3.12 的网络中,当 $c=0,c'=0$ 时,剩余组成部分表现为相应 $\theta^{(n)}$ 中的一个。

上面的结构清楚地表明,临时存储的每一条线是每次加上去实现下一个更高阶 AND/NAND 函数的,从而有下面的定理。

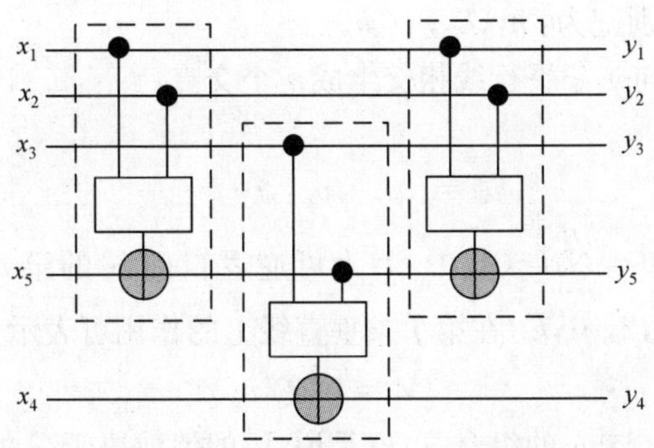

图 3.12　从 $\theta^{(n-1)}$（和 $\theta^{(3)}$）用 $\theta^{(n)}$ 的临时存储实现

定理 3.5(Toffoli, 1980)　设 n 是给定可逆函数的阶、m 是在实现过程中临时存储通道需要的输入/输出行数，那么，m 不需要超过 $n-3$。

上述定理说明，每次添加一条临时存储线，需要用 AND/NAND 实现 NOT 门。

任意可逆函数 f 可通过一系列可逆逻辑门级联的可逆网络实现。

图 3.13 概括了计算一个有限函数 Φ 的过程中。

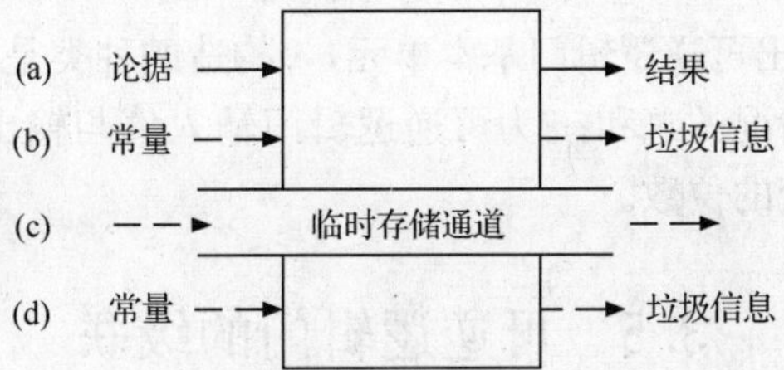

图 3.13　可逆组合网络输入/输出行分类

图 3.13 可逆组合网络输入和输出行按照功能进行分类。(a) 要计算的论据和结果。(b)对于给定函数的非可逆性常量和垃圾信息数的计算。(c) 当只限制原始集合有效的时候，需要临时存储注册。(d) 当设计网络中一个选择不能充分利用内部数据流之间的关联时，需要添加常量和垃圾信息行，因此放弃了产生垃圾信息的破坏性干涉。

3.3　可逆网络的表示

可逆网络由 n 条平行线和 m 条垂直线以及分布于其上的可逆逻辑门组成(管致锦等，2010)。设

n 条平行线分别记为：$l_1, l_2, \cdots, l_n$。

m 条垂直线分别记为：$h_1, h_2, \cdots, h_m$。

第 j 条垂直线与 n 条平行线相交生成 n 个交点：$v_{j,1}, v_{j,2}, \cdots, v_{j,n}$。构成 n 元组记为

$$v_j = \langle v_{j,1}, v_{j,2}, \cdots, v_{j,n} \rangle \tag{3.6}$$

则可逆逻辑门 G:$O_i = \bigotimes_{j=1}^{k} I_j$（其中 O_i 为可逆逻辑门 G 的第 i 位输出，运算 $\otimes \in \{\wedge, \vee, \neg\}$，$i = 1, 2, \cdots, k$）在第 j 条垂直线上的作用可表示为

$$V = G \oplus v_j \tag{3.7}$$

其中运算"$\oplus$"为 G 与 v_j 的组合，也就是说，V 的值取决于 G 的属性和在第 j 条垂直线的位置。V 的值是 n 条平行线上的 n 个输入和经过 n 个交点后的输出值，由两部分构成：一部分是 G 作用的 k 位；另一部分输入/输出值不变。

3.4 可逆逻辑门网络基本元素的产生

为了构造可逆逻辑网络，首先给出可逆逻辑门相应的基本单元集合 E(以后称其为可逆门单元库)（管致锦等，2010）：

$$E = \{e_i \mid 1 \leqslant i \leqslant C_n^c \times C_{n-c}^t\} \tag{3.8}$$

其中 e_i 为 k 输入/输出可逆逻辑门基本单元，e_i 构造的种类是可逆逻辑门在 n 条平行线上中各种分布情况的总和；c 为可逆逻辑门输入值与输出值相等的位数；t 为输入值与输出值可变的位数。

3.5 可逆逻辑门的级联

在构造一个可逆网络拓扑结构时，按照可逆网络的结构，无论采用什么样的可逆逻辑门级联可逆网络，无扇出和无反馈是构建可逆网络结构的自然约束。

设可逆网络的 n 条平行线 $l_1, l_2, \cdots, l_n$ 的编号由上到下分别记为 $1, 2, \cdots, n$，一个可逆逻辑网络结构是 m 个可逆逻辑门 $G_1, G_2, \cdots, G_m$ 的级联。

定义 3.3(管致锦等，2010)　可逆网络中两个可逆逻辑门 G_1 和 G_2 在同一垂直线上称为不相交的，所有 G_1 所在平行线的编号都大于(或小于) G_2 所在的平行线编号。

本书讨论的可逆网络中的可逆逻辑门都是不相交的。

定理 3.6(Guan et al.，2009a)　可逆网络中，同一垂直线上不相交的两个可逆逻辑门单元的输出值与此二逻辑门单元分布到相同平行线的两条相邻垂直线上的输出值相等。

证明　设可逆网络有 n 条平行线，G_1 和 G_2 为分布在同一垂直线 h_i 上两个不

相交的可逆逻辑门单元，G_1 和 G_2 的输入/输出数分别为 n_1 和 n_2。根据可逆逻辑门作用的位置不同，在 h_i 上的输入位划分为三部分，它们分别是 G_1、G_2 和空线，分别构成三个元组：

$$I_{G_1}^i = \langle I_{i,1}^1, I_{i,2}^1, \cdots, I_{i,n_1}^1 \rangle \tag{3.9}$$

$$I_{G_2}^i = \langle I_{i,1}^2, I_{i,2}^2, \cdots, I_{i,n_2}^2 \rangle \tag{3.10}$$

$$I_E^i = \langle I_{i,1}^E, I_{i,2}^E, \cdots, I_{i,(n-n_1-n_2)}^E \rangle \tag{3.11}$$

它们的输出分别是

$$O_{G_1}^i = \langle O_{i,1}^1, O_{i,2}^1, \cdots, O_{i,n_1}^1 \rangle \tag{3.12}$$

$$O_{G_2}^i = \langle O_{i,1}^2, O_{i,2}^2, \cdots, O_{i,n_2}^2 \rangle \tag{3.13}$$

$$O_E^i = \langle O_{i,1}^E, O_{i,2}^E, \cdots, O_{i,(n-n_1-n_2)}^E \rangle = I_E \tag{3.14}$$

假设垂直线 h_{i+1} 上没有其他可逆逻辑门单元，把 G_2 平移到 $i+1$ 的位置。由于 G_2 在 h_i 上对应空线，即 G_2 在 h_i 上输入与输出相等，式(3.12)、式(3.13)在 h_{i+1} 上对应的是空线，则在 h_{i+1} 上的输出分别是

$$I_{G_1}^{i+1} = \langle O_{i,1}^1, O_{i,2}^1, \cdots, O_{i,n_1}^1 \rangle = O_{G_1}^{i+1} \tag{3.15}$$

$$I_E^{i+1} = O_E^i = O_E^{i+1} \tag{3.16}$$

$$I_{G_2}^{i+1} = O_{G_2}^i = I_{G_2}^i \tag{3.17}$$

由式(3.17)得

$$O_{G_2}^{i+1} = O_{G_2}^i \tag{3.18}$$

由式(3.15)、式(3.16)和式(3.18)可知结论成立。

证毕。

由上面定理可知，在可逆网络中，k 个可逆逻辑门在同一垂线上的问题等同于该 k 个可逆门分布在相邻 k 条垂直线上。

定义 3.4(管致锦等，2008)　如果两个相同可逆逻辑门单元在网络中的顺序一致，则称这两个可逆门是同型的。

定理 3.7(管致锦等，2008)　分布在相同平行线上任意偶数个相邻的相同可逆逻辑门单元相连，输出结果与空线等同；相同平行线上的任意奇数个相邻的相同可逆逻辑门单元相连，输出结果与一个该可逆逻辑门单元等同。

证明　设 k 个相邻的相同可逆逻辑门单元相连，且分布在相同平行线上，则有 $G_1 = G_2 = \cdots = G_k$。设 $c_{i,1}^{\mathrm{I}}, c_{i,2}^{\mathrm{I}}, \cdots, c_{i,n}^{\mathrm{I}}$ 分别为 G_i 的 n 个输入位，$c_{i,1}^{\mathrm{O}}, c_{i,2}^{\mathrm{O}}, \cdots, c_{i,n}^{\mathrm{O}}$ 分别为 G_i 的 n 个输出位，则

$$\langle c_{i,1}^{\mathrm{O}}, c_{i,2}^{\mathrm{O}}, \cdots, c_{i,n}^{\mathrm{O}} \rangle = \langle c_{i+1,1}^{\mathrm{I}}, c_{i+1,2}^{\mathrm{I}}, \cdots, c_{i+1,n}^{\mathrm{I}} \rangle \tag{3.19}$$

其中 $i = 1, 2, \cdots, k$。由于 G_i 和 G_{i+1} 是可逆逻辑门，由式(3.19)有

$$G_i \oplus \langle c_{i,1}^{\mathrm{I}}, c_{i,2}^{\mathrm{I}}, \cdots, c_{i,n}^{\mathrm{I}} \rangle = \langle c_{i,1}^{\mathrm{O}}, c_{i,2}^{\mathrm{O}}, \cdots, c_{i,n}^{\mathrm{O}} \rangle \tag{3.20}$$

$$G_{i+1} \oplus \langle c_{i+1,1}^{\mathrm{I}}, c_{i+1,2}^{\mathrm{I}}, \cdots, c_{i+1,n}^{\mathrm{I}} \rangle = \langle c_{i+1,1}^{\mathrm{O}}, c_{i+1,2}^{\mathrm{O}}, \cdots, c_{i+1,n}^{\mathrm{O}} \rangle \tag{3.21}$$

由式(3.19)和式(3.21)知

$$G_{i+1} \oplus \langle c_{i,1}^{O}, c_{i,2}^{O}, \cdots, c_{i,n}^{O} \rangle = \langle c_{i+1,1}^{O}, c_{i+1,2}^{O}, \cdots, c_{i+1,n}^{O} \rangle \tag{3.22}$$

由于 G_i 和 G_{i+1} 是可逆的，所以

$$G_i \oplus \langle c_{i,1}^{O}, c_{i,2}^{O}, \cdots, c_{i,n}^{O} \rangle = \langle c_{i,1}^{I}, c_{i,2}^{I}, \cdots, c_{i,n}^{I} \rangle \tag{3.23}$$

而 $G_i = G_{i+1}$，则

$$\begin{aligned} & G_i \oplus \langle c_{i,1}^{O}, c_{i,2}^{O}, \cdots, c_{i,n}^{O} \rangle \\ &= G_{i+1} \oplus \langle c_{i+1,1}^{I}, c_{i+1,2}^{I}, \cdots, c_{i+1,n}^{I} \rangle = \langle c_{i,1}^{I}, c_{i,2}^{I}, \cdots, c_{i,n}^{I} \rangle \end{aligned} \tag{3.24}$$

因此

$$\langle c_{i+1,1}^{O}, c_{i+1,2}^{O}, \cdots, c_{i+1,n}^{O} \rangle = \langle c_{i,1}^{I}, c_{i,2}^{I}, \cdots, c_{i,n}^{I} \rangle \tag{3.25}$$

由式(3.23)知，G_{i+1} 与 G_i 的输入相同，也就是说，相同平行线上的两个相邻的相同可逆门单元相连，输出结果与空线相同。

相同平行线上 $2k$ 个相邻的相同可逆门单元相连，可以看成是相同平行线上 k 对相邻的相同可逆逻辑门单元相连，每一对都等同于空线，因此相同平行线上偶数个相邻的相同可逆门单元相连，输出结果等同于空线。

类似地，相同平行线上奇数个相邻的相同可逆门单元相连，可以看成是偶数个相邻的相同可逆门单元与一个该可逆门单元相连，由上面的结论可知，相同平行线上奇数个相邻的相同可逆门相连等同于一个可逆门的输出结果。

证毕。

由定理 3.7 知，如果在相同平行线上可逆网络的局部存在相同的偶数个可逆逻辑门单元相连，可以去掉这偶数个可逆逻辑门；如果在相同平行线上可逆网络的局部存在相同的奇数个可逆逻辑门单元相连，只需保留其中一个。使用该结论可以简化网络的结构，且不改变网络的输出结果。

3.6 可逆网络门的计数

3.6.1 Toffoli 门计数

为了得到相同输入/输出串联网络的数量，先进行 Hamming 重量与位向量的关系进行分析(管致锦等，2008)。

若将 0 到 2^n-1 之间的整数 N 表示成二进制数 $(x_1, x_2, \cdots, x_n)$，则可将 0 到 2^n-1 之间的整数与 $\{0,1\}^n$ 上的向量一一对应，即

$$N \rightarrow (x_1, x_2, \cdots, x_n) \tag{3.26}$$

整数 N 从小到大对应 $\{0,1\}^n$ 中元素从小到大的字典排序。今后在不引起混淆的情况下二者可以互用。

一般地，称一个 0、1 向量 $\boldsymbol{U}$ 中“1”的个数为这个向量的 Hamming 重量。

设输入向量为 $(0,1,\cdots,2^n-1)$，并且只考虑网络的输入/输出位与 Toffoli 门

输入/输出位相等的情况。根据定理 3.1，如果向量中元素的位向量 Hamming 重量小于 $n-1$，就不会使网络的输出发生变化。换句话说，输入/输出相应位仍然相等。因此，网络变换的种类，取决于那些 Hamming 重量大于或等于 $n-1$ 的位向量。

定理 3.8（管致锦等，2008）　在输入向量 $(0,1,\cdots,2^n-1)$ 中，Hamming 重量 $H(w)\geqslant n-1$ 的位向量个数为位向量位数 n 加 1。

证明　由表 3.4 知，按输入向量的种类构成不同的向量集合：$S_1,S_2,\cdots,S_n$，其中

$$S_1\subset S_2\subset\cdots\subset S_n \tag{3.27}$$

除了 S_1 外，每个 S_i 可以按照向量的个数平均分成两部分 S_{i_1} 和 S_{i_2}，S_{i_1} 由 S_{i-1} 和在其左边的一列"0"构成；S_{i_2} 由 S_{i-1} 和在其左边的一列"1"构成。

表 3.4　整数向量二进制集合分布表

向量值	二进制向量分量			
0	0	0	0	0
1	0	0	0	1
2	0	0	1	0
3	0	0	1	1
4	0	1	0	0
5	0	1	0	1
6	0	1	1	0
7	0	1	1	1
8	1	0	0	0
9	1	0	0	1
10	1	0	1	0
11	1	0	1	1
12	1	1	0	0
13	1	1	0	1
14	1	1	1	0
15	1	1	1	1

由于 S_1 中 Hamming 重量 $H(w)\geqslant n-1=1-1=0$ 的位向量个数为 2，则根据表 3.4 结构，S_{2_1} 由 S_1 与在其左边的一列两个"0"构成；S_{2_2} 由 S_1 与在其左边的一列两个"1"构成。S_{2_1} 中 Hamming 重量 $H(w)\geqslant n-1=2-1=1$ 的位向量个数为 1；S_{2_2} 中 Hamming 重量 $H(w)\geqslant 2-1=1$ 的位向量个数为 2。所以，S_2 中 Hamming 重量 $H(w)\geqslant 2-1=1$ 的位向量个数为位向量位数 2 加 1。

依此类推，由于 S_{i-1} 中 Hamming 重量 $H(w)\geqslant i-1-1$ 的位向量个数为 i，所以 S_{i_1} 中 Hamming 重量 $H(w)\geqslant i-1$ 的位向量只有一个；S_{i_2} 中 Hamming 重量 $H(w)\geqslant i-1$ 的位向量有 i 个。

因此，输入向量 $(0,1,\cdots,2^n-1)$ 中 Hamming 重量 $H(w)\geqslant n-1$ 的位向量个

数为位向量位数 n 加 1。

证毕。

由定理 3.8 和表 3.4 知,2 输入/输出可逆网络中,$n=2$,输入向量的位向量中 Hamming 重量超过 $n-1=2-1=1$ 的位向量有 $n+1=2+1=3$ 个,网络变换的种类为 3!种。3 输入/输出可逆网络中,$n=3$,输入向量的位向量中 Hamming 重量超过 $n-1$ 的位向量有 $n+1=3+1=4$ 个,网络变换的种类为 4!种,以此类推,有下面结论。

结论 n 位输入/输出 Toffoli 门串联网络变换的种类为$(n+1)!$种,也就是说,n 输入/输出 Toffoli 门串联输出的结果最多为$(n+1)!$种。

3.6.2 Toffoli 门网络级联

设 n 为可逆逻辑门输入/输出数,Network 为生成的新网络,Num_Gate 为网络中门的数量,Stay_Set 为无重复生成网络的集合。下面给出相同输入/输出 Toffoli 门串联算法(管致锦等,2008)。

算法:相同输入/输出 Toffoli 门级联算法

```
Num_Gate = 1;
Add_Back = 1;
for (i = 0; i<(n+1)!; i++)
  {choose[Num_Gate-1] = choose[Num_Gate-1]+1;    //在网络中增加可逆的门个数
  while (choose[Num_Gate-1] = n)}
    { choose[Num_Gate-2] = choose[Num_Gate-2]+1;
    choose[Num_Gate-1] = 0;
    Num_Gate = Num_Gate-1;
    if (Num_Gate≤0)
     {return Add_Back;  // 当 choose 为 n~n 时,如果再加 1 就要进位。
     }//end if
   if Add_Back = 0
    { Num_Gate: = Num_Gate+1;
      for j = 0 to Num_Gate do choose[j] = 0;
      NW_Set: = NW_Set ∪ {Network}; //生成一个新网络
   }//end if
  }//endwhile
  if Network ∉ Stay_Set
   {Stay_Set: = Stay_Set ∪ {Network}
  else if NW_Gate<Stay_Gate then //新生成的网络门数小于 Stay_Set 中已有的网络门数
   NW_Network ↔ Stay_Network;  //与 Stay_Set 中的网络进行交换
    }//end if
    }//endfor
```

算法中，输入可逆逻辑门的位数 n 后，由于每个 Toffoli 门的目标位只有一个，确定 n 个目标位在从下到上 n 条线中的位置，分别为这 n 个门编号为 $1\cdots n$，称为一组。对 Toffoli 门进行串联，组合的情况分别为 $(1,2,\cdots,n)$，$(11,12,13,\cdots,1n)$，…，$(nn\cdots n1,nn\cdots n2,\cdots,nn\cdots nn)$，等等。

判断新生成的网络与网络集合 Stay_Set 中存在的网络的输出结果是否一致。如果不一致，则把网络及其结果存放到 Stay_Set 中。否则，判断新产生网络中的门数是否小于 Stay_Set 中与其输出结果一致的网络门数，如果不小于已有的网络门数，则放弃新产生的网络；否则替换 Stay_Set 中已有的网络。

根据 Toffoli 门网络的计数，判断 Stay_Set 中网络个数是否已经达到 $(n+1)!$ 个，如果未达到，则继续串联操作，否则结束操作。

n 输入/输出共有 $2^n!$ 种输出结果，需要从组合中无重复选择 $2^n!$ 种可逆网络，但算法并不能保证每一种选择最优。

3.6.3　实验及结果分析

根据 Toffoli 门网络的计数，通过 3.6.2 节中的算法 3.1，可以实现 Toffoli 门网络级联。

测试环境的 CPU 分别采用 Intel P700、Athlon64 FX62 和 Pentium Dual Core 1.8GHz，内存分别为 256M、512M 和 1G，其中 Pentium Dual Core 1.8GHz 为双核 CPU。操作系统分别为 Windows 2000、Linux 和 Windows XP。

测试结果表明，在测试所采用的软硬件环境中，并联可以达到较多的位数，这里只提供了 9 位；而串联和混联对不同机器环境则要求很高，甚至位数增加 1 位，就无法实现相应的级联，具体情况见表 3.5。表中标志为“—”的项，说明在本书所提供的测试环境下没有实现。

表 3.5　Toffoli 门级联网络数

	1 位	2 位	3 位	4 位	5 位	6 位	7 位	8 位	9 位
串联 $((n+1)!)$	1	6	24	120	720	5040	—	—	—
并联 $(n\times 2^{n-1})$	1	4	12	32	80	192	448	1104	2304
混联 $(2^n!)$	2	24	40 320	20 922 789 888 000	—	—	—	—	—

第 4 章　可逆网络的构造

由可逆门网络的性质可知，n 输入/输出的可逆网络具有 2^n 种不同输出向量。在利用可逆逻辑门构造可逆网络的过程中，随着可逆逻辑门种类和数量的增加，时间和空间复杂度也会大大增加。本章将给出一种可逆逻辑门网络的基本构造方法。

4.1　可逆网络结构的表示

4.1.1　平行线与垂直线编号

n 输入/输出的网络中有 n 条水平线和 $k(k\geqslant 0)$ 条垂直线，全部 2^n 个可逆网络的输入向量是从 $(0,0,\cdots,0)$ 到 $(1,1,\cdots,1)$，这里 0 和 1 的个数都分别是 n。

为了方便网络的描述和构造，拟对网络的输入/输出位及垂直线编号，编号的规则如下：对于 n 输入/输出的网络，将水平线从上到下分别编号为 $0,1,2,\cdots,n-1$；其输入/输出端编号一致。垂直线编号从左到右依次为 $1\sim k$，如图 4.1 所示。

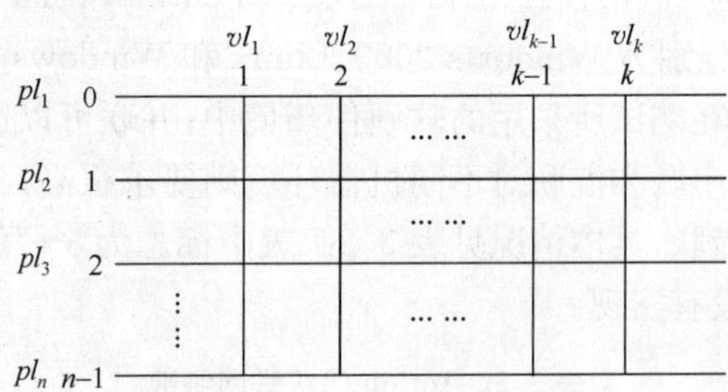

图 4.1　输入/输出位及垂直线的编号

将一条垂直线与 n 条水平线编号结合能够构造出所有不同意义的可逆逻辑门单元。

根据网络的输入位和输出位的编号，可以区分相同或不同可逆逻辑门单元在垂线中不同水平线所代表的不同意义。因此，需要在每一种解决方案中给出一种编码规则。一般地，初始化的 n 输入/输出网络，由 n 条不含有任何可逆逻辑门单元的空线组成。每一个可逆逻辑门单元加入到网络后，都有其在该网络中对应的编号。以 Toffoli 门为例，这个编号由三部分组成：第一部分是所在垂直线的编号；第二部分是目标位所在水平线的编号；第三部分是控制位所在水平线依次从上到下的编号。

例如,图 4.2 所示的 3 输入/输出可逆逻辑门网络,给出了上述规则的一种编码方案。按照定义,A、B 是不同可逆逻辑门单元,它们的编码分别为(1 012)和(2 201),尽管它们都是 3 输入/输出的 Toffoli 门,但它们在网络中意义也不同;C、D 在网络中是相同可逆逻辑门单元,它们不在相同的平行线上,编号为(3 01)和(4 12);E、F 既相同又是在网络中相同平行线上,所以它们编号的后两位相同,分别为(5 21)和(6 21),它们的意义也相同。

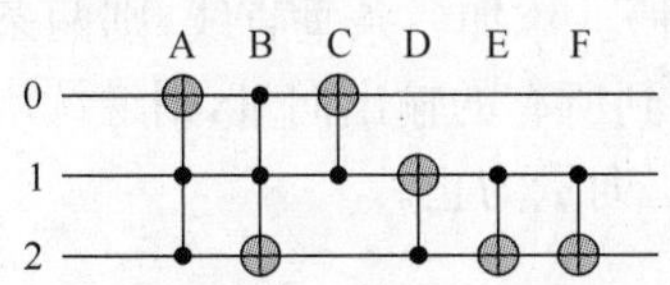

图 4.2　可逆网络中 Toffoli 门编码

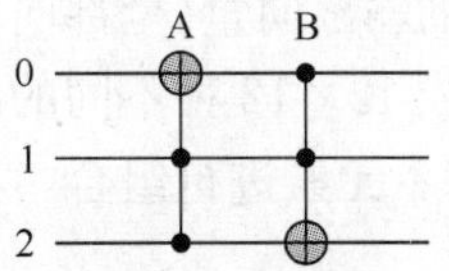

图 4.3　3 输入/输出的网络

4.1.2　可逆网络的一种结构编码

设网络输入向量是从 (0,0,…,0)到(1,1,…,1),将一条垂直线与 n 条水平线编号能够构造出的所有不同意义的 Toffoli 门作为基本元素。

以图 4.2 所示的 3 输入/输出的网络为例,A 垂直线上 0 为目标位,1、2 为控制位,而 B 垂直线上为 2 目标位,0、1 为控制位(图 4.3)。

对于 n 输入/输出(n 条平行线)的网络,不同的输出向量对应不同的网络,而构成这些网络的垂直线有 k 条,每条垂直线由 Toffoli 门构成。所以,只要将这些 Toffoli 门按照固定的顺序排列,则可以实现所有 n 输出向量所对应的网络。

以 3 输入/输出为例,根据命名规则(此时不考虑垂直线编号):在一条垂直线上,如果 0 为目标位,则不同意义的 Toffoli 门有 0, 0 1, 0 2, 0 12 四种情况;如果 1 为目标位,则不同意义的 Toffoli 门有 1, 1 0, 1 2, 1 02 四种情况;如果 2 为目标位,则不同意义的 Toffoli 门为 2, 2 0, 2 1, 2 01 四种情况。所有这 12 种情况就构成了 3 输入/输出网络的基本元素,如图 4.4 所示。

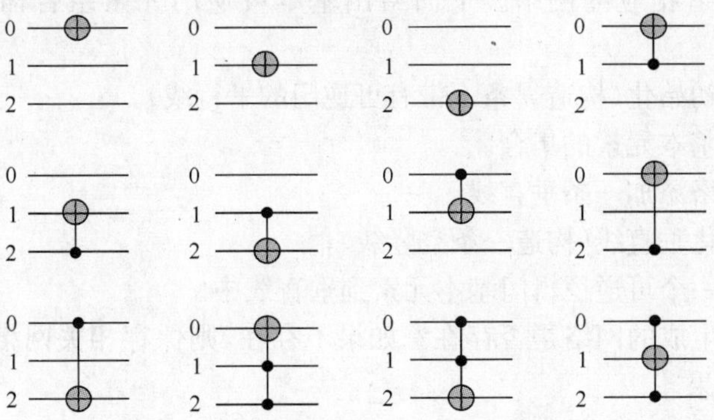

图 4.4　3 输入/输出 Toffoli 门基本元素

4.1.3 一种组合可逆网络的构造

不同输出向量的网络是这些基本元素的组合。可以通过不同垂直线上所有的基本元素之间的组合构造相应的网络。

以 3 输入/输出为例，如图 4.5 所示，如果一条垂直线上的 12 种基本元素已经全部顺序执行完毕，得到一组不同的输出向量。然而这显然不是 3 输入/输入网络的所有的输出向量(全部向量应该是 40 320 种)。添加一条垂直线，则两条垂直线可以构成 12×12 种不同的组合。如果还未得到所有的输出向量，则继续增加垂直线，对基本元素进行组合，直到得到所有的输出向量为止。

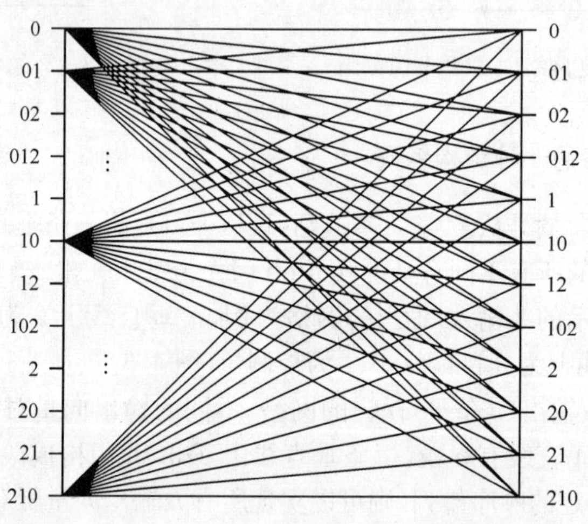

图 4.5 3 输入/输出所有可能的 Toffoli 门组合

对于 n 输入/输出(n 条平行线)的网络，不同的输出向量对应不同的网络，而构成这些网络的垂直线有 k 条，每条垂直线分布着不同的可逆门单元。所以，不同输出向量的网络是这些基本元素的组合。可以通过不同垂直线上所有的基本元素之间的组合构造相应的网络。下面给出基本可逆门元素组合构造可逆网络的步骤：

(1) 网络初始化(构造 n 条不带有可逆门的平行线)。

(2) 构造基本元素的集合。

(3) 为网络添加一条垂直线。

(4) 初始化垂直线(构造一条空竖线)。

(5) 添加一个可逆逻辑门基本元素到垂直线中。

(6) 判断生成的网络是否存在？如果不存在，则保存相关网络结果；反之，抛弃相关网络结果。

(7) 判断是否已经得到全部输出向量。如果是则执行(9)。

(8) 判断集合中的基本元素是否全部都被调用完。如果是则执行(3)；反之，执行(4)。

(9) 结束。

4.2　一种可逆网络输出向量的序号表示

4.2.1　序号的定义

由可逆网络的约束条件可知，n 输入/输出的可逆网络的 n 位输出向量是自然数 $0\sim 2^n-1$ 的全排列。为了研究方便，下面给出可逆网络输出向量序号的表示方法。

任意一个可逆网络输出向量序号是一个十进制数。设可逆网络输出向量序号为 M，输入输出向量的分量数 $m=2^n$。对自然数 $0\sim 2^n-1$ 进行全排列，共产生 $m!$ 种不同的排列。对于产生的任一排列 $c_0,c_1,\cdots,c_{m-1}$，其中第 $i+1$ 个自然数 $c_i(0\leqslant i\leqslant m-2)$ 与它后面的 $m-1-i$ 个自然数构成的逆序对的个数为 $d_i(0\leqslant d_i\leqslant m-1-i)$，那么得到一个逆序数序列 $d_0,d_1,\cdots,d_{m-2}(0\leqslant d_i\leqslant m-1-i)$。根据变进制数的表示方法，把 d_i 作为$(m-1)$位变进制数的第 $i+1$ 位。于是，M 可以用 $m-1$ 位变进制数表示为

$$M=d_{m-2}\times 1!+d_{m-3}\times 2!+\cdots+d_0\times(m-1)! \tag{4.1}$$

因此，逆序序列和变进制数可看成是等价的。为了使某一 m 位输出向量与其序号形成对应关系，先将 m 位输出向量与其 $m-1$ 位逆序序列($m-1$ 位变进制数)相对应，再将逆序序列与可逆网络输出向量序号 M 相对应。

4.2.2　逆序序列与输出向量的一一对应关系

下面确定 $m-1$ 位逆序序列与 m 位输出向量全排列的一一对应关系。

定理 4.1　全排列的每一个排列对应着一个不同的 $m-1$ 位变进制数。

证明　对于全排列中任意两个不同的排列 P 和 Q，设 P 为 $p_0,p_1,\cdots,p_{m-1}$，Q 为 $q_0,q_1,\cdots,q_{m-1}$，在排列 P 和排列 Q 中分别从 p_0 和 q_0 开始查找第一对不相同的数，分别记为 p_i 和 $q_i(0\leqslant i\leqslant m-2)$。

(1) 如果 $p_i>q_i$，且在排列 Q 中 q_i 与 q_i 之后的自然数 x 构成逆序对，即有 $x<q_i$，则在排列 P 中 p_i 之后也有相同自然数 $x<p_i$，即在排列 P 中 p_i 与 p_i 之后的自然数 x 也构成逆序对，又 p_i 与 q_i 在排列 P 中构成 p_i 的逆序对，所以 p_i 的逆序对个数大于 q_i 的逆序对个数。

(2) 同理，如果 $p_i<q_i$，那么 q_i 的逆序对个数大于 p_i 的逆序对个数。

由(1)和(2)知，排列 P 和排列 Q 对应的变进制数至少有第 $i+1$ 位不相同，即

全排列的任意两个不同的排列具有不同的变进制数。

定理 4.2 $m-1$ 位变进制数与 m 位输出向量的全排列是一一对应的。

证明 由于 $m-1$ 位变进制数可表示 $m!$ 个不同的数，而 m 位输出向量的全排列有 $m!$ 个不同的排列，根据定理 4.1，m 位输出向量的全排列中每一个排列分别对应不同的 $m-1$ 位变进制数。因此，$m-1$ 位变进制数与 m 位输出向量的全排列是一一对应的。

定理 4.3 m 位输出向量的全排列与可逆网络输出向量序号 M 是一一对应的。

表 4.1 为 3 输入/输出可逆网络输出向量与其 7 位逆序序列和其序号相对应关系。

表 4.1 变量可逆网络输出向量、逆序序列和序号的对应关系

序号	输出向量 $(c_0c_1c_2c_3c_4c_5c_6c_7)$	逆序序列 $(d_0d_1d_2d_3d_4d_5d_6)$	M
1	(01234567)	0000000	0
2	(01234576)	0000001	1
3	(01234657)	0000010	2
4	(01234675)	0000011	3
5	(01234756)	0000020	4
6	(01234765)	0000021	5
7	(01235467)	0000100	6
⋮	⋮	⋮	⋮
40 320	(76543210)	7654321	40 319

由于 $m-1$ 位变进制数能够表示 0 到 $m!-1$ 范围内的所有十进制数(这里指序号 M)，共 $m!$ 个，它们之间是一一对应的，又由定理 4.2 知，$m-1$ 位变进制数与 m 位输出向量的全排列是一一对应的。因此，m 位输出向量的全排列之间与可逆网络输出向量序号 M 是一一对应的。

任意一个全排列中的排列 $c_0,c_1,\cdots,c_{m-1}$ 与可逆网络输出向量序号 M 对应，以 M 为索引，即可找到对应的排列。因此，每个排列都可以按该方式表示成一个 $m-1$位变进制数。

4.2.3 输出向量序号表示

由以上分析，给出输出向量 $c_0,c_1,\cdots,c_{m-1}$ 与可逆网络输出向量序号 M 对应关系算法。

```
M = 0;
for (i = m - 2; i≥0; i = i-1 )
{
d_i = 0;
for(k = m - 1; k > i ; k = k - 1)
{
if(c_k < c_i)
d_i = d_i + 1;
}
M = M + d_i × (m - 1 - i)!;
}
```

4.3　一种可逆网络构造算法

4.3.1　算法

不同输出向量的网络是 Toffoli 门系列中可逆逻辑门的组合。可以通过不同垂直线上所有 Toffoli 门系列中可逆逻辑门的组合构造相应的网络。该方法按垂直线条数从小到大,控制位个数从小到大自动构造不同输出向量所对应的网络。

基于变进制数构造可逆网络方法,将拟生成可逆网络的输出向量对应于相应的变进制数,再将变进制数对应于该输出向量的序号,调用可逆网络构造函数,得到相应的单个可逆网络或批量连续序号可逆网络。通过变进制数与可逆网络输出向量的对应关系,能够快速地找到可逆网络输出向量所对应的序号。

由可逆门网络的性质可知,n 输入/输出的可逆网络具有 $2^n!$ 种不同输出向量。为了得到 $2^n!$ 种不同输出向量的可逆网络,依次为 $0 \sim 2^n!-1$ 种不同输出向量编号。以所要构造的可逆网络输出向量所对应的 k 个连续序号的首尾序号为根结点,构造一棵二叉生长树。当序号 M 等于被查找的叶子结点 C 的首尾序号值(这种情况只有在叶子结点的首序号、尾序号和序号 M 三者相等时才出现)时,则将在 C 上做标记。表示 M 代表的输出向量所对应的其中一个网络已被找到,以后若再生成与序号相对应的输出向量,在树中查找到叶子结点 C 时,由于 C 上已被做了记号,则不再考虑生成的网络所对应的输出向量。

下面给出基于变进制数生成可逆网络的算法(Guan et al., 2009a):

(1) 输入 $0 \sim 2^n!-1$ 所要构造的 $k(0 \leqslant k \leqslant 2^n!-1)$ 个连续序号输出向量的首尾序号。

(2) 以首尾序号为根结点,构造二叉树。

(3) 调用可逆网络构造算法,生成可逆网络,得到输出向量对应于一个序号

M,设二叉树从左开始的第一个未被做记号的叶子结点为 C。

① 将输出向量的序号 M 与 C 的首序号值比较:

Case1:若 M 小于叶子结点 C 的首序号值,则说明 M 代表的输出向量所对应的其中一个网已被找到,执行(4)。

Case2:若 M 等于 C 的首序号值,则判断 C 的首尾序号值是否相等。若相等,在 C 上个做记号,执行(4);若不等,先将 C 生成左孩子结点 A 和右孩子结点 B,A 的首尾序号值都为 C 的首序号值,B 的首序号的值为 $M+1$,尾序号的值为 C 的尾序号值;再在左孩子结点 A 上做记号,执行(4)。

Case3:若 M 大于 C 的首序号值,执行②。

② 将 M 与 C 的尾序号值进行比较:

Case1:若 M 小于 C 的尾序号值,则将 C 生成左孩子结点 A 和右孩子结点 B,A 的首序号值为 C 的首序号值,尾序号值为 $M-1$,B 的首序号的值为 $M+1$,尾序号的值为 C 的尾序号值,执行(4)。

Case2:若序号 M 等于 C 的尾序号值,先将 C 生成左孩子结点 A 和右孩子结点 B,A 的首序号值为 C 的首序号值,尾序号值为 $M-1$;B 的首尾序号的值都为 M;再 B 上做记号,执行(4)。

Case3:若序号 M 大于 C 的尾序号值,则判断 C 是否为二叉树从左开始的最后一个未被做记号的叶子结点。若是,则说明 M 代表的输出向量所对应的其中一个网络已被找到,执行(4);若不是,C 为二叉树中从左开始的下一个未被做记号的叶子结点,执行①。

(4) 判断所有未被做记号的叶子结点数量是否为 0。若不是,则设下一个未被做记号的叶子结点为 C,执行(3)中的①;若是,执行(5)。

(5) 查找结束,退出。

4.3.2 实例

以 3 输入/输出为例,如果要生成序号 1～5 的可逆网络,则以 1 和 5 为根结点,构造一个二叉树,如图 4.6 所示。

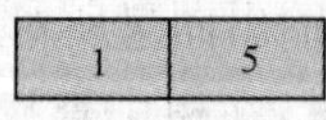

图 4.6 基本二叉树

调用可逆网络构造算法,直到查找到输出向量对应序号为 1～5 中的任意网络,第一个找到的是序号 M 为 5[输出向量为(0 1 2 3 4 7 6 5)],二叉树从左开始的第一个未被做记号的叶子结点为 C,则 M 大于 C 的首序号值,等于 C 的尾结点,所以生成左孩子结点 A 和右孩子结点 B,A 的首序号值为尾结点 C 的首序号值 1,尾序号为 $M-1$,即 4;B 的首尾序号值均为 M,即 5。二叉树变为图 4.7。

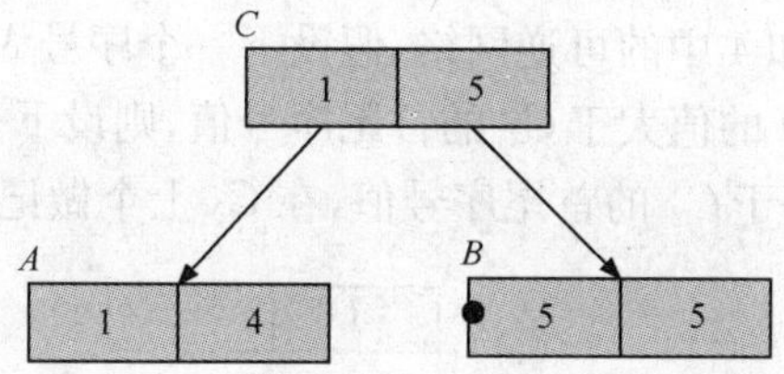

图 4.7　找到序号为 5 后的二叉树

继续查找下一个在序号为 1～4 中的可逆网络，下一个为序号 M 为 1[输出向量为(0 1 2 3 4 5 7 6)]的网络。M 等于 C 的首序号值，不等于 C 的尾序号值，先将 C 生成左孩子结点 A 和右孩子结点 B，A 的首尾序号值都为 C 的首序号值，B 的首序号的值为 $M+1$，即为 2，尾序号的值为 C 的尾序号值；再在左孩子结点 A 上做记号。如图 4.8 所示。

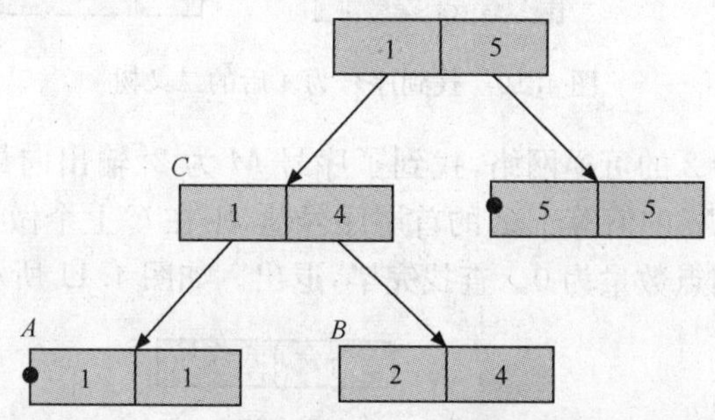

图 4.8　找到序号为 1 后的二叉树

继续查找在序号为 2～4 中的可逆网络，假设下一个序号 M 为 3[输出向量为(0 1 2 3 4 6 7 5)]。由于 M 的值大于 C 的首序号值，而小于 C 的尾序号值，则将 C 生成左孩子结点 A 和右孩子结点 B，A 的首序号值为 C 的首序号值，尾序号值为 $M-1$，B 的首序号的值为 $M+1$，尾序号的值为 C 的尾序号值。如图 4.9 所示。

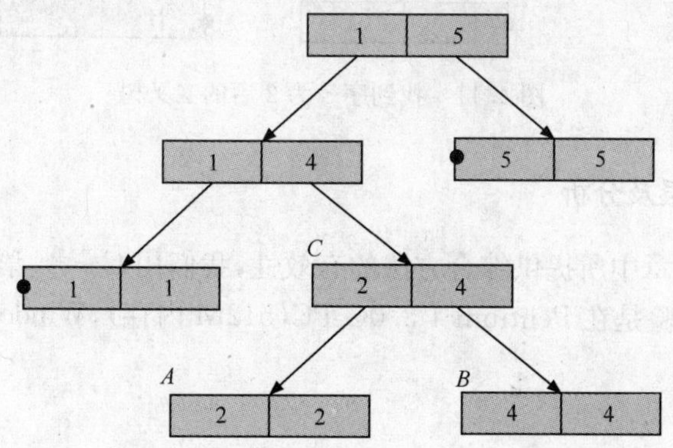

图 4.9　找到序号为 3 后的二叉树

查找在序号为 2 和 4 中的可逆网络,假设下一个序号 M 为 4[输出向量为(0 1 2 3 4 7 5 6)]。由于 M 的值大于 C_1 的首尾序号值,则设下一个未被做记号的叶子结点为 C_2。此时 M 等于 C_2 的首尾序号值,在 C_2 上个做记号。如图 4.10 所示。

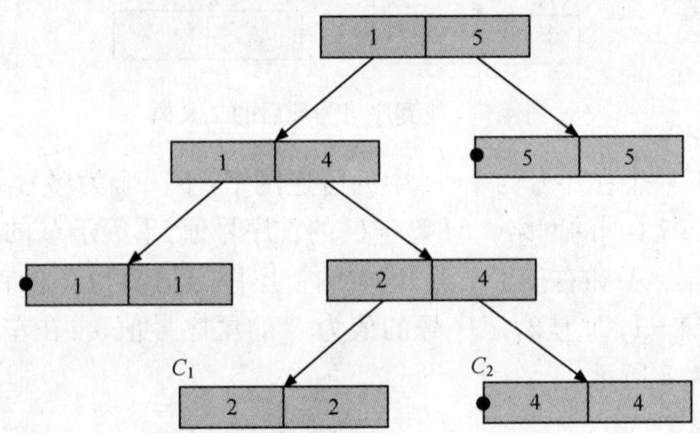

图 4.10　找到序号为 4 后的二叉树

查找在序号为 2 的可逆网络,找到了序号 M 为 2[输出向量为(0 1 2 3 4 6 5 7)]的网络。由于 M 的值等于 C 的首尾序号值,则在 C 上个做记号。此时所有未被做记号的叶子结点数量为 0。查找完毕,退出。如图 4.11 所示。

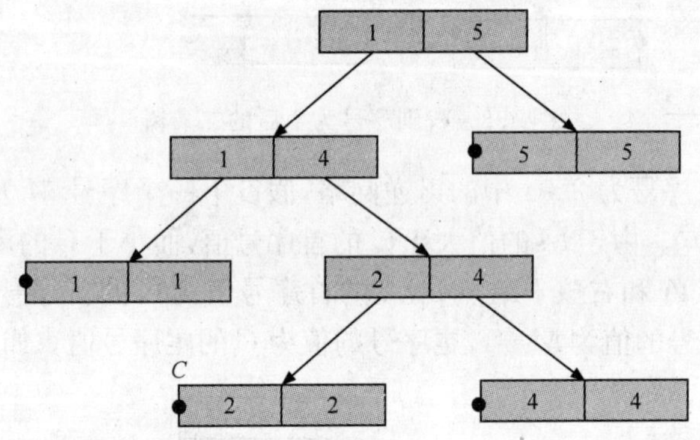

图 4.11　找到序号为 2 后的二叉树

4.3.3　实验结果及分析

为了测试本章中所提供综合方法的有效性,我们用 C++ 语言来实现本章所描述的算法。实验是在 Pentium 4 3.0G PC(512M 内存),Windows XP 环境下完成的。

1. 测试结果

分别对 1～4 变量的所有输出向量进行测试，结果表明，该系统能够实现所有不同输出向量所对应网络的可逆逻辑网络。表 4.2～表 4.5 是它们对应的输出向量、门数、控制位数。

表 4.2　1 输入/输出全部向量对应的门数和控制位数

序号	输出向量	门数	控制位数
0	(0,1)	0	0
1	(1,0)	1	0

表 4.3　2 输入/输出全部向量对应的门数和控制位数

序号	输出向量	门数	控制位数
0	(0,1,2,3)	0	0
1	(0,1,3,2)	1	1
2	(0,2,1,3)	3	3
3	(0,2,3,1)	2	2
4	(0,3,1,2)	2	2
5	(0,3,2,1)	1	1
6	(1,0,2,3)	2	1
7	(1,0,3,2)	1	0
8	(1,2,0,3)	3	2
9	(1,2,3,0)	2	1
10	(1,3,0,2)	4	3
11	(1,3,2,0)	3	2
12	(2,0,1,3)	3	2
13	(2,0,3,1)	4	3
14	(2,1,0,3)	2	1
15	(2,1,3,0)	3	2
16	(2,3,0,1)	1	0
17	(2,3,1,0)	2	1
18	(3,0,1,2)	2	1
19	(3,0,2,1)	3	2
20	(3,1,0,2)	3	2
21	(3,1,2,0)	4	3
22	(3,2,0,1)	2	1
23	(3,2,1,0)	2	0

表 4.4　3 输入/输出 30 个向量对应的门数和控制位数

序号	输出向量	门数	控制位数
0	(0,1,2,3,4,5,6,7)	0	0
1	(0,1,2,3,4,5,7,6)	1	2
2	(0,1,2,3,4,6,5,7)	3	4
3	(0,1,2,3,4,6,7,5)	2	4
4	(0,1,2,3,4,7,5,6)	2	4
5	(0,1,2,3,4,7,6,5)	1	2
6	(0,1,2,3,5,4,6,7)	2	3
7	(0,1,2,3,5,4,7,6)	1	1
8	(0,1,2,3,5,6,4,7)	3	5
9	(0,1,2,3,5,6,7,4)	2	3
⋮	⋮	⋮	⋮
2000	(0,3,6,5,2,4,1,7)	5	6
2001	(0,3,6,5,2,4,7,1)	5	7
2002	(0,3,6,5,2,7,1,4)	5	7
2003	(0,3,6,5,2,7,4,1)	4	5
2004	(0,3,6,5,4,1,2,7)	3	4
2005	(0,3,6,5,4,1,7,2)	4	6
2006	(0,3,6,5,4,2,1,7)	4	6
2007	(0,3,6,5,4,2,7,1)	4	5
2008	(0,3,6,5,4,7,1,2)	3	4
2009	(0,3,6,5,4,7,2,1)	2	2
⋮	⋮	⋮	⋮
40 310	(7,6,5,4,2,1,0,3)	4	3
40 311	(7,6,5,4,2,1,3,0)	5	4
40 312	(7,6,5,4,2,3,0,1)	3	1
40 313	(7,6,5,4,2,3,1,0)	4	3
40 314	(7,6,5,4,3,0,1,2)	4	3
40 315	(7,6,5,4,3,0,2,1)	5	5
40 316	(7,6,5,4,3,1,0,2)	5	5
40 317	(7,6,5,4,3,1,2,0)	5	4
40 318	(7,6,5,4,3,2,0,1)	4	3
40 319	(7,6,5,4,3,2,1,0)	3	0

表 4.5　4 输入/输出 15 个向量对应的门数和控制位数

序号	输出向量	门数	控制位数
0	(0,1,2,3,4,5,6,7,8,9,10,11,12,13,14,15)	0	0
1	(0,1,2,3,4,5,6,7,8,9,10,11,12,13,15,14)	1	3
2	(0,1,2,3,4,5,6,7,8,9,10,11,12,14,13,15)	2	6
3	(0,1,2,3,4,5,6,7,8,9,10,11,12,14,15,13)	2	6
4	(0,1,2,3,4,5,6,7,8,9,10,11,12,15,13,14)	3	5
⋮	⋮	⋮	⋮
10 001	(0,1,2,3,4,5,6,7,9,15,14,10,12,13,11,8)	6	10
10 002	(0,1,2,3,4,5,6,7,9,15,14,10,13,8,11,12)	5	11
10 003	(0,1,2,3,4,5,6,7,9,15,14,10,13,8,12,11)	6	12
10 004	(0,1,2,3,4,5,6,7,9,15,14,10,13,11,8,12)	6	10
10 005	(0,1,2,3,4,5,6,7,9,15,14,10,13,11,12,8)	6	13
⋮	⋮	⋮	⋮
20 922 789 887 995	(15,14,13,12,11,10,9,8,7,6,5,4,3,0,2,1)	6	6
20 922 789 887 996	(15,14,13,12,11,10,9,8,7,6,5,4,3,1,0,2)	6	6
20 922 789 887 997	(15,14,13,12,11,10,9,8,7,6,5,4,3,1,2,0)	6	5
20 922 789 887 998	(15,14,13,12,11,10,9,8,7,6,5,4,3,2,0,1)	5	3
20 922 789 887 999	(15,14,13,12,11,10,9,8,7,6,5,4,3,2,1,0)	4	0

3 输入/输出向量的可逆网络共有 2^3！＝40 320 个，4 输入/输出向量的可逆网络共有 2^4！＝20 922 789 888 000 个。由于篇幅有限，仅选取了 3 输入/输出向量中前、中、后的 30 个综合结果，4 输入/输出向量中前、中、后的 15 个综合结果。图 4.12 为 3 输入/输出向量的 30 个综合结果，图 4.13 为 4 输入/输出向量的 15 个综合结果。

2. 结果对比分析

为了验证算法的有效性，选取了全部 3 输入/输出向量的可逆网络和部分 4～5 输入/输出 Benchmark 例题库中可逆网络对应输出向量的可逆网络，其中图 4.14 为 Benchmark 例题对应输出向量的可逆网络，表 4.6 为 Benchmark 例题、Miller(2003b)的双向最小宽度算法和本章提出的算法所构造的可逆网络对比结果。

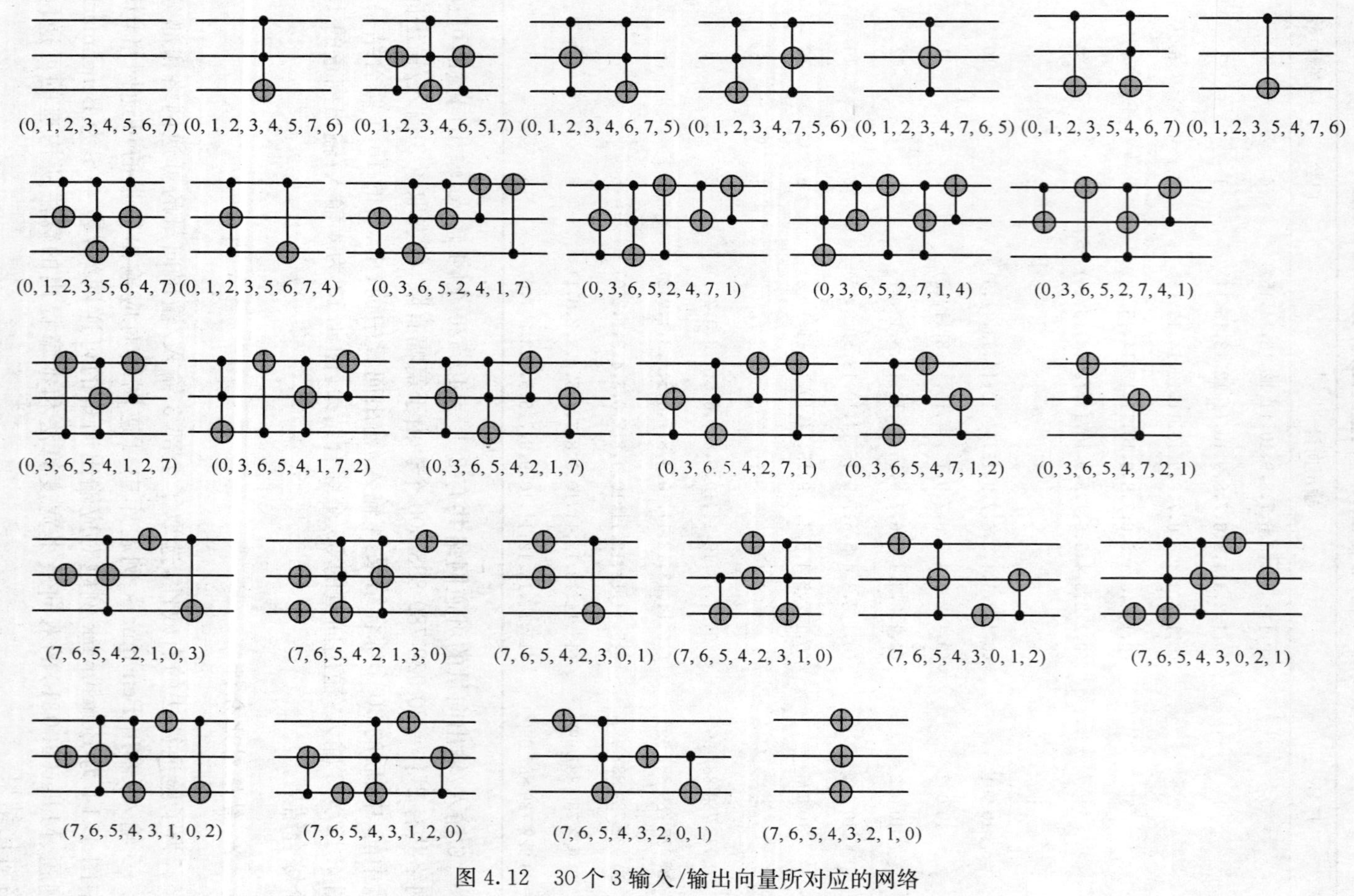

图 4.12 30 个 3 输入/输出向量所对应的网络

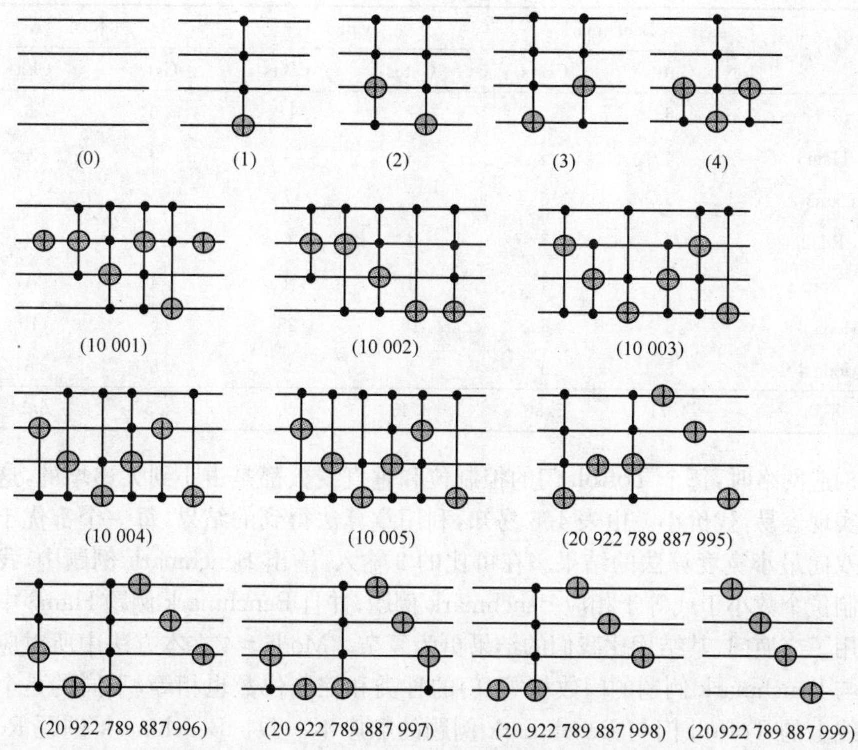

图 4.13　15 个 4 输入/输出向量所对应的网络

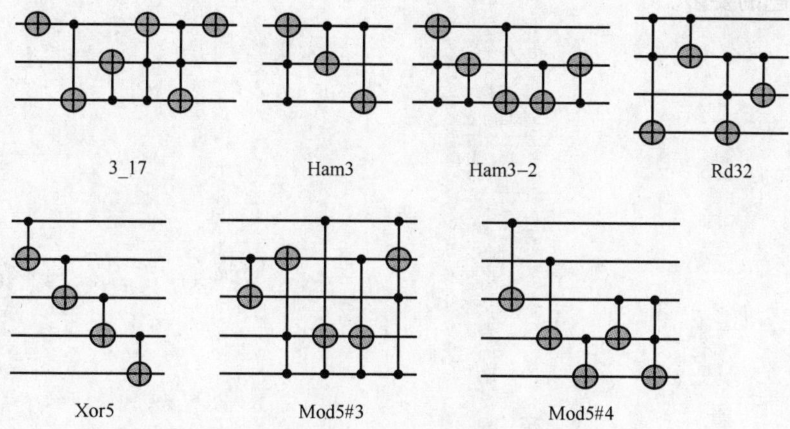

图 4.14　本章算法实现的可逆网络

表 4.6　可逆网络的对比结果

名称	Benchmark		Miller		本章	
	Gates	CBits	Gates	CBits	Gates	CBits
3_17	6	7	7	11	6	6
Ham3	4	5	3	4	3	4
Ham3-2	5	6	6	7	5	6
Rd32	4	7	4	6	4	7
Xor5	4	4	4	4	4	4
Mod5＃3	5	6	16	25	5	10
Mod5＃4	5	6	5	6	5	6
平均	4.71	5.86	6.43	9	4.57	6.14

构造网络时，每个 Toffoli 门的控制位和垂直线数都是由小到大递增的，这样网络实现容易，代价小。由表 4.6 易知，利用章算法得到的结果，每一个都优于或等于双向最小宽度算法的结果。在可比的 3 输入/输出 Benchmark 例题中，我们的控制位个数小于或等于相应 Benchmark 例题，并且 Benchmark 例题 Ham3 中由于使用了交换门，其结构比我们的结果更为复杂。Mod5＃4 在本方法中所对应的网络与 Benchmark 例题的门数相等、门的种类和控制位数也相等，不同的是个别垂直线上的 Toffoli 门与 Benchmark 例题的顺序不一致。Benchmark 例题 Rd32 和 Xor5 的输出向量与我们的结果完全等价。不足之处是，在 Mod5＃3 中我们的结果虽然与 Benchmark 例题 Toffoli 门的门数相同，但控制位的位数比 Benchmark 例题的要多。

第 5 章　Toffoli 门可逆网络综合

使用可逆逻辑门作用于可逆网络的输入端或输出端，总是可以产生一个可逆函数。因此，可以通过找到一个 Toffoli 门的序列进行可逆逻辑综合，将给定的可逆函数转换为恒等函数。当可逆门被应用于输入端或输出端时，网络综合可以从输出端到输入端，也可以从输入端到输出端，或者同时从两个方向进行。本章将讨论最小宽度的 Toffoli 门可逆综合算法，该算法能够避免大规模的查找，有利于大规模可逆网络的综合。

5.1 基本算法

一个被指定的可逆函数就是定义在$\{0,1,\cdots,2^n-1\}$上的映射。首先，只考虑映射的一端，即输出端应用确定的 Toffoli 门构造可逆网络(Miller，2003b)。

5.1.1 基本算法的算法实现

第一步：如果 $f(0)\neq 0$，选择 $f(0)$ 中的其中一个位－1 并使之反向。用一个非门来实现函数转换。

第二步：对每个 i，考虑下面的程序。

```
if(f+(i)! = i)
{
    for(j = 0;j<n;j + +)
        if (fj+(i) = 0 and ij = 1) pj = 1
        else pj = 0
    for(k = 0;k<n;k + +)
        if (fk+(i) = 1 and ik = 0) qk = 1
       else qk = 0
}
```

第三步：对每个 $p_j=1$，应用 Toffoli 门，控制线对应于所有的输出位置中 $f^+(i)$ 等于 1 的地方，并且把目标线放在第 j 位。接着，对每个 $q_k=1$，应用 Toffoli 门，控制线对应于所有的输出位置中 $f^+(i)$ 等于 1 的地方，并且把目标线放在第 k 位上。

第四步：如果 $0<i<2^n-1$，i 增加 1，转第一步。

对于 i，让其按顺序递增（$1\leqslant i<2^n-1$），第二步通过应用 Toffoli 门的特殊序列，转变 $f^+(i)\rightarrow i$。由于 i 是有序的，且第一步是为了处理 0 的情况。因此，

$f^+(i)=j, 0\leqslant j<i$。这个理论表明了在第二步生成的 Toffoli 门并没有影响 $f^+(i), j<i$。换句话说,后续可逆门的添加不会影响先前的输出排序结果。显然,当前 2^n-1 个输出向量的排列都已确定下来时,最后一个向量的位置也随之确定了。

5.1.2 实例

将函数 $F=\{0,1,2,4,7,6,5,3\}$运用上述基本算法实现级联网络。算法的具体步骤见表 5.1。由表 5.1 可知,(i)是输出函数排列的初始状态;(ii)、(iii)等表明执行的步骤数。第一步确定了 $i(0\leqslant i\leqslant 2)$都不需要改变,匹配 $f^+(3)\rightarrow 3$,即需要将原输出状态(100)变换为(011),其中一种方法是:先使用 TOF(c^0,a^0),即(100)→(101),因为级联了一个 Toffoli 门,会得到新的输出排列,但这不会影响 i 之前的排列情况;然后使用 TOF(c^1,a^1,b^1),即(101)→(111);接着使用 TOF(b^2,a^2,c^2),完成匹配 $f^+(3)\rightarrow 3$,以此 i 加 1。这次匹配 $f^{++}(4)\rightarrow 4$,用 TOF$_2(c^4,b^4)$ 在 b^4 的位置上移出 1。i 再次加 1,确定匹配 $f^{+++}(5)\rightarrow 5$,最后,需要 TOF(c^4,a^4,b^4),此时原函数转换为恒等函数,将使用的门依次级联即可得到相应的可逆网络。注意,从输出端到输入端所确定的门是有序的。图 5.1 给出了对应网络。

表 5.1　基本算法应用实例(输出向量:{0 1 2 4 7 6 5 3})

	(i)	(ii)	(iii)	(iv)	(v)	(vi)
cba	$c^0b^0a^0$	$c^1b^1a^1$	$c^2b^2a^2$	$c^3b^3a^3$	$c^4b^4a^4$	$c^5b^5a^5$
000	000	000	000	000	000	000
001	001	001	001	001	001	001
010	010	010	010	010	010	010
011	100	101	111	011	011	011
100	111	110	110	110	100	100
101	110	111	101	101	111	101
110	101	100	100	100	110	110
111	011	011	011	111	101	111

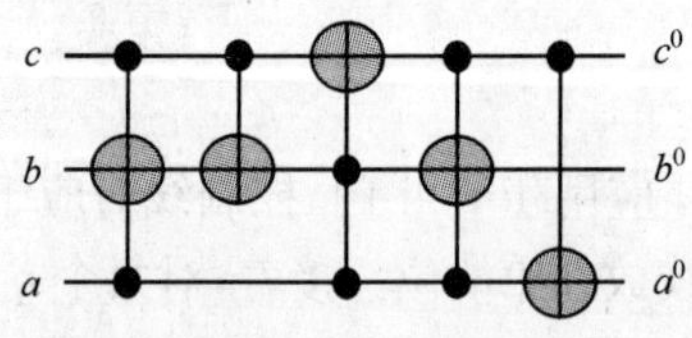

图 5.1　对应于表 5.1 的可逆网络

基本算法简单、易懂、有效。算法的复杂度是 $n2^n$。该算法的缺点是:要依次将原函数的 2^n 个输出向量与恒等函数对应,因此,构造 n 输入输出的函数的网络图最多时，需要$(n-1)2^n+1$个门。因此，很有可能构造一个 n 输入/输出函数需要$(n-1)2^n+1$个门。下面考虑减少生成网络的规模的一些方法。

5.2 双向算法

算法通过只在真值表的输出端人工选择 Toffoli 门构建网络。但由于真值表是可逆的，可逆逻辑门也是可逆的，因此可以同时在输入和输出两个方向进行(Miller，2003b)。

5.2.1 双向算法的算法实现

在基本算法中算法的第一步前面增加一步，即判断 Hamming 距离之差以决定是从输入端还是输出端添加门：

当$0\leqslant i\leqslant 2^n-1$（初始值$i=0$），$f^+(i)\neq i$时，如果$\Delta(i,f^+(i))\leqslant\Delta(i,j)$，选择后向映射$f^+(i)\to i$，即在输出端增加 Toffoli 门；否则选择前向映射$j\to i$，即在输入端增加 Toffoli 门。

5.2.2 实例

下面利用双向算法实现函数$F=\{0,1,2,4,7,6,5,3\}$。当$0\leqslant i\leqslant 2$时，输出向量都等于输入向量，无需考虑。由表 5.2 知，当$i=3$时，输出向量$f(3)=100\neq 011$，先比较 Hamming 距离，可得$3=\Delta(011,100)>\Delta(111,011)=1$，所以应在输入端添加门，使(111) → (011)，这可以通过添加 TOF(a^0,b^0,c^0) 实现。在输入端添加门后，实现了$f(3)=011$，但是输入向量不再按词典顺序排列(输入向量 011 的位置跟输入向量 111 发生对调)，为了便于理解，将上述两个向量的位置对调回来，恢复词典排序，当然，各自对应的输出向量的位置也要跟着对调。当$i=4$时，输出向量$f(4)=111\neq 100$，先比较 Hamming 距离，可得$2=\Delta(100,111)=\Delta(111,100)=2$，Hamming 距离相等，所以应在输出端添加门，使(111)→(100)，这可以通过依次添加 TOF(c^1,b^1,a^1)、TOF(c^2,b^2) 实现。当$i=5$时，输出向量等于输入向量，无需考虑。当$i=6$时，用同样的方法分析，易知在输出端添加 TOF(c^3,b^3,a^{31}) 即可实现。至此，输出向量也为词典排序。经上述分析，利用双向算法需要使用四个 Toffoli 系列门，级联网络如图 5.2 所示。

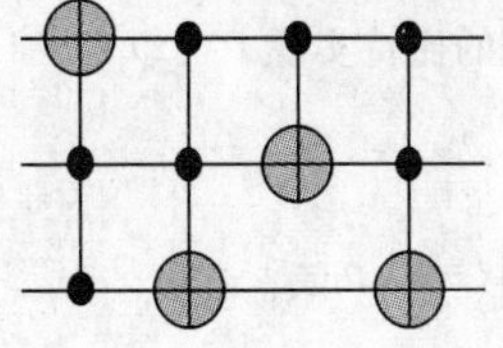

图 5.2　对应于表 5.2 的可逆网络

表 5.2 双向算法的实例

	(i)	(ii)	(iii)	(iv)	(v)
cba	$c^0b^0a^0$	$c^1b^1a^1$	$c^2b^2a^2$	$c^3b^3a^3$	$c^4b^4a^4$
000	000	000	000	000	000
001	001	001	001	001	001
010	010	010	010	010	010
011	100	011	011	011	011
100	111	111	110	100	100
101	110	110	111	101	101
110	101	101	101	111	110
111	011	100	100	110	111

5.3 控制位的优化

基本算法的思路是:将输出向量一一映射给输入向量,最终转换成恒等函数。它的缺点是:用的门数较多,控制位较多。

5.3.1 双向最小宽度算法的算法实现

基本算法对每一个 Toffoli 门都选择最大控制线数。通常,这些控制位的子集就足够了。要求门没有在真值表中影响前一行。这很容易解释,控制线集合必须包含没有出现过的线,当前面一排的值为 1,就一定包含已出现的线。这样,并不通过双向算法确定被选择的控制线。修改过的算法还需考虑到所有这些线的有效子集和选择控制结果状态最小的复杂度 $C(f^+)$。

第一步:当 $0 \leqslant i \leqslant 2^n - 1$(初始值 $i=0$),且 $f^+(i) \neq i$ 时,如果 $\Delta(i, f^+(i)) \leqslant \Delta(i,j)$,选择后向映射 $f^+(i) \rightarrow i$,即在输出端增加 Toffoli 门;否则选择前向映射 $j \rightarrow i\ (1 \leqslant j \leqslant 2^n)$,即在输入端增加 Toffoli 门。

第二步:如果 $f(0) \neq 0$,选择 $f(0)$ 中的其中一个位-1,并使之反向。用一个非门来实现函数转换。

第三步:对每个 i,考虑下面的程序。

```
if(f⁺(i)! = i)//找出被改变的比特实现 f⁺(i) = i
{
    for(l = 0;l<n;l + +)
        if (f_j⁺(i) = 0 and i_j = 1) p_j = 1
        else p_j = 0
    for(k = 0;k<n;k + +)
```

```
    if (f_k^+ (i) = 1 and i_k = 0) q_k = 1
    else q_k = 0
}
```

第四步：

```
if(p_j = 1)
{
for(int t = i;t<2^n - 1;t++)
{
    将 t 转变为二进制数存入 pBinN 中
    if(所有 pBinN 中为 1 的位置对应于当前的输出向量也为 1)
        设置门的控制位为 pBinN 中 1 的位置,break
}
}
```

在输出端应用 Toffoli 门，并且目标放在第 j 位。对每个 $q_k = 1$，如上做法应用 Toffoli 门，并且目标位在第 k 位上。

第五步：如果 $0 < i < 2^n - 1$，i 增加 1，转第一步。

5.3.2　实例

表 5.3 同样以基本算法中的例题为例，说明了控制位个数减少的方法是如何工作的，同时体现出该方法的优势。由于加入的门的控制位不能再减少了[这里是在输入端增加门，即匹配(111)→(011)；i 为 011 时，对应输出端 b^0、a^0 均为 0。即控制位可以为在 b^0、a^0 两个位置上]，因而如同在双向算法中所做的一样，将 $TOF_3(b^0, a^0, c^0)$ 应用在输入端后保持输入端不变，将输出端依照输入端的排列改变顺序，这样在标准真值表带来输入端有序的当前状态，如(ii)。继续查找需要变更的 i 值，如果是双向算法就要在输出端添加门 $TOF_3(c^1, b^1, a^1)$ 以匹配

表 5.3　控制位较少方法的实例

	(i)	(ii)	(iii)	(iv)
cba	$c^0b^0a^0$	$c^1b^1a^1$	$c^2b^2a^2$	$c^3b^3a^3$
000	000	000	000	000
001	001	001	001	001
010	010	010	010	010
011	100	011	011	011
100	111	111	110	100
101	110	110	111	101
110	101	101	100	110
111	011	100	101	111

$f^{+}(4)=7\rightarrow 4$。但当前可以不影响前面结果的，应尽量减少门的控制位，因为 i 为 100，而输出端为 111，即控制端可以只在 c^1 上，所以可以应用 $TOF_2(c^2, a^2)$ 在输出端。最后在输出端添加门 $TOF_2(c^3, b^3)$ 以减少 b^2 上的 1。这样，总共只使用了 3 个门，比之前双向算法中所需的 4 个门和基本算法中所需的 5 个门都要少，如图 5.3 所示。

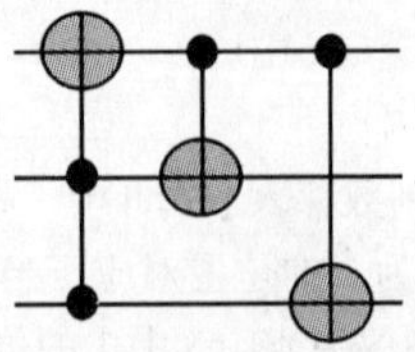

图 5.3　对应于表 5.3 的可逆网络

一般而言，当 $f^{+}(i)\neq i$ 时，选择"a"应用 Toffoli 门的输出端来匹配 $f^{+}(i)\rightarrow i$，或者选择"b"应用 Toffoli 门的输入端来匹配 $j\rightarrow i(f^{+}(j)=i)$。由于考虑到 i 有序，$j>i$ 必须总是存在。而且对于确定控制线有着同样的规则，包括减少以上描述的应用。如果 $\Delta(i, f^{+}(i))\leqslant\Delta(i, j)$，双向算法选择"a"，其他方面选"b"。这样的选择基于所要求的门数，并不是它们的宽度或真值表状态映射到确定值有多么接近。

5.4　三种方法结果比较

5.4.1　三种算法之间的比较

为了对算法的优劣性进行分析，取部分 3～5 输入/输出可逆网络进行对比，采用网络中门数的多少和控制位的多少来判断，门数越少、控制位个数越少的网络为较优。基本算法的结果一般较为复杂，而双向算法所生成的结果将会优于或等于基本算法的结果。因为双向算法的特例为基本算法，即在双向算法效率最差时，将与基本算法相同。而在大多时候是从两个方向进行计算，这样会比单单从一个方向计算要优。如图 5.4 和图 5.5 所示，对应于 Benchmark 例题中的 Ham3-2，输出向量为(0, 2, 1, 4, 7, 5, 6, 3)，可以看出，基本算法使用了 8 个门，而双向算法使用了 7 个门。

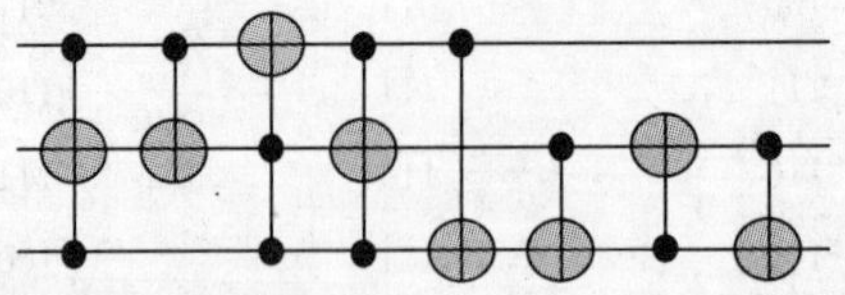

图 5.4　基本算法结果(对应 Ham3-2)

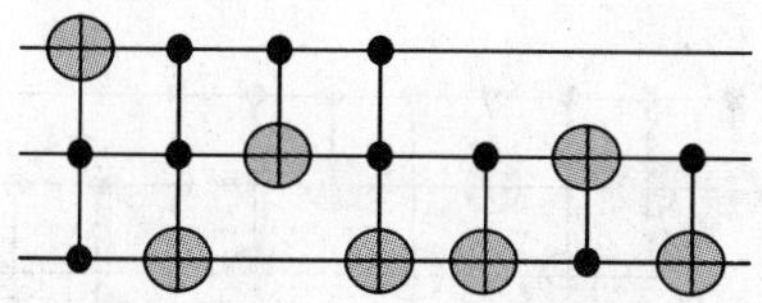

图 5.5　双向算法的结果(对应 Ham3-2)

而如果将双向最小宽度算法和双向算法比较,结果的优劣根据不同的题目而定,不能表现出各自明显的优势。因为双向最小宽度算法的 Toffoli 门平均控制位数较小。如图 5.6 和图 5.7 所示,对应于 Benchmark 例题中的 Ham3,输出向量为(0, 1, 2, 4, 7, 6, 5, 3),双向最小宽度算法的结果此时优于双向算法的。

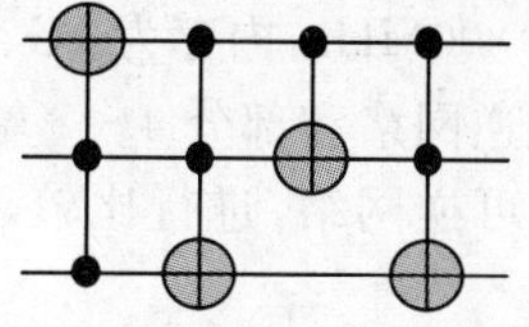

图 5.6　双向算法的结果(对应 Ham3)

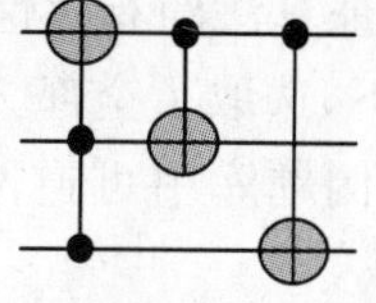

图 5.7　双向最小宽度算法(对应 Ham3)

双向最小宽度算法结果的复杂度也可能等同双向算法结果的。如图 5.8 和图 5.9 所示,其对应于 Benchmark 例题中的 Rd32,输出向量为(0, 1, 2, 3, 6, 7, 5, 4, 14, 15, 13, 12, 9, 8, 11, 10)。

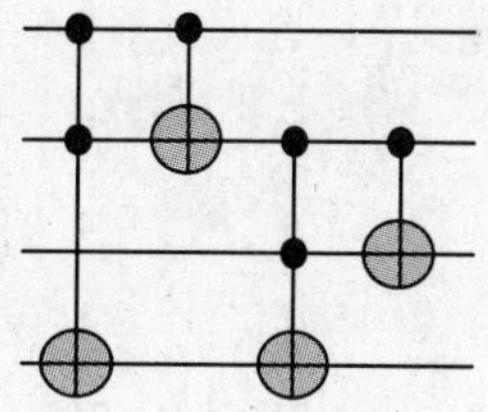

图 5.8　双向算法的结果(对应 Rd32)

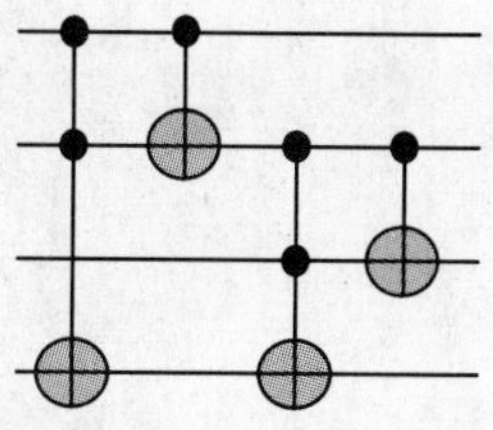

图 5.9　双向最小宽度算法(对应 Rd32)

甚至有时双向最小宽度算法结果的复杂度会远高于双向算法结果的,如图 5.10 和图 5.11 所示,其对应于 Benchmark 例题中的 Mod5＃3,输出向量为(0, 1, 2, 9, 4, 5, 6, 13, 12, 15, 14, 7, 8, 11, 10, 3, 16, 19, 18, 27, 20, 31, 22, 23, 28, 21, 30, 29, 24, 25, 26, 17)。

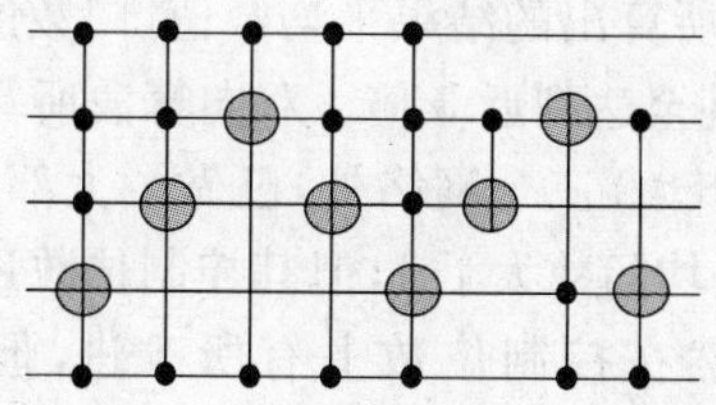

图 5.10　双向算法的结果(对应 Rd32)

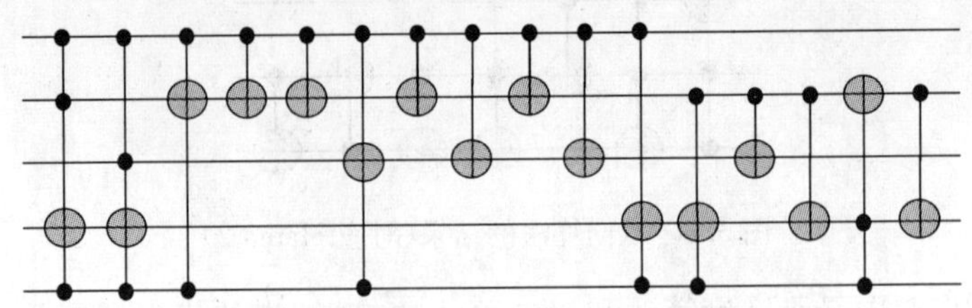

图 5.11 双向最小宽度算法(对应 Rd32)

5.4.2 三种算法与 Benchmark 对比

为了验证算法的有效性,在计算机 CPU 为 1800MHz、内存为 1G、Windows XP 的环境下,选取了全部 3 输入/输出向量的可逆网络和部分 4～5 输入/输出 Benchmark 例题库中可逆网络对应输出向量的可逆网络,进行比较,如表 5.4 所示。

表 5.4 三种算法与 Benchmark 例题对比

名称	Benchmark		基本算法		双向算法		双向最小宽度算法	
	Gates	CBits	Gates	CBits	Gates	CBits	Gates	CBits
3_17	6	7	11	12	8	11	7	11
Ham3	4	5	5	8	4	7	3	4
Ham3-2	5	6	8	11	7	10	6	7
Rd32	4	7	4	6	4	6	4	6
Xor5	4	4	4	4	4	4	4	4
Mod5＃3	5	6	8	21	8	21	16	25
Mod5＃4	5	6	20	45	5	6	5	6
平均	4.71	5.86	8.57	15.29	5.71	9.29	6.43	9

经过结果比对发现,基本算法的结果是最不优的,其中除 Rd32 和 Xor5 两个网络外,门数和控制位数均远大于 Benchmark 所对应网络的数量。其平均门数和控制位数远高于其他方法所算出的结果平均数值,门数的平均值达到 Benchmark 例题的近 2 倍,控制位数甚至达到近 3 倍。双向算法所算出的结果相对于基本算法(除 Rd32、Xor5 和 Mod5＃3 三个网络外)已做了大部分的改进,虽然平均门数只比 Benchmark 例题的平均门数大了 1,但其控制位数还是过多。双向最小宽度算法所计算出的结果虽然在控制位数上有所改进,但其门数还是不够优,与 Benchmark 例题相比较为复杂,虽然在 Ham3 和 Rd32 上取得了较好的结果,但对

应于 Mod5 ♯ 3 的结果却远复杂于 Benchmark 例题，甚至是基本算法与双向算法的门数和控制位数的两倍多。

虽然从基本网络到双向算法再到双向最小宽度算法，实验的结果都有一定的改进，但与 Benchmark 例题相比，代价较高。为了在门数和控制位数上有所改进，考虑一种基于变进制数的可逆网络生成方法。

第6章 典型可逆门簇网络组合级联

在可逆网络的结构中，相同的网络输出结果，可以用不同可逆门级联成不同的可逆网络。无论采用什么样的可逆逻辑门级联可逆网络，无扇出和无反馈是构建可逆网络结构的自然约束。可逆网络级联常用的可逆逻辑门包括 Toffoli 门、SWAP 门和 Fredkin 门等。本章将 Toffoli 门、SWAP 门和 Fredkin 门统一到一个可逆逻辑门库中去讨论，并将给出一种组合级联方法，实现不同输入下典型可逆门簇网络的级联。

6.1 典型可逆门簇网络模型

对于一个固定输入/输出位数的可逆门网络，构成网络的基本元素是典型可逆门簇，其中 Toffoli 门、SWAP 门以及 Fredkin 门的输入位数小于或等于网络的输入位数。

若将 0 到 2^n-1 之间的整数 N 表示成二进制数 $(x_1,x_2,\cdots,x_n)$，则可将 0 到 2^n-1 之间的整数与 $\{0,1\}^n$ 上的向量一一对应，即

$$N \rightarrow (x_1,x_2,\cdots,x_n) \tag{6.1}$$

整数 N 从小到大对应 $\{0,1\}^n$ 中元素从小到大的字典排序。今后在不引起混淆的情况下二者可以互用。

n 输入/输出的网络模型可以描述为(Guan et al.，2009b)：

(1) 网络中有 n 条水平线。

(2) 网络中由 k $(k\geqslant 0)$条垂直线组成。

(3) 每条垂直线上典型可逆门簇的输入数可以相同也可以不同。

(4) 网络的输入向量是从(0,0,0,…,0)到(1,1,1,…,1)，这里 0 和 1 的个数分别为 n。

6.2 对网络的输入/输出位及垂直线编号

根据 4.1.1 小节中网络的输入位和输出位的编号，可以区分不同型的可逆逻辑门或同型的可逆逻辑门在同一垂线中不同水平线所代表的不同意义。例如，图 6.1 给出了 3 输入/输出 Toffoli 门的区分及其编号。A、B 是不同型的，所以它们在网络中代表的是不同的意义；C、D 在网络中是同型的，但是，由于它们在网络不

同的平行线和垂直线上，因此所代表的意义也是不同的；E、F 既是同型又在网络中的编号相同，所以它们的意义相同。图 6.2 给出了 4 输入/输出 Fredkin 门的区分及其编号。G、H 是不同型的，且它们所代表的意义也是不同的；I、J 在网络中是同型的，但是它们所代表的意义也是不同的。K、L 既是同型又在网络中的编号相同。图 6.3 给出了 3 输入/输出 SWAP 门的区分及其编号。M、N 既是同型又在网络中的编号相同，而 N 与 Q 的目标位不同，因此是不同型的。

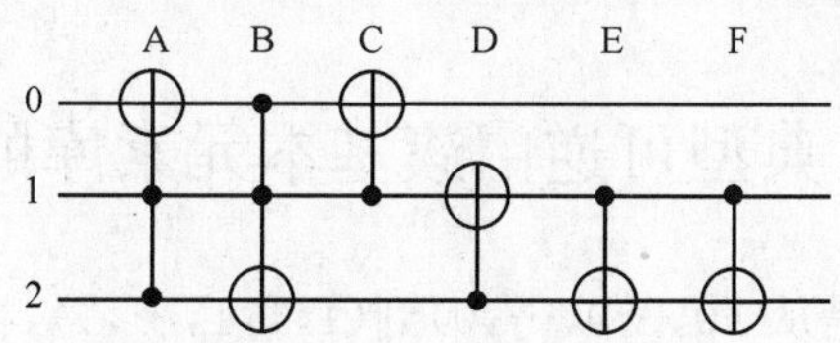

图 6.1　网络中 Toffoli 门的意义

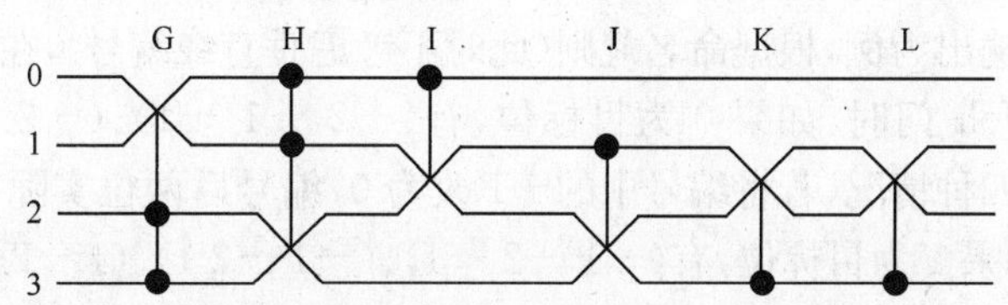

图 6.2　网络中 Fredkin 门的意义

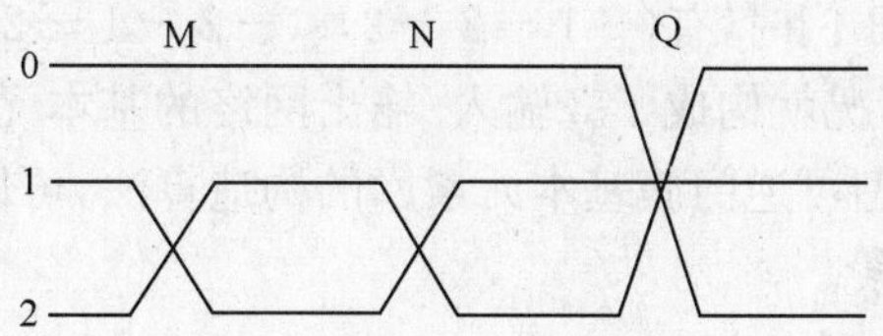

图 6.3　网络中 SWAP 门的意义

初始化的 n 输入/输出网络，由 n 条不含有任何可逆门的空线组成。每一个可逆门加入到网络后，都有其在该网络中自己的编号。这个编号由两部分组成：第一部分是所在垂直线的编号；第二部分是单个可逆门的编号。单个可逆门的编号共有 n 位。从上到下依次观察垂直线与水平线的交界处，若交界处为空，则将该位赋值为－1；若交界处为控制位，则将该位赋值为所在水平线的编号；若交界处为目标位，则将该位赋值为－2。

以 3 输入/输出函数为例，根据命名规则，图 6.4 的第一个可逆门的编号是(0 －2 －1)，第二个可逆门的编号是(0 1 －2)，第三个可逆门的编号是(－2 1 －1)，第四个可逆门的编号是(0 －2 －2)，第五个可逆门的编号是(－2 1 －2)，第六个可逆门的编号是(－1 －2 －2)。

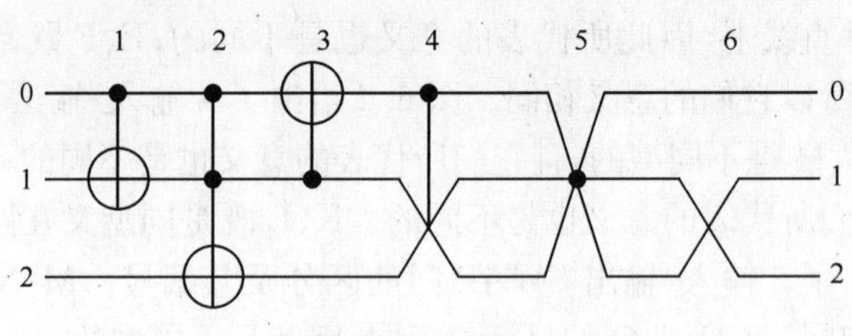

图 6.4 典型可逆门簇在网络中的编号

6.3 典型可逆门簇基本元素库的构造

设网络输入向量是从(0,0,0,…,0)到(1,1,1,…,1),将一条垂直线与 n 条水平线编号能够构造出的所有不同意义的可逆门作为基本元素。

称 n 输入/输出下,所有基本元素的总和为该 n 输入/输出网络的基本元素库。

以 3 输入/输出为例,根据命名规则(此时不考虑垂直线编号),在一条垂直线上,当可逆门为 Toffoli 门时,如果 0 为目标位,有(−2 −1 −1)、(−2 −1 1)、(−2 1 −1)、(−2 1 1)四种情况(若将编号中的−1 改为 0,编号后两位实际上是 0～3 的二进制全排列);如果 1 为目标位,有(−1 −2 −1)、(−1 −2 1)、(1 −2 −1)、(1 −2 1)四种情况;如果 2 为目标位,有(−1 −1 −2)、(−1 1 −2)、(1 −1 −2)、(1 1 −2)四种情况。当可逆门为 Fredkin 门时,有(0 −2 −2)、(−2 1 −2)、(−2 −2 2)三种情况。当可逆门为 SWAP 门时,有(−1 −2 −2)、(−2 −1 −2)、(−2 −2 −1)三种情况。所有这 18 种情况就构成了 3 输入/输出网络的基本元素库,如图 6.5 所示。

下面给出一种典型可逆门簇基本元素库的构造算法,可以实现 n 输入/输出下网络下的所有基本元素。

1) 可逆门取为 Toffoli 门

定义一个大小为 $2^{n-1}\times n$ 的二维数组 array[2^{n-1}][n],其中 2^{n-1} 表示当目标位确定时 Toffoli 门的所有情况,n 表示 Toffoli 门的基本元素共有 n 种目标位。

第一步:当水平线 0 为目标位时,将目标位赋为−2,其他 $n-1$ 位进行 0～2^{n-1} 的二进制位顺序全排列。将处理后的 n 位数据存入数组 array[2^{n-1}][0]中。以 4 输入/输出网络为例,图 6.6 给出了目标位在第 0 行时,Toffoli 门的所有基本元素。对该网络后 $n-1$ 位进行二进制位顺序全排列后的输出如表 6.1 所示。

第二步:将数组 array[2^{n-1}][0]中的"0"全部换成"−1"。

第三步:将控制位表示为所在水平线的编号,操作如下:

```
for(int i = 0; i<2^(n-1); i + + )
  for(int k = 0; k<n - 1; k + + )
  { if (k!  = 0 && array[i][k]!  = -1)
    array[i][k] = k;
  }
```

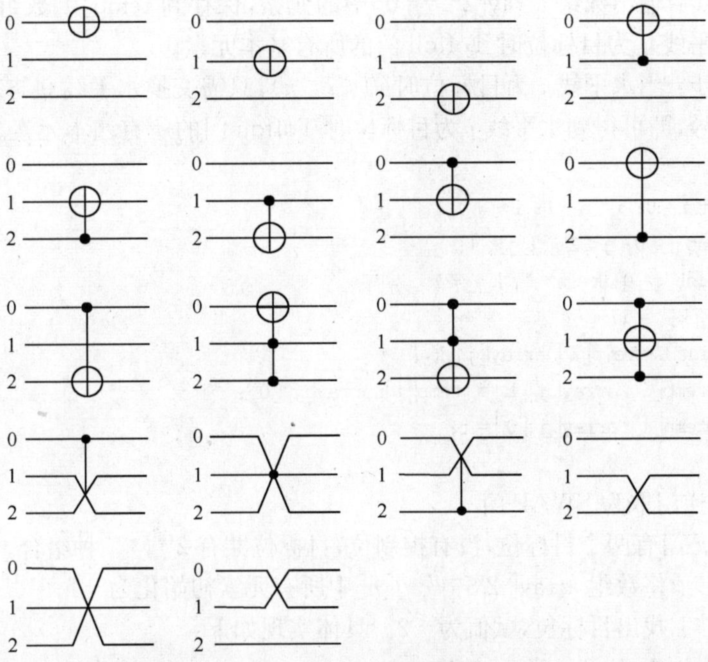

图 6.5　3输入/输出典型可逆门簇基本元素库

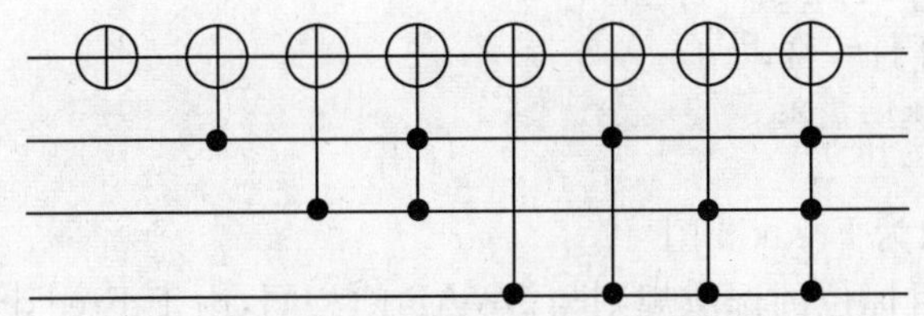

图 6.6　水平线0为目标位时的6输入/输出 Toffoli 门所有基本元素

表 6.1　4输入/输出二进制位顺序全排列

目标位	后 $n-1$ 位
−2	0 0 0
−2	0 0 1
−2	0 1 0
−2	0 1 1
−2	1 0 0
−2	1 0 1
−2	1 1 0
−2	1 1 1

第四步：输出数组 array[2^{n-1}][0]中的元素，保存到 temp[0]数组中，此时得到的是水平线 0 为目标位时 Toffoli 门的所有基本元素。

第五步：当水平线 i 为目标位时($0<i<n$)，只需交换水平线 0 与水平线 i 上的所有编号，即可得到水平线 i 为目标位时 Toffoli 门的所有基本元素。具体操作如下：

```
for(int i = 0; i<n - 1; i + + )
 for(int j = 0; j<2^(n-1); j + + )
  for(int k = 0; k<n - 1; k + + )
    if (k!  = i)
    { int t = temp[i]. array[j][k];
      temp[i]. array[j][k] =  temp[i]. array[j][0];
      temp[i]. array[j][0] = t;
    }
```

2) 可逆门取为 SWAP 门

SWAP 门有两个目标位，没有控制位，目标位共有 $2^{(n^2-n)/2}$ 种组合。

第一步：将数组 array[$2^{(n^2-n)/2}$][n]中所有元素初始化为−1。

第二步：找出目标位，赋值为−2。具体实现如下：

```
for(int i = 0; i<2^((n^2 - n)/2); i + + )
 for(int j = 0; j<n - 1; j + + )
  for(int k = j + 1; k<n - 1; k + + )
   { array[i][j] = - 2;
     array[i][k] = - 2;
   }
```

3) 可逆门取为 Fredkin 门

Fredkin 门目标位的选取规则与 SWAP 门相同，由于 Fredkin 门是有控制位的，对于目标位选定的情况下，Fredkin 门的基本元素实现如下：

第一步：将两个目标位赋为−2，其他 $n-2$ 位进行 $0\sim2^{n-2}$ 的二进制位顺序全排列，存入数组 array[2^{n-2}][n]中。

第二步：将数组 array[2^{n-2}][n]中的“0”全部换成“−1”。

第三步：将控制位表示为所在水平线的编号。

第四步：输出数组 array。

以上三种可逆门情况下，得到的相应可逆门所有基本元素的集合称为典型可逆门簇的基本元素库。

6.4　实验结果及分析

为了验证算法的有效性，选取了全部 3 输入/输出 Benchmark 例题库中可逆网络对应输出向量的可逆网络，其中图 6.7 为 Benchmark 例题对应输出向量的可逆网络，表 6.2 为 Benchmark 例题与本章提出的算法所构造的可逆网络对比结果。

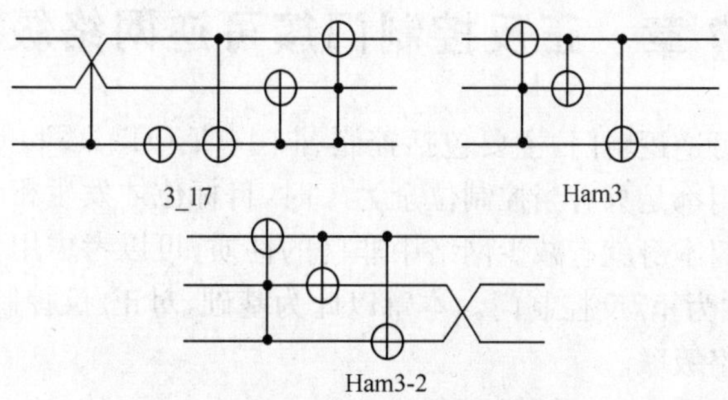

图 6.7　本章算法实现的三种可逆网络

表 6.2　Benchmark 例题与本文算法实现的性能比较

名称	Benchmark		本章算法	
	门数	控制位	门数	控制位
3_17	6	7	5	5
Ham3	4	5	3	4
Ham3-2	5	6	4	4

构造网络时，每个可逆门的控制位和垂直线数都是由小到大递增的，这样网络容易实现，代价小。在可比的 3 输入/输出 Benchmark 例题中，网络的门数和控制位个数都小于相应 Benchmark 例题，并且 Ham3-2 在本章提出的算法所构造的可逆网络中，由于使用了 SWAP 门(代价为 0)，与 Benchmark 例题相比，门数与实现代价上都更优。

第7章　正反控制门簇可逆网络级联

已有的典型可逆逻辑门，主要包括控制-非门(CNOT)、Toffoli 门和 Fredkin 门。这几种可逆门都是只有当控制位全为1时，目标位才发生相应的改变。基于由0控制的可逆门本身就有减少网络中非门的性质，可以考虑用1/0控制的可逆门来综合网络，称为正/反控制门。本章以此为基础，对正/反控制门和正/反控制门簇进行可逆网络级联。

7.1　正/反控制门

正/反控制可逆级联模型结构的元素由图7.1的五种线形构成。

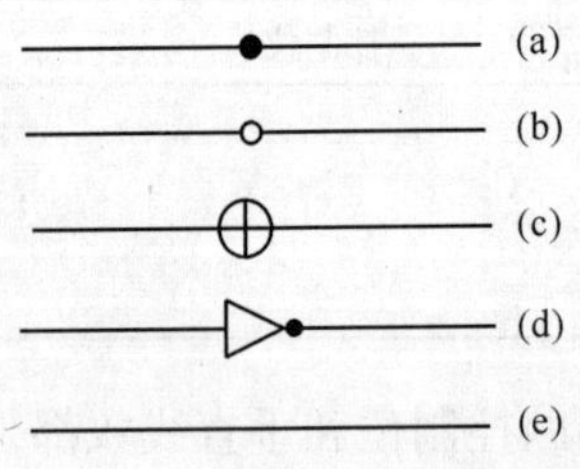

图7.1　五种水平线形

(1) 肯定控制线[图7.1(a)]。如果在这条线上输入是0，则目标线的值将不改变。如果输入是1，则由其他的肯定/否定控制线决定在目标控制线上的值是否被否定。通过肯定控制线的值不变。

(2) 否定控制线[图7.1(b)]。如果在这条线上输入是1，则目标线的值将不改变。如果输入是0，则由其他的肯定/否定控制线决定在目标控制线上的值是否被否定。通过否定控制线的值不变。

(3) 目标线[图7.1(c)]。每一个门在位置 j 将只有一个目标线出现。通过目标线的值受肯定/否定线控制。

(4) 否定线[图7.1(d)]。通过否定线的值取反。

(5) 无关线[图7.1(e)]。通过这条线的值，不发生任何变化。

垂直线与线形[图7.1(a)～(e)]垂直交叉。

对于给定的输入变量$\{x_1,x_2,\cdots,x_n\}$，变量集$\{x_{i_1},x_{i_2},\cdots,x_{i_k}\}$和$\{x_{j_1},x_{j_2},\cdots,x_{j_l}\}$是它的子集，整数 $p\in\{1,2,\cdots,n\}$，$p\neq i_1,i_2,\cdots,i_k$，$p\neq j_1,j_2,\cdots,j_l$；$1\leqslant k,l<n$

个布尔数$\{\sigma_1,\sigma_2,\cdots,\sigma_k\}$和$\{\rho_1,\rho_2,\cdots,\rho_l\}$的集合组成的门中的位是不变的，第 p 位除外，第 p 位的值为 $x_p \oplus x_{i_1}^{\sigma_1} x_{i_2}^{\sigma_2} \cdots x_{i_k}^{\sigma_k} x_{j_1}^{\rho_1} x_{j_2}^{\rho_2} \cdots x_{j_l}^{\rho_l}$。如果项 $x_{i_1}^{\sigma_1} x_{i_2}^{\sigma_2} \cdots x_{i_k}^{\sigma_k}$ 和 $x_{j_1}^{\rho_1} x_{j_2}^{\rho_2} \cdots x_{j_l}^{\rho_l}$ 是由 0 个变量组成，则赋值为 1。

构成正反控制可逆级联模型（PNCRC）的门叫做 PNC 门，这类门同样是由控制位和目标位组成的，可以表示为 PNC(C;T)，这里 $C=\{x_{i_1},x_{i_2},\cdots,x_{i_k},x_{j_1},x_{j_2},\cdots,x_{j_l}\}$，$T=\{x_p\}$。

图 7.2 是一种由 PNC 门组成的可逆级联网络，这里给出了表 2.12 的可逆函数实现形式。

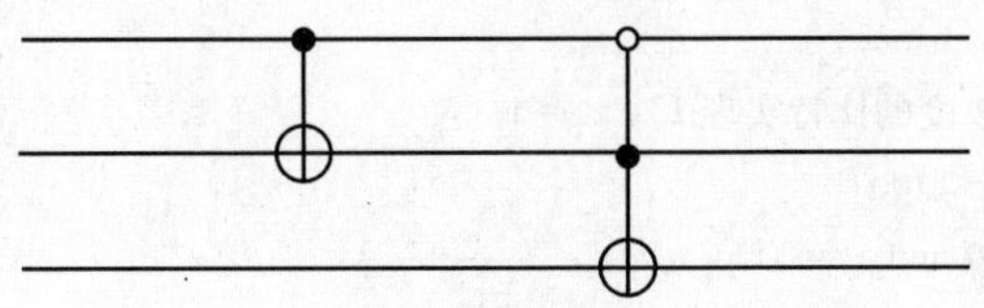

图 7.2　一种由 PNC 门组成的可逆网络

7.2　正/反控制门的可逆逻辑综合

可逆逻辑综合问题就是用给定的可逆门和可逆网络的约束条件及限制等，实现所需要的可逆逻辑网络，并使得代价最小。在先前的工作中，Miller 等(2003b)提出了两种综合方法，这两种方法都是关于对给定的函数如何找到由 Toffoli 门组成的网络实现。然而，在算法实现过程中，每增加一个 Toffoli 门，真值表中临时存储的比特串顺序就会进行一次重排，在有些情况下，这种大数目的调整大大增加了时间复杂度和空间复杂度，并使得实现网络所用的门数增加了。

本章通过引入 PNC 门，使得每增加一个可逆门时，进行重排的比特串只有两个，或者说只有两个比特串进行了交换；另外在实现 0 所对应的输出函数到 0 自身的映射时，保留了一个 NOT 门，因为这里考虑到，有些情况下真值表中比特串的顺序重排还是有利于减少函数实现的步骤的，综合考虑，提出了基于 PNC 门网络的可逆级联算法。

7.2.1　正反控制门可逆网络级联算法

定义 7.1　给定两个比特序列 p 和 q，它们之间的 Hamming 距离是 p 和 q 序列中不相同的比特位的数目，记为 $\Delta(p,q)$。

基于 PNC 门网络的可逆级联算法，是通过每一步迭代时选择在输入端或者输出端增加 PNC 门的方式来实现网络的，即这种算法下的可逆门在执行过程中，既可应用于输入端，也可应用于输出端。假设 f^+ 代表现有的函数实现形式。增加门至输出端实现的是映射 $f^{+}(i) \rightarrow i$，称为后向映射；增加门至输入端实现的是映射 $j \rightarrow i$［这里的 $f^{+}(j) = i$］，称为前向映射。具体算法步骤如下：

第一步：如果 $0 \leqslant i \leqslant 2^{n}-1$（初始值 $i=0$），当 $f^{+}(i) \neq i$ 时，如果 $\Delta(i, f^{+}(i)) \leqslant \Delta(j,i)$，选择后向映射 $f^{+}(i) \rightarrow i$，即在输出端增加可逆门；否则选择前向映射 $j \rightarrow i$，即在输入端增加可逆门。

第二步：如果 $f^{+}(0) \neq 0$，选择 $f^{+}(0)$ 中的其中一个 1-bit 并使之反向。这里用一个非门来实现函数转换。

第三步：对每个 i，考虑下面的程序。

```
if f+(i) = i,continue;
else //找出被改变的比特实现 f+(i) = i
for j = 0 to (n-1)do
  if (f_j+(i) = 0 and i_j = 1) p_j = 1
  else p_j = 0
for k = 0 to(n-1) do
  if (f_k+(i) = 1 and i_k = 0) q_k = 1
  else q_k = 0
```

第四步：对每个 $p_j = 1$，应用 PNC 门，正/反控制线对应于所有的输出（后向映射）或者输入（前向映射）位置中 i 等于 1/0 的地方，并且目标线在第 j 位。接着，对每个 $q_k = 1$，应用 PNC 门，正/反控制线对应于所有的输出/输入位置中 $f^{+}(i)$ 等于 1/0 的地方，并且目标线在第 k 位上。

第五步：如果 $0 < i < 2^{n}-1$，i 增加 1，转第一步。

算法实现过程中，当 $f^{+}(0) \neq 0$ 时，首先考虑用一个 NOT 门来实现函数转换。因为 NOT 门是最简单的门，并且通过转换，所有输出顺序都改变了。在大多数情况下，这种顺序的重排可以使下面的工作更简单。如果 Hamming 距离为 $\Delta(0, f^{+}(0)) = 1$，仅一个 NOT 门就可以实现。如果 $\Delta(0, f^{+}(0)) > 1$，还需要用到 PNC 门来实现映射。每增加一次这种新的可逆门，输出端或输入端中都只需修改两个比特串的数值。也可以说，每增加一个 PNC 门，都只有两个输出比特串进行了交换。

7.2.2　正/反控制门级联网络的化简

由于通过算法构成的网络通常不是最优的，下面通过引入基于 PNC 门的模板（Miller et al.，2003），对相应的网络进行化简，图 7.3 给出了几类相应的模板。

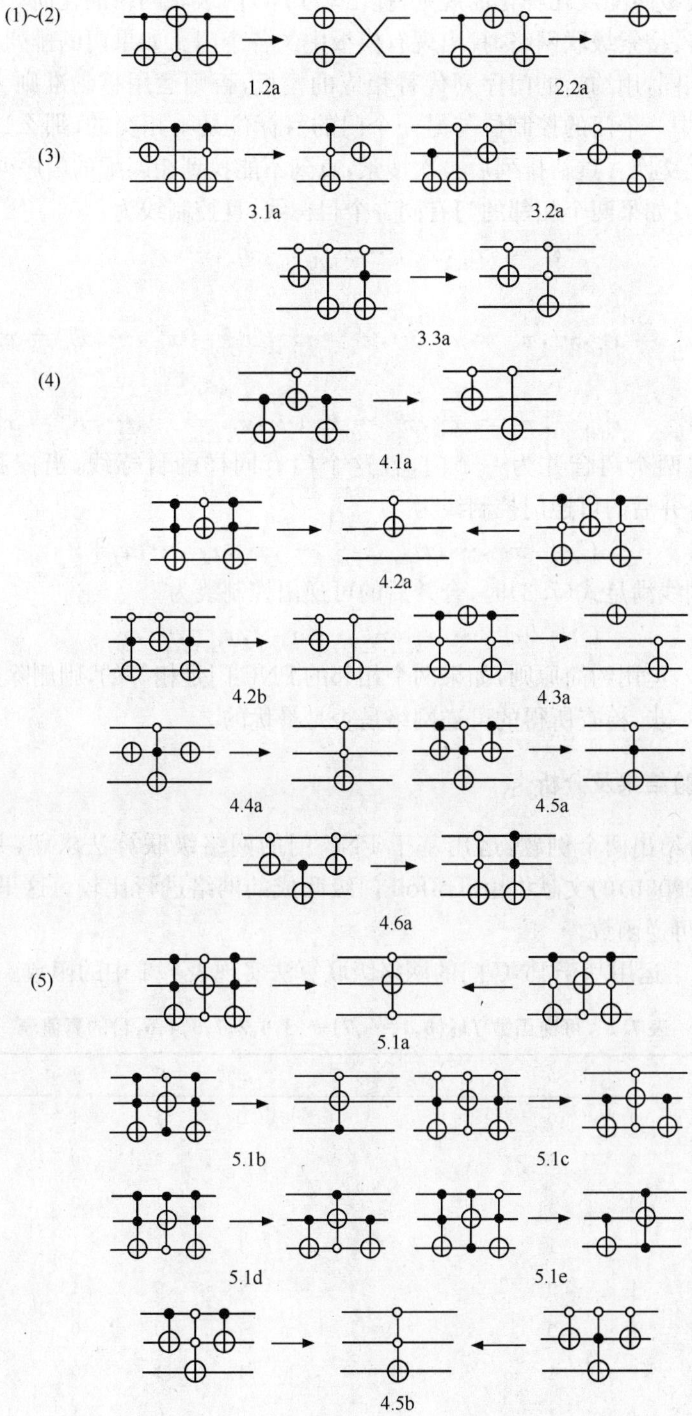

(1)~(2)

1.2a　2.2a

(3)

3.1a　3.2a

3.3a

(4)

4.1a

4.2a

4.2b　4.3a

4.4a　4.5a

4.6a

(5)

5.1a

5.1b　5.1c

5.1d　5.1e

4.5b

图 7.3　几类 PNC 门组成的模板

通过模板匹配及几种化简规则,提出对 PNC 门级联网络的化简算法:

第一步:搜索级联网络,找出现有模板中的各个门。如果门的排列顺序与模板排列顺序相同,用约简的门序列代替相应的模板,否则运用移动准则。两个 PNC 门,如果其中一个门的控制位与另一个门的目标位是不相交的,那么这两个 PNC 门可以相互交换。重新排列后再次搜索,直到不能找到相匹配的门序列。

第二步:如果两个相邻的门有同一个目标线,且控制线为

$$C=\{x_{i_1},x_{i_2},\cdots,x_{i_k},x_{j_1},x_{j_2},\cdots,x_{j_l}\} \tag{7.1}$$

满足

$$x_{i_1}^0=x_{i_1}^1,\cdots,x_{i_q}^0\neq x_{i_q}^1,\cdots,x_{i_k}^0=x_{i_k}^1,x_{j_1}^0=x_{j_1}^1,\cdots,x_{j_l}^0=x_{j_l}^1 \tag{7.2}$$

或者

$$x_{i_1}^0=x_{i_1}^1,\cdots,x_{i_k}^0=x_{i_k}^1,x_{j_1}^0=x_{j_1}^1,\cdots,x_{j_q}^0\neq x_{j_q}^1,\cdots,x_{j_l}^0=x_{j_l}^1 \tag{7.3}$$

可以将两个门合并为一个门,且这个门有同样的目标线,当控制线满足式(7.2)时,合并后的可逆门控制线为

$$C=\{x_{i_1},\cdots,x_{i_{q-1}},x_{i_{q+1}},\cdots,x_{i_k},x_{j_1},\cdots,x_{j_l}\} \tag{7.4}$$

当控制线满足式(7.3)时,合并后的可逆门控制线为

$$C=\{x_{i_1},\cdots,x_{i_k},x_{j_1},\cdots,x_{j_{q-1}},x_{j_{q+1}},\cdots,x_{j_l}\} \tag{7.5}$$

第三步:运用约简原则,如果两个相邻的 PNC 门是相等的,则删除这两个可逆门;返回第一步,检查所得的可逆网络是否是最优的。

7.2.3 实验结果及分析

这部分给出两个例题,运用基于 PNC 门的网络级联算法求解,并将结果与 Miller 等(2003b)的文献中由 Toffoli 门级联成的网络进行比较。这里,考虑 3 输入/输出的可逆函数。

例 7.1 运用基于 PNC 门的网络级联算法实现表 7.1 中的函数。

表 7.1 可逆函数 $f1:(0,1,\cdots,7)\rightarrow(3,0,2,7,5,4,6,1)$ 的真值表

a	b	c	a^0	b^0	c^0
0	0	0	0	1	1
0	0	1	0	0	0
0	1	0	0	1	0
0	1	1	1	1	1
1	0	0	1	0	1
1	0	1	1	0	0
1	1	0	1	1	0
1	1	1	0	0	1

由函数 $f1:(0,1,\cdots,7)\rightarrow(3,0,2,7,5,4,6,1)$ 实现基于正/反控制门的网络级联算法步骤如下：

(1) 实现等式 $f^{+}(0)=0$。输入端添加一个 NOT 门，使整个真值表所有输出比特串在第 c 比特进行了翻转，重排后的比特串记为 $a^1\ b^1\ c^1$。

(2) 实现等式 $f^{+}(1)=1$。在比特串 $a^1\ b^1\ c^1$ 中，因为 $\Delta(1,f^{+}(1))<\Delta(f^{+}(7),1)$，所以在输出端增加一个 PNC $(a,c;b)$ 门，输出端 $a^0\ b^0\ c^0$ 中(0 1 1) 和(0 0 1)的位置进行了交换。重排后比特串记为 $a^2\ b^2\ c^2$。

(3) 实现等式 $f^{+}(2)=2$。因为 $\Delta(2,f^{+}(2))>\Delta(f^{+}(6),2)$，所以在输入端增加一个 PNC $(a,b;c)$ 门，输入端 $a^1\ b^1\ c^1$ 中(0 1 1)和(0 1 0)的位置进行了交换。重排后比特串记为 $a^3\ b^3\ c^3$。

(4) 实现等式 $f^{+}(3)=3$。因为 $\Delta(3,f^{+}(3))<\Delta(f^{+}(7),3)$，所以在输出端增加一个 PNC $(b,c;a)$ 门，输出端 $a^2\ b^2\ c^2$ 中(0 1 1) 和(1 1 1)的位置进行了交换。重排后比特串记为 $a^4\ b^4\ c^4$。

(5) 实现等式 $f^{+}(6)=6$。因为 $\Delta(6,f^{+}(6))=\Delta(f^{+}(6),6)$，所以在输出端增加一个 PNC $(a,b;c)$ 门，输出端 $a^4\ b^4\ c^4$ 中(1 1 0) 和(1 1 1)的位置进行了交换。重排后的比特串记为 $a^5\ b^5\ c^5$。

(6) 由于 $f^{+}(7)=7$，无需再添加可逆门，搜索结束。

这一过程在表 7.2 中可以看出来。表中标出了每次应用可逆门时被修改的比特位。

对同一个可逆函数，图 7.4 给出了由 Miller 等(2003b)的文献中算法级联成的可逆网络，它由 11 个可逆门组成。图 7.5 是由 PNC 门级联成的网络，且只包含 5 个可逆门，比图 7.4 中的网络少用了 6 个门就完成了函数实现。

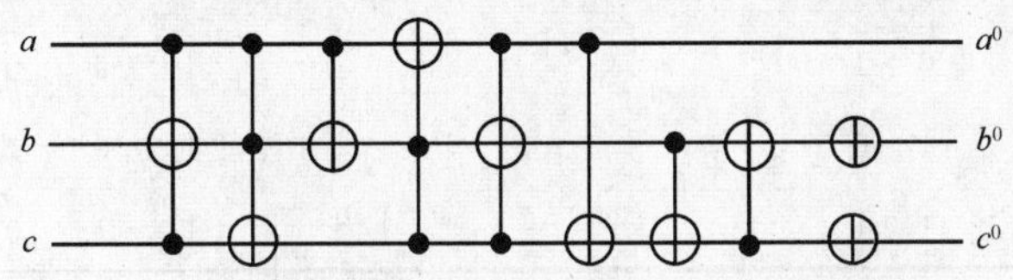

图 7.4　由 Toffoli 级联成的函数 $f1$ 的可逆网络

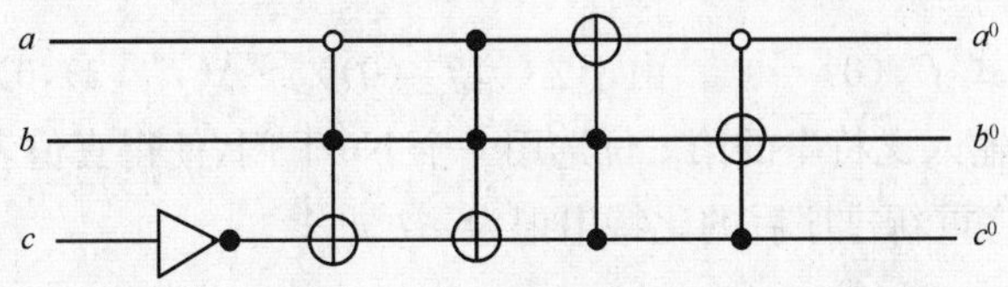

图 7.5　由 PNC 门级联成的函数 $f1$ 的可逆网络

表 7.2 函数 $f1$ 的具体实现过程

$a^3\ b^3\ c^3$	$a^1\ b^1\ c^1$	$a\ b\ c$	$a^0\ b^0\ c^0$	$a^2\ b^2\ c^2$	$a^4\ b^4\ c^4$	$a^5\ b^5\ c^5$
0 0 1	0 0 **1**	000	0 1 1	0 **0** 1	0 0 1	0 0 1
0 0 0	0 0 **0**	001	0 0 0	0 0 0	0 0 0	0 0 0
0 1 **0**	0 1 **1**	010	0 1 0	0 1 0	0 1 0	0 1 0
0 1 **1**	0 1 **0**	011	1 1 1	1 1 1	**0** 1 1	0 1 1
1 0 1	1 0 **1**	100	1 0 1	1 0 1	1 0 1	1 0 1
1 0 0	1 0 **0**	101	1 0 0	1 0 0	1 0 0	1 0 0
1 1 1	1 1 **1**	110	1 1 0	1 1 0	1 1 0	1 1 **1**
1 1 0	1 1 **0**	111	0 0 1	0 **1** 1	**1** 1 1	1 1 **0**
PNC($a,b;c$)	NOT			PNC($a,c;b$)	PNC ($b,c;a$)	PNC ($a,b;c$)

例 7.2 运用基于 PNC 门网络级联算法实现表 7.3 中的函数。

表 7.3 可逆函数 $f2$:(0,1,…,7)→(3,0,7,1,2,4,5,6)的真值表

a	b	c	a^0	b^0	c^0
0	0	0	0	1	1
0	0	1	0	0	0
0	1	0	1	1	1
0	1	1	0	0	1
1	0	0	0	1	0
1	0	1	1	0	0
1	1	0	1	0	1
1	1	1	1	1	0

由函数 $f2$:(0,1,…,7) → (3,0,7,1,2,4,5,6) 实现基于正/反控制门的网络级联算法步骤如下:

(1) 实现等式 $f^+(0)=0$ 。由于$\Delta(0,f^+(0))>\Delta(f^+(3),0)$,且$\Delta(f^+(3),0)=1$,因此在输入比特串的第 c 位选用一个 NOT 门,使得真值表中输入项的排列顺序改变了,将重新排序后的比特串记为 $a^1b^1c^1$ 。

(2) 实现等式 $f^+(1)=1$ 。因为$\Delta(1,f^+(1))<\Delta(f^+(5),1)$,所以在输入端增加一个 PNC ($a,c;b$) 门,并将产生的输出置换放入列 $a^2b^2c^2$ 中,其中(0 0 1)和(0 1 1)的位置进行了调换。

(3) 实现等式 $f^+(2)=2$ 。因为$\Delta(2,f^+(2))<\Delta(f^+(7),2)$,所以在输出端增加一个 PNC$(a,b;c)$ 门,使(0 1 1) 和(0 1 0)进行交换,重排后的比特串放入列 $a^3b^3c^3$ 中。

(4) 实现等式 $f^+(3)=3$ 。因为$\Delta(3,f^+(3))<\Delta(f^+(7),3)$,所以在输入端增加一个 PNC$(b,c;a)$ 门,并将产生的输出置换放入列 $a^4b^4c^4$ 中，其中(1 1 1)和(0 1 1)的位置进行了调换。

(5) 实现等式 $f^+(5)=5$。因为$\Delta(5,f^+(5))=\Delta(f^+(5),5)$，所以在输入端增加一个 PNC$(a,c;b)$ 门,并将产生的输出置换放入列 $a^5b^5c^5$ 中，其中(1 0 1)和(1 1 1)的位置进行了调换。

(6) $f^+(6)=6$ 且 $f^+(7)=7$,结束搜索。

表 7.4 列出了每一步实现的过程。由这种方法产生的可逆网络如图 7.6 所示,且对于同样的函数,用 Toffoli 门实现的结果如图 7.7 所示。可以看出实现这个可逆函数,由 PNC 门构成的网络比由 Toffoli 门构成的网络少用了 2 个可逆门。

表 7.4　函数 *f*2 的具体实现过程

$a^1\ b^1\ c^1$	$a\ b\ c$	$a^0\ b^0\ c^0$	$a^2\ b^2\ c^2$	$a^3\ b^3\ c^3$	$a^4\ b^4\ c^4$	$a^5\ b^5\ c^5$
0 0 **1**	000	0 1 1	0 **0** 1	0 0 1	0 0 1	0 0 1
0 0 **0**	001	0 0 0	0 0 0	0 0 0	0 0 0	0 0 0
0 1 **1**	010	1 1 1	1 1 1	1 1 1	**0** 1 1	0 1 1
0 1 **0**	011	0 0 1	0 **1** 1	0 1 **0**	0 1 0	0 1 0
1 0 **1**	100	0 1 0	0 1 0	0 1 **1**	**1** 1 1	1 **0** 1
1 0 **0**	101	1 0 0	1 0 0	1 0 0	1 0 0	1 0 0
1 1 **1**	110	1 0 1	1 0 1	1 0 1	1 0 1	1 **1** 1
1 1 **0**	111	1 1 0	1 1 0	1 1 0	1 1 0	1 1 0
NOT			PNC$(a,c;b)$	PNC$(a,b;c)$	PNC$(b,c;a)$	PNC$(a,c;b)$

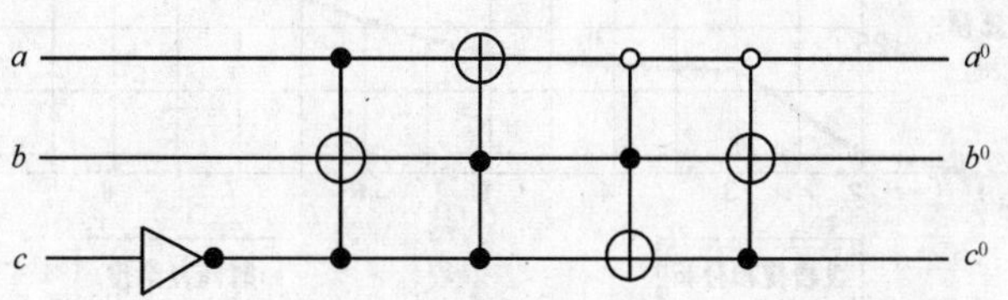

图 7.6　由 PNC 门实现的函数 $f2$ 的可逆网络

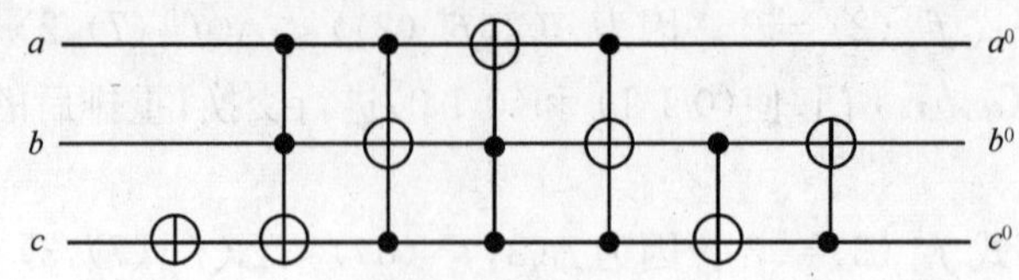

图 7.7　由 Toffoli 门实现的函数 $f2$ 的可逆网络

表 7.5 给出了 3 输入/输出函数下，所有可逆网络的级联方案，即网络中可逆门数数量所对应的可逆函数的总个数。图 7.8、图 7.9 分别给出了该算法下，输入数与级联门数，以及输入数与运行时间之间的变化曲线，直观地给出了不同输入数下所需的 PNC 门的数量以及不同输入数下该算法的运行时间。

表 7.5　3 输入/输出函数的所有级联方案

网络中的可逆门数	相应的函数个数	网络中的可逆门数	相应的函数个数
0	1	8	7887
1	16	9	5636
2	108	10	3430
3	472	11	1764
4	1503	12	719
5	3598	13	240
6	6445	14	67
7	8406	15	28

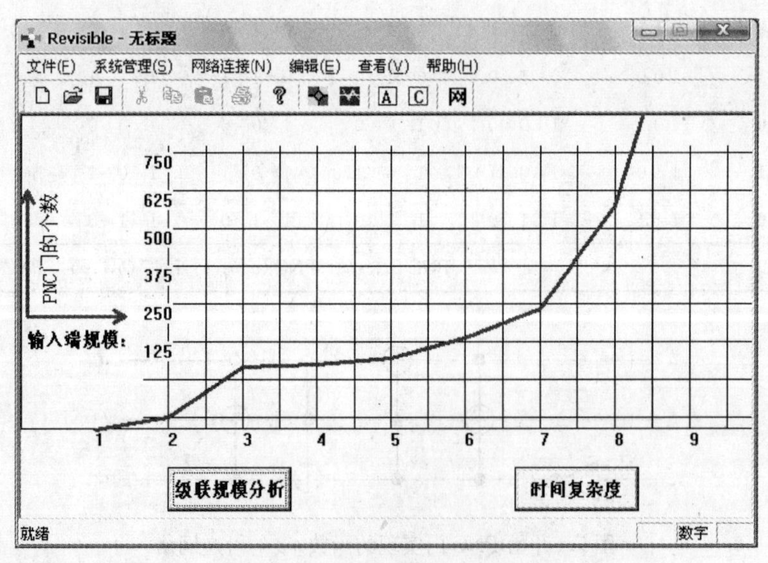

图 7.8　输入规模-门数关系图

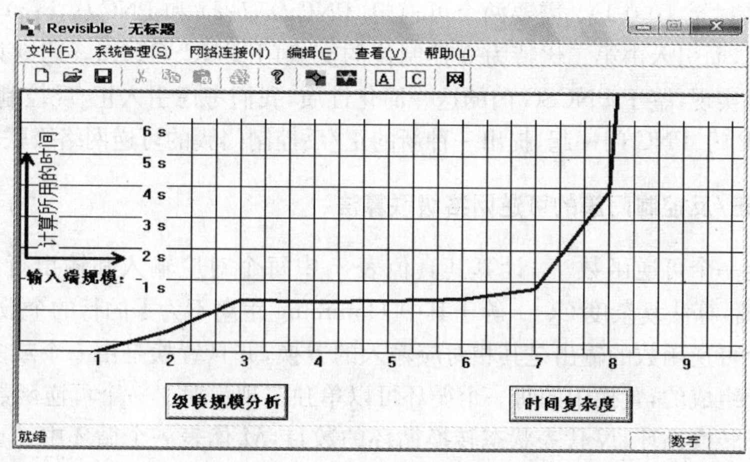

图 7.9　输入规模-运行时间关系图

基于PNC门的可逆网络级联算法与Miller(2002)提出的可逆网络级联算法都能实现输入数为11的可逆函数,级联网络中可逆门的数量和程序运行时间的比较如表7.6所示。从表中可以看出,随着可逆函数规模的增大,基于PNC门可逆网络的级联算法在可逆门数量和算法运行时间上具有一定的优势。

表 7.6　算法参数比较

输入数	PNC门		Toffoli门	
	可逆门数	时间/ms	可逆门数	时间/ms
2	1	<1	2	<1
3	4	<1	4	<1
4	13	1	12	1
5	42	15	37	16
6	87	101	116	112
7	377	888	234	638
8	474	4904	644	5317
9	927	45 300	1600	48 765

7.3　正/反控制门簇的可逆网络级联

7.2节中用到的PNC门是通过改变Toffoli门控制位的取值来定义的。然而,Toffoli门并不是唯一广泛用到的门,因此我们考虑将PNC门的概念推广到Fredkin门,即正/反控制交换门(PNCSG)。根据7.2.1小节中的算法步骤,要将

(1 0 0)映射至 (0 0 1)，需要两个可逆门[PNC $(a,b;c)$ 和 PNC $(b,c;a)$]的级联才能实现,而引入由第二比特为 0 控制位的交换门[PNCSG$(b;a,c)$]则只需要一个门即可实现,鉴于 PNCSG 门的这一简化性质,我们考虑引入正/反控制交换门,与 SWAP 门、PNC 门一起,提出一种新的正/反控制门簇的可逆网络级联算法。

7.3.1 正/反控制门簇的可逆网络级联算法

给定一个可逆函数 f，计算其真值表 f 中每个对应输入和输出行的 Hamming 距离,算法复杂度 $C(f)$ 等于其中 Hamming 距离不为零的行的个数。

一个可逆函数的输出是其相对应输入的置换,并且置换是由一个或多个相邻接的循环组成的,置换中的每一个循环可以单独实现。对于一个可逆函数来说,G 代表状态转换循环,N 代表状态转换循环的数目,M 代表一个循环中结点数目的集合。表 7.7 给出了在 3 输入/输出函数中,对于不同复杂度 $C(f)$,这些变量的可能取值。

表 7.7 参数的可能取值

$C(f)$	N	M
2	1	{2}
3	1	{3}
4	1	{4}
4	2	{2,2}
5	1	{5}
5	2	{2,3}
6	1	{6}
6	2	{3,3}
6	2	{2,4}
6	3	{2,2,2}
7	1	{7}
7	2	{2,5}
7	2	{3,4}
7	3	{3,2,2}
8	1	{8}
8	2	{2,6}
8	2	{3,5}
8	2	{4,4}
8	3	{2,3,3}
8	3	{2,2,4}

基于正/反控制门簇的可逆网络的级联算法步骤如下：

第一步：根据真值表，画出所有的状态转换循环 $G_1, G_2, \cdots, G_N$，N 的值取决于 $C(f)$ 的取值。

第二步：结点 i 的状态二进制代码定义为 sbc (i)，是网络的输入点，经过网络中给出的一系列级联门后，得到输出的过程记为 $\mathrm{sbc}^+(i)$，m_k 为 G_k 中的结点数目，$m_k \in M$。

```
for(k=1,k≤N,k++){
for(i=1,i<mk,i++){
 if(i=mk) sbc+(mk)→sbc(1);//实现映射
 else sbc+(i)→sbc(i+1); } }
```

第三步：如果两个相邻可逆门有同一个目标线，且控制线为

$$C = \{x_{i_1}, x_{i_2}, \cdots, x_{i_k}, x_{j_1}, x_{j_2}, \cdots, x_{j_l}\} \tag{7.6}$$

满足

$$x_{i_1}^0 = x_{i_1}^1, \cdots, x_{i_q}^0 \neq x_{i_q}^1, \cdots, x_{i_k}^0 = x_{i_k}^1, x_{j_1}^0 = x_{j_1}^1, \cdots, x_{j_l}^0 = x_{j_l}^1 \tag{7.7}$$

或者

$$x_{i_1}^0 = x_{i_1}^1, \cdots, x_{i_k}^0 = x_{i_k}^1, x_{j_1}^0 = x_{j_1}^1, \cdots, x_{j_q}^0 \neq x_{j_q}^1, \cdots, x_{j_l}^0 = x_{j_l}^1 \tag{7.8}$$

可以将两个可逆门进行合并，目标线保持不变，当控制线满足式(7.7)时，合并后的可逆门控制线为控制线为

$$C = \{x_{i_1}, \cdots, x_{i_{q-1}}, x_{i_{q+1}}, \cdots, x_{i_k}, x_{j_1}, \cdots, x_{j_l}\} \tag{7.9}$$

当控制线满足式(7.9)时，合并后的可逆门控制线为

$$C = \{x_{i_1}, \cdots, x_{i_k}, x_{j_1}, \cdots, x_{j_{q-1}}, x_{j_{q+1}}, \cdots, x_{j_l}\} \tag{7.10}$$

要实现第二步中的映射，首先定义两个函数。定义函数 PNCSG($\mathrm{sbc}^+(i)$, $\mathrm{sbc}(i+1)$)，判断映射的实现过程中是否需要添加正/反控制的交换门，具体实现过程为：

```
PNCSG(sbc+(i),sbc(i+1))
{ a=b=0;
  for l=0 to n-1 do
  { if (sbc_l+(i) = 0 and sbc_l(i+1)=1)a++;
    if (sbc_l+(i) = 1 and sbc_l(i+1)=0)b++;}
  if (a=1 and b=1)添加一个 PNCSG 门或 SWAP 门;
  else return 0;}
```

为了确保可逆网络的收敛性，相邻的两个 PNC 门不允许相等。在实现映射的过程中，如果新添加的门与网络中相邻 PNC 门相等，移除该可逆门，调用 Newreguler()函数，函数的具体实现过程为：

```
Newreguler(sbc⁺(i),sbc(i+1)){
for j=0 to n-1 do
 if (sbc_j⁺(i)≠sbc_j(i + 1)){
  e=j;
  break;}
   if (sbc_e⁺(i) = 1 and sbc_e(i+1)=0)
    for j=e to n-1 do{
     if (sbc_j⁺(i)≠sbc_j(i + 1){
     p_j=1;//目标位在第 j 位
      添加相应的 PNC 门;
     PNCSG(sbc_j⁺(i),sbc(i+ 1));}
   else p_j =0;}
else if(sbc_e⁺(i) = 0 and sbc_e(i+1)=1){
 for j=e+1 to n-1 do
  if (sbc_j⁺(i)≠sbc_j(i + 1)){
   c=j;
   break;}
 for j=c to n-1 do
   添加相应的可逆逻辑门;
sbc⁺(i)转换到 sbc⁺⁺(i);// 经过一系列可逆级联门后输出 sbc⁺⁺(i)
sbc⁺⁺(i)→sbc(i+1);}}
```

下面给出如何实现映射的具体过程:

```
 if sbc⁺(i)=sbc(i+1), continue;
 else
 {call function PNCSG(sbc⁺(i),sbc(i+1));
  for j=0 to n-1 do
   if (sbc_j⁺(i) = 0 and sbc_j(i+1)=1){
   p_j=1;//目标线在第 j 位
    添加一个 PNC 门;
    判断新添加的可逆门是否与相邻可逆门相等;
    若相等,移除该可逆门,调用 Newreguler()函数;
   sbc⁺(i)转换为 sbc_j⁺(i);
   PNCSG(sbc_j⁺(i),sbc(i + 1));}
  else p_j =0;
  for k=0 to n-1 do
  if (sbc_k⁺(i) = 1 and sbc_k(i+1)=0){
    q_k=1;//目标线在第 k 位
    添加一个 PNC 门;
```

```
    判断新添加的可逆门是否与相邻可逆门相等;
    若相等,移除该可逆门,调用 Newreguler()函数;
    sbc⁺(i)转换为 sbcₖ⁺(i);
    PNCSG(sbcₖ⁺(i),sbc(i + 1));}
  else qₖ = 0;}
```

7.3.2 实验结果与分析

本节将给出一些例子验证正反控制门簇级联算法的优越性。

例 7.3　运用正/反控制门簇级联算法实现表 7.8 的可逆函数。

表 7.8　可逆函数 *f*1:(0,1,…,7)→(2,0,1,3,4,5,6,7)的真值表

a b c	a^0 b^0 c^0
0 0 0	0 1 0
0 0 1	0 0 0
0 1 0	0 0 1
0 1 1	0 1 1
1 0 0	1 0 0
1 0 1	1 0 1
1 1 0	1 1 0
1 1 1	1 1 1

函数 $f1$ 满足 $C(f)=3, G=1, m=3$，图 7.10 给出了状态转换循环 $G_1=1$，可逆门的添加步骤如下：

(1) 实现映射(000)→(010)。添加一个 PNC($a,c;b$)门，则 $sbc^{+}(2)=(000)$。

(2) 实现映射 $sbc^{+}(2)$→sbc(3)。添加一个 PNC($a,b;c$)门，则 $sbc^{+}(3)=(000)$。

(3) 因为 $sbc^{+}(3)=sbc(1)$，已完成网络的级联。

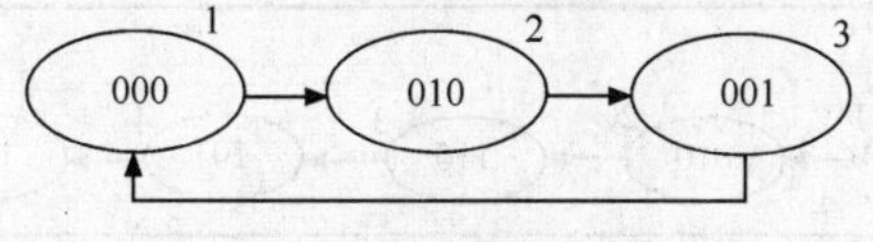

图 7.10　状态转换循环 G_1

对于可逆函数 $f1$，图 7.11 给出了由 Toffoli 门构成的可逆网络，含有 6 个可逆门。图 7.12 给出了基于正/反控制门簇的可逆网络，只包含有 2 个门，比图 7.11 中网络的门数要少得多。

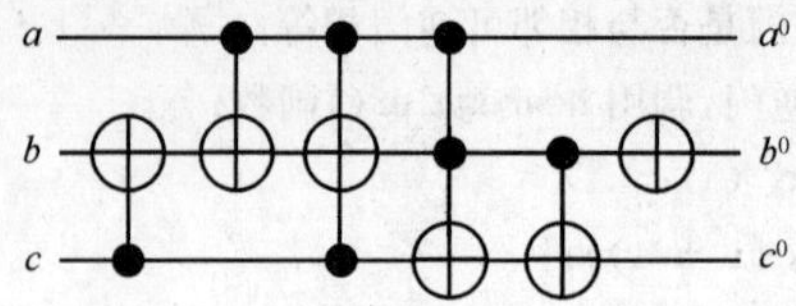

图 7.11　由 Toffoli 门组成的函数 $f1$ 的可逆网络

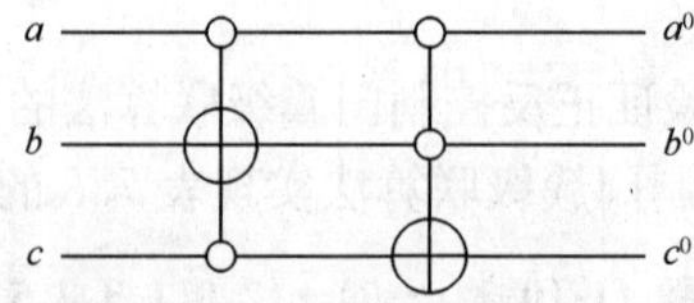

图 7.12　由正/反控制门簇组成的函数 $f1$ 的可逆网络

例 7.4　运用正/反控制门簇级联算法实现表 7.9 的可逆函数。

由表 7.9，可以看出 $C(f)=7, G=2, m_1=5, m_2=2$。图 7.13 给出了状态转换循环 G_1 和 G_2。级联网络为如图 7.14 所示的 Toffoli 门网络。根据 PNC 门簇可逆网络级联算法，由循环 G_1，得到了四个级联 PNC 门；接着实现 G_2 中(001)和(011)的双向映射，只需要添加一个 PNC$(a,c;b)$门。图 7.15 给出了整个级联网络。可以很容易看出函数 $f2$ 中由 PNC 门构成的网络少用了两个可逆门。

表 7.9　可逆函数 $f2$:(0,1,…,7)→(2,3,6,1,0,4,5,7)的真值表

a	b	c	a^0	b^0	c^0
0	0	0	0	1	0
0	0	1	0	1	1
0	1	0	1	1	0
0	1	1	0	0	1
1	0	0	0	0	0
1	0	1	1	0	0
1	1	0	1	0	1
1	1	1	1	1	1

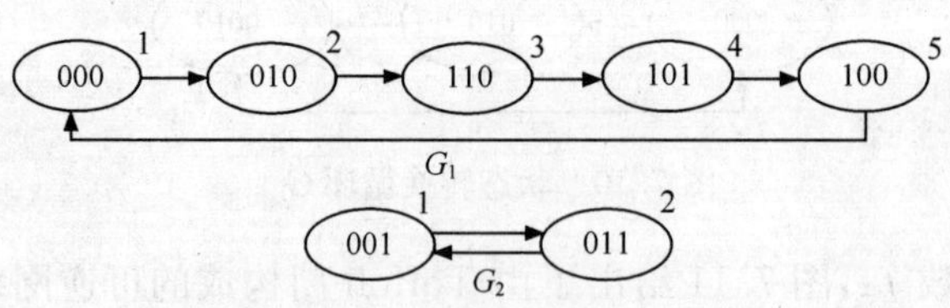

图 7.13　状态转换循环 G_1 和 G_2

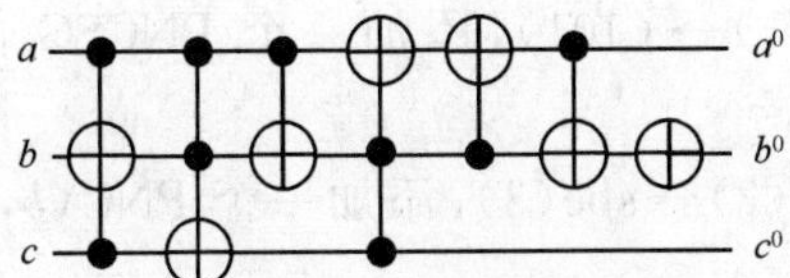

图 7.14　由 Toffoli 门实现的函数 $f2$ 的可逆网络

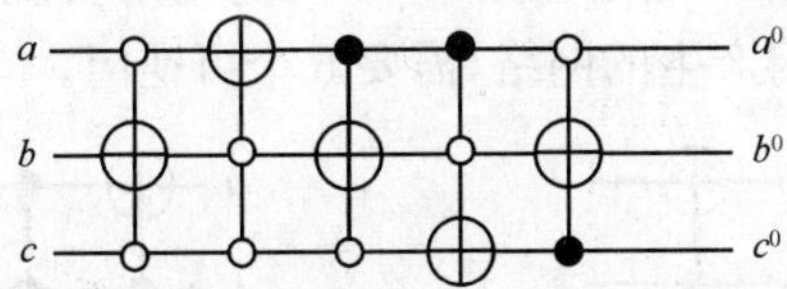

图 7.15　由正/反控制门簇实现的函数 $f2$ 的可逆网络

例 7.5　运用正/反控制门簇级联算法实现表 7.10 的可逆函数。

函数 $f3$ 中有两个状态转换循环（$G=2$），每个循环含有 3 个节点，因此 $m_1=m_2=3, C(f)=6$，如图 7.16 所示。G_1 的实现方式与表 7.8 中函数 $f1$ 的方法类似。考虑状态循环 G_2 的具体实现步骤为：

表 7.10　可逆函数 $f3$:(0,1,…,7)→(1,2,0,5,4,7,6,3)的真值表

a	b	c	a^0	b^0	c^0
0	0	0	0	0	1
0	0	1	0	1	0
0	1	0	0	0	0
0	1	1	1	0	1
1	0	0	1	0	0
1	0	1	1	1	1
1	1	0	1	1	0
1	1	1	0	1	1

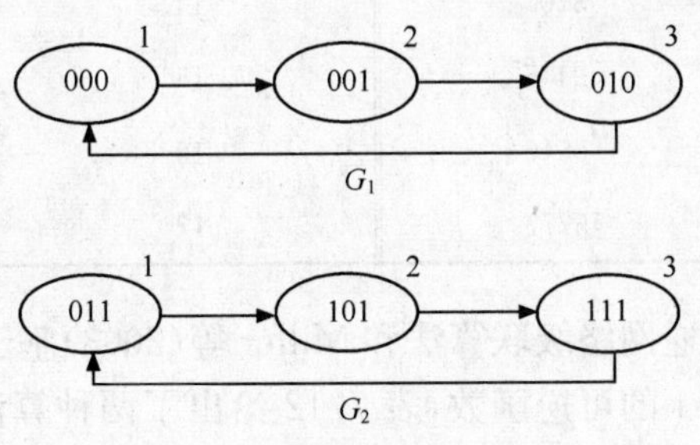

图 7.16　状态转换循环 G_1 和 G_2

(1) 实现映射(011)→(101),添加一个 PNCSG 门 PNCSG(c;a,b),则 $sbc^+(2)=(011)$。

(2) 实现映射 $sbc^+(2)\to sbc(3)$,添加一个 PNC(b,c;a)门,则 $sbc^+(3)=(011)$。

(3) 因为 $sbc^+(3)=sbc(1)$,已完成网络的级联。

图 7.17 给出了函数 $f3$ 基于一般 PNC 门的网络实现,需要 4 个可逆门;而图 7.18 给出了由 Toffoli 门产生的网络,需要 6 个可逆门。

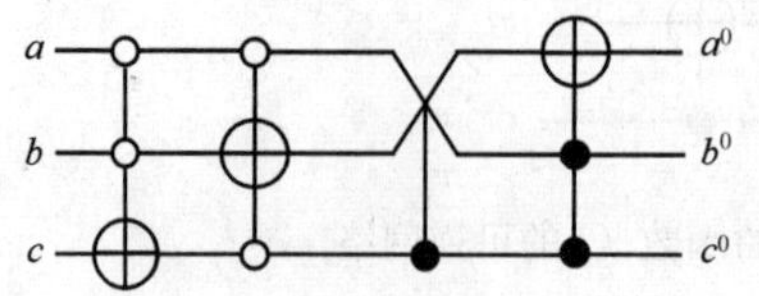

图 7.17　由正/反控制门簇产生的函数 $f3$ 的可逆网络

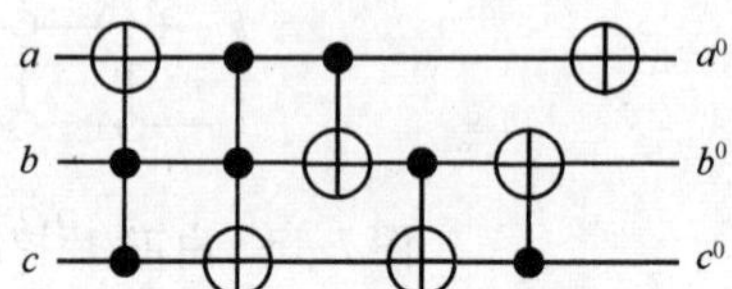

图 7.18　由 Toffoli 门产生的函数 $f3$ 的可逆网络

表 7.11 给出了 3 输入/输出函数下,所有可逆网络的级联方案,即网络中可逆门数量所对应的可逆函数的总个数。图 7.19 给出了该算法下,输入数、级联门数和运行时间之间的关系图,直观地给出了不同输入数下所需的 PNC 门簇的数量以及不同输入数下该算法的运行时间。

表 7.11　3 输入/输出函数的所有级联方案

网络中的可逆门数	相应的函数个数	网络中的可逆门数	相应的函数个数
0	1	9	6746
1	16	10	1980
2	108	11	1214
3	474	12	569
4	1511	13	180
5	3700	14	57
6	9445	15	23
7	8516	16	2
8	5777	17	1

正/反控制门簇可逆网络级联算法和 Miller 等(2003)基于 Toffoli 门的级联算法都能实现输入数为 11 的可逆函数,表 7.12 给出了两种算法级联成的网络中可逆门的数量和运行时间的比较,验证了基于正/反控制门簇的可逆网络级联算法在可逆门数量和时间代价上的优越性。

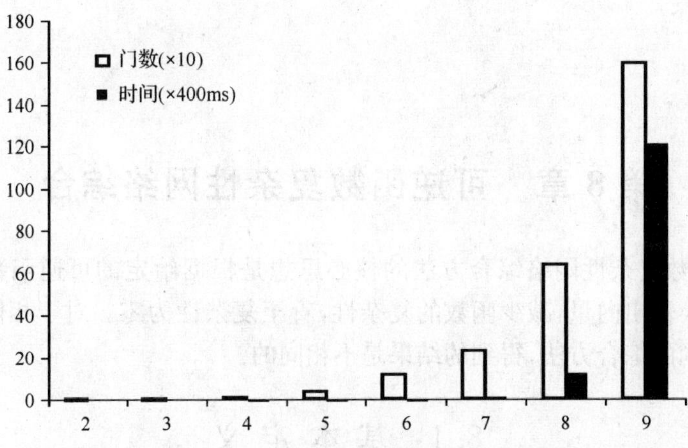

图 7.19　输入规模-门数-时间关系图

表 7.12　算法性能参数比较

输入数	正/反控制门簇		Toffoli 门	
	可逆门数(×10)	时间/×400ms	可逆门数(×10)	时间/×400ms
2	0.2	0	0.2	0
3	0.4	0	0.4	0
4	1.7	0	1.2	0.0025
5	5.1	0	3.7	0.04
6	11.8	0.2	11.6	0.26
7	23.4	0.75	23.4	1.56
8	43.4	6.25	64.4	13.29
9	80.3	100	160	121.91

本章主要内容包括两部分：第一部分给出了一种基于 PNC 门的网络级联算法，该算法通过在输入端和输出端同时添加可逆门来实现网络，并且在先前五种类型的基础上设计了新的模板，提出了对基于 PNC 门级联网络的约简算法。通过 3 输入/输出可逆函数应用实例，与同样函数下的基于 Toffoli 门的网络进行比较，验证了运用 PNC 门一定程度上减少网络中可逆门数量的效果。第二部分给出了一种基于正/反控制门簇的可逆网络级联算法，该算法采用逐个门添加的方法，引入了正/反控制的交换门(PNCSG)，以 3 输入/输出函数为例，验证了在复杂度小时，与 Toffoli 门级联成的网络相比，大大减少了网络中可逆门的数量。最后，将这两种算法分别与 Miller 等(2003)基于 Toffoli 门的级联算法在可逆门的数量和程序运行时间方面进行了比较，验证了引入正/反控制门簇在可逆网络级联中的优越性。

第 8 章　可逆函数复杂性网络综合

可逆函数复杂性网络综合方法的核心思想是根据给定的可逆函数的输出排列，逐次交换输出向量，减少函数的复杂性，直至复杂性为零。对于相同的可逆函数，采用不同的综合方法，得到的结果是不相同的。

8.1　基本定义

定义 8.1　用带有方向且标明权向量的图来表示一个 n 输入/输出的可逆函数 F，称这样的图为转向图，记为 $G_F(V,E)$。其中集合 $V=\{0,1,\cdots,2^n-1\}$，表示 2^n 个输入向量。设 $F(i)=\mu_i, i=0,1,\cdots,2^n-1, U=\{\mu_i\}$。集合 $E=\{e_{jk}\mid F(k)=j, j\in U, k\in V\}$，表示 2^n 个输出向量 j 到输入向量 k 的对应关系。输出排列，转向图及集合 E 这三者是可以互推的。如图 8.1 所示。

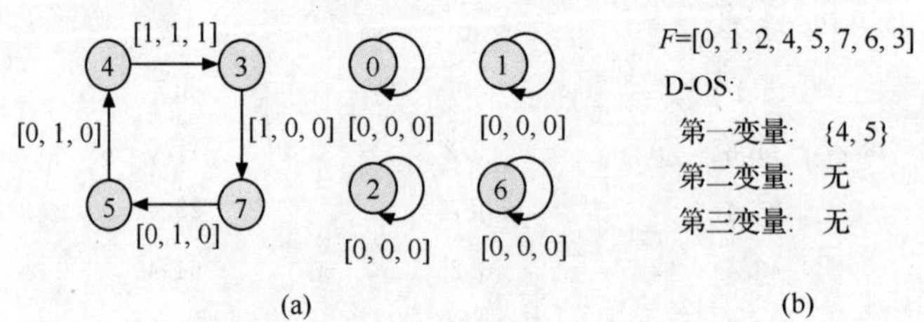

图 8.1　可逆函数 F 的转向图举例

易知图 8.2(a)对应函数的有向集合 $E=\{e_{00},e_{11},e_{22},e_{44},e_{37},e_{75},e_{53},e_{66}\}$，且对应函数的输出排列为 $F_1=[0,1,2,5,4,7,6,3]$。其中 E 的子集 e_{ll}（如 e_{11} 及 e_{22}）表示元素 l 自成循环。

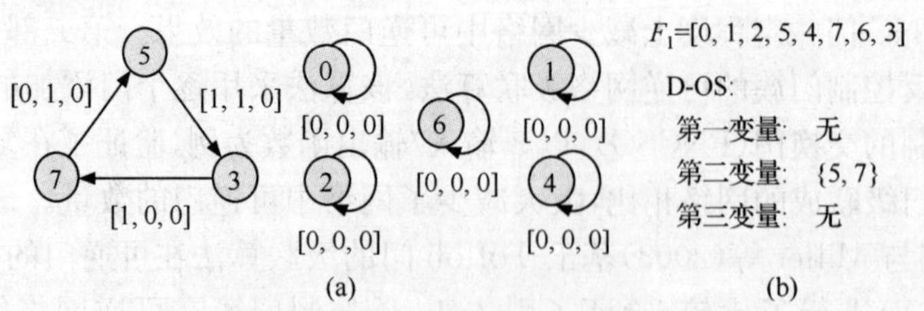

图 8.2　可逆函数 F_1 的转向图举例

输出向量 j 和输入向量 k 之间存在权向量，记为

$$W_{jk}=[w_{jk}(n),w_{jk}(n-1),\cdots,w_{jk}(1)] \tag{8.1}$$

其中 $w_{jk}(m)=j(m)\oplus k(m),1\leqslant m\leqslant n,j(m)$ 和 $k(m)$ 分别是向量 j 和 k 的第 m 个变量值。例如，在图 8.2(a)中，$W_{43}=[1,1,1]$及 $W_{37}=[1,0,0]$ 等。

每一个权向量 W_{jk} 都有对应的绝对权，记为

$$|W_{jk}|=\sum_{m=1}^{m}w_{jk}(m) \tag{8.2}$$

绝对权$|W_{jk}|$也就是向量 j 和 k 之间的 Hamming 距离。

对于一个 n 输入/输出的可逆函数 F，可用复杂性 $C(F)$ 作为衡量其性能的一种方式，记为

$$C(F)=\sum_{e_{jk}\in E}|W_{jk}| \tag{8.3}$$

即集合 E 中所有 e_{jk} 的绝对权$|W_{jk}|$之和。比如，图 8.2(a)所对应函数的复杂性为 4。

给定一个 n 输入/输出的可逆函数 F，如果两个输出向量之间的 Hamming 距离为 1(即只有第 m 个变量的值不同)，则交换这两个输出向量，称以上交换为“输出交换”(output switching，OS)。每一次 OS 操作都对应一个 PNC 门，多次 OS 操作对应多个 PNC 门的级联。

将能够减少函数复杂性的 OS 记为“D-OS”(decreased output switching)，即 $C(F_i)<C(F)$。类似地，保持函数复杂性不变的 OS 记为“E-OS”(equivalent output switching)，即 $C(F_i)=C(F)$。增加函数复杂性的 OS 记为“I-OS”(increased output switching)，即 $C(F_i)>C(F)$。

本书中，将存在“D-OS”的函数称为“可减函数”。但是，有些可逆函数本身或者在经过若干次输出向量的交换后，不存在“D-OS”，称这样的函数为“不可减函数”。对于一个 n 输入/输出的不可减函数 F，如果转换图中存在三个连续的向量 i、j 和 k，且$|W_{ij}|=1$，则对向量组$\{i,j\}$执行 OS 操作的前提是交换前后函数的复杂性保持不变。互换向量后，在原先的转换图中，向量 j 会形成自循环(e_{jj})，而向量 i 和 k 成为连续的向量(e_{ik})，且伴有 $W_{ik}=W_{ij}+W_{jk}$，上述 E-OS 操作记为“合 E-OS”。

类似地，如果转换图中存在两个连续的向量 i 和 j，且$|W_{ij}|>1$，则选择一个向量 l 且对向量组$\{i,l\}$执行 OS 操作的前提是 l 和 i 只在第 m 个变量上不同，且交换前后函数的复杂性保持不变。互换向量后，生成了三个连续的向量 i、l 和 j(e_{il} 和 e_{lj})，上述 E-OS 操作记为“分 E-OS”。

定理 8.1　对于一个 n 输入/输出的不可减函数 F，如果转换图中存在 $k+2$ 个连续的向量 $v_0,v_1,\cdots,v_{k+1}$，且它们满足以下三个条件：

(1) $|W_{v_nv_{n+1}}|=1$，$\forall n\in[0,1,\cdots,k-1]$；

(2) $W_{v_0v_1}\neq W_{v_1v_2}\neq\cdots\neq W_{v_{k-1}v_k}$；

(3) $w_{v_0 v_1}(m)=1$，且 $w_{v_k v_{k+1}}(m)=1$。

则存在 $k-1$ 个向量组：$\{v_k, v_{k-1}\}, \cdots, \{v_2, v_1\}$，依次对这些向量组执行 OS 操作后，能将原先的“不可减函数”转换为“可减函数”，并将这 $k-1$ 个向量组记为“T-OS”(transitional output switching)。

证明　依次交换 $k-1$ 个向量组 $\{v_k, v_{k-1}\}, \cdots, \{v_2, v_1\}$ 后，向量 $v_2, v_3, \cdots, v_k$ 都已自成循环，v_0, v_1, v_{k+1} 这三个向量重新组成连续的向量，且存在 $W_{v_1 v_{k+1}}=\sum_{i=1}^{k} W_{v_i v_{i+1}}$。因为 $w_{v_0 v_1}(m)=1$ 且 $w_{v_1 v_{k+1}}(m)=w_{v_k v_{k+1}}(m)=1$，所以在新的函数中肯定存在一组“D-OS”，即 $\{v_0, v_1\}$。因此，依次交换 $k-1$ 个向量组后，原先的“不可减函数”将转换为“可减函数”。

证毕。

8.2　正反控制门的可逆综合

Zheng 和 Huang (2009)以 Toffoli 门为基础的综合方法，从给定的可逆函数开始，在输出端添加可逆门，通过添加门减少函数的复杂性。这样的操作，有时可能找不到能够减少复杂性的可逆门，但在任何时候都能够找出不增加函数复杂性的可逆门，作为过渡门，使得函数的复杂性能够再次减少。然而，该方法在处理含有极端情况的函数时，频繁使用过渡门，从而大大增加了级联网络的实现代价。

本章利用 PNC 门(管致锦等，2008)，当找不到能够减少函数复杂性的可逆门时，每添加一个过渡门，就会执行一次查找，确保添加的过渡门数最少。

8.2.1　PNC 门的生成与级联

根据 8.1 节的概念及定理，提出针对 PNC 门的可逆综合算法，该算法通过在输出端依次添加 PNC 门的方式来实现可逆网络。算法步骤如下：

第一步：给出可逆函数 F。

第二步：生成转向图。

第三步：判断是否存在 D-OS。如果存在，执行第七步。

第四步：判断是否存在 T-OS。如果不存在，执行第六步。

第五步：寻找分 E-EOS。

第六步：执行 OS 操作，获得新函数 F_i；执行第二步。

第七步：执行 OS 操作，减少 $C(F)$；

第八步：判断 $C(F) <> 0$? 如果 $C(F) <> 0$，执行第二步。

第九步：生成 PNC 门级联网络。

第十步：结束。

按照可逆函数与“D-OS”的关系，该算法存在以下 3 种情况。

情况一：可逆函数中一直存在“D-OS”，对于这种情况，重复步骤第一、二、三和七步即可得到最终的 PNC 门级联网络。

情况二：原函数一开始或执行数次“D-OS”操作后，新的函数中不存在“D-OS”，且此时函数的复杂性不为零，则需要找寻“T-OS”，即执行第四步，目的是使得新生成的函数再次成为“可减函数”。

情况三：可逆函数中既不存在“D-OS”，也找不到“T-OS”，则此时应找寻“分 E-OS”，即执行第五步，每执行一次“分 E-OS”都要重新确定新函数 F_i 中是否存在“D-OS”，即重复执行第一步。经过有限次“分 E-OS”操作，总能使得函数中重新存在“D-OS”。

执行一次 OS，对应一个 PNC 门。将所有用到的 PNC 门逆序级联，即可得到给定函数 F 的可逆级联网络。

8.2.2　实例验证

这部分给出三个可逆函数，运用本书提出的算法分别对其进行综合，来验证方法的正确性。

例 8.1　可逆函数 $F=[0,1,2,4,5,7,6,3]$，运用基于 PNC 门的综合算法实现该函数，其转向图如图 8.1(a)所示。

由转向图 8.1(a)可知，该函数的复杂性 $C(F)=6$ 。通过查找每一个变量，只存在一组“D-OS”，即 $\{4,5\}$，它们只在第一变量上不同，见图 8.1(b)。交换 $\{4,5\}$ 的位置后，原函数 F 的复杂性减少 2，得到了新的函数 $F_1=[0,1,2,5,4,7,6,3]$，重复第一步。

函数 F_1 的转向图如图 8.2(a)所示，其复杂性 $C(F_1)=4$。查找结果表明，输出向量 5 和 7 是一组“D-OS”，它们只在第二变量上不同，见图 8.2(b)。两者的位置交换后，函数 F_1 的复杂性减少 2，得到新的函数 $F_2=[0,1,2,7,4,5,6,3]$。在函数 F_2 中，输出向量 $(1,1,1)=F_2[(0,1,1)]$和$(0,1,1)=F_2[(1,1,1)]$，易知，它们只在第三变量($m=3$)上不同，且 $W_{73}=[1,0,0]$ 及 $W_{37}=[1,0,0]$。两者相换位置后，新函数 $F_3=[0,1,2,3,4,5,6,7]$，与恒等函数完全一致，即 $C(F_3)=0$。

最后，将每一步交换转换成对应的 PNC 门，依次为 $\text{PNC}_3\ (x_3,\bar{x}_2,x_1)$、$\text{PNC}_3(x_3,x_1,x_2)$和 $\text{PNC}_3(x_2,x_1,x_3)$。将上述三个门逆向级联，可得相应的可逆网络，如图 8.3 所示。

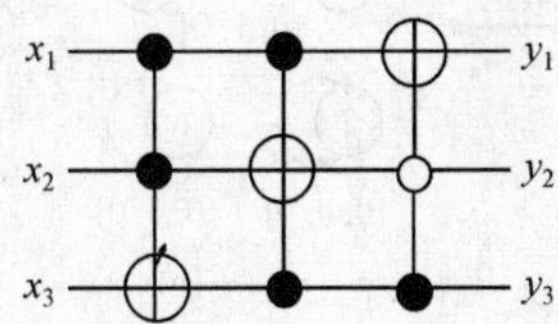

图 8.3　例 8.1 中可逆函数 F 的可逆网络

例 8.1 中的函数 $F=[0,1,2,4,5,7,6,3]$ 是最理想的一种综合情况，因为在函数 F 及新函数 F_i 中一直存在“D-OS”，通过有限次的输出向量互换后，得到恒等函数。但是，有些可逆函数本身或者在经过若干次输出向量的交换后，不存在“D-OS”。比如，可逆函数 $F=[4,1,2,0,5,7,6,3]$ 中不存在“D-OS”，其转向图如图 8.5(a)所示。下面，本书将给出综合“不可减函数”的方法。

例 8.2　可逆函数 $F=[4,3,2,0,5,7,6,1]$，运用基于 PNC 门的综合算法实现该函数，其转向图如图 8.4(a)所示。

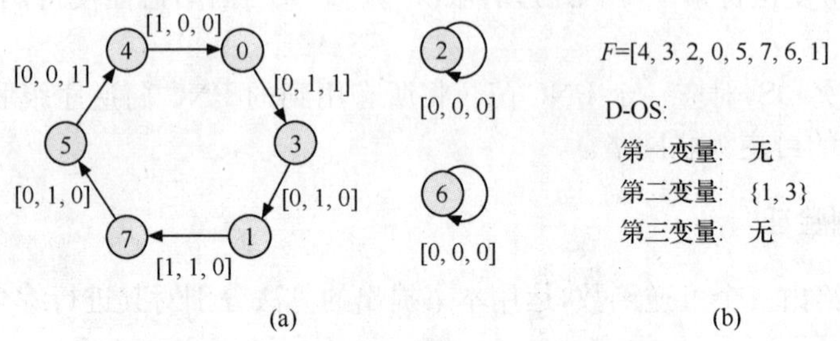

图 8.4　例 8.2 中可逆函数 F 的转向图

由图 8.4(b)易知，输出向量 1 和 3 是一组“D-OS”，互换位置后，得到新函数 $F_1=[4,1,2,0,5,7,6,3]$，其相应的转向图见图 8.5(a)。函数 F_1 中不存在“D-OS”，针对这种情况，转向第四步(图 8.1)进行处理，即根据定理 8.1，寻找可能存在的“T-OS”。

在图 8.5(a)中，存在连续的输出向量 5、4、0 和 3，且它们满足定理 8.1 中的三个条件：

(1) $|W_{54}|=|W_{40}|=1$；

(2) $W_{54}=[0,0,1]\neq W_{40}=[1,0,0]$；

(3) $w_{54}(1)=1$，且 $w_{03}(1)=1$。

所以存在一组“T-OS”，即 $\{0,4\}$。交换 $\{0,4\}$ 后，新函数 $F_2=[0,1,2,4,5,7,6,3]$ 是一个“可减函数”，其转向图及“D-OS”分别如图 8.5(b)和

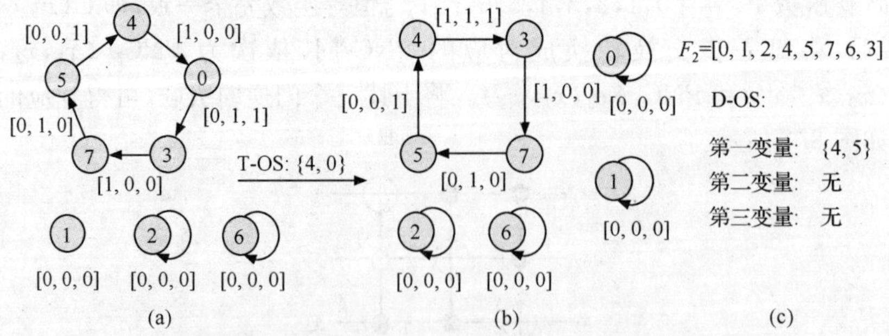

图 8.5　例 8.2 中由可逆函数 F_1 转化为 F_2 的示意图

(c)所示。继续分析,可得经过三次“D-OS”后,函数的复杂性为 0。这三次“D-OS”对应的互换向量依次为{4,5}、{5,7}和{3,7}。

最后,将每一步交换转换成各自对应的 PNC 门,依次为 $PNC_3(\bar{x}_3,x_1,x_2)$、$PNC_3(x_2,x_1,x_3)$、$PNC_3(x_3,\bar{x}_2,x_1)$、$PNC_3(x_3,x_1,x_2)$和 $PNC_3(x_2,x_1,x_3)$。将上述五个门逆向级联即可得到相应的可逆网络,如图 8.6 所示。

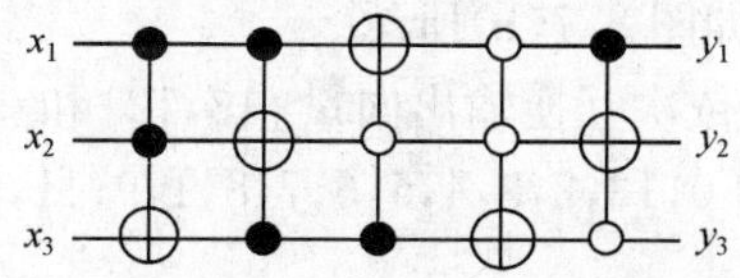

图 8.6　例 8.2 中可逆函数 F 的可逆网络

在寻找“T-OS”时,结果有可能并不唯一,应选取其中最优的“T-OS”。其实,在转向图 8.5(a)中,连续向量 3、7、5、4 和 0 也满足定理 8.1 中的三个条件:

(1) $|W_{37}|=|W_{75}|=|W_{54}|=1$;

(2) $W_{37}\neq W_{75}\neq W_{54}$;

(3) $w_{37}(3)=1$。

且 $w_{40}(1)=1$。但在这种情况下,需要依次交换两组输出向量的位置,即{4,5}和{5,7},交换的组数越多,利用的 PNC 门越多,所以应该优先选择交换组数少的“T-OS”。

最后,考虑最极端的一种综合情况,既不存在“D-OS”,也找不到“T-OS”,此时,通过找寻“分 E-OS”,将“不可减函数”再次转换为“可减函数”。

例 8.3　函数 $F=[0,13,2,3,4,5,6,7,8,1,9,11,15,10,14,12]$,运用基于 PNC 门的综合算法实现该函数,其部分转向图如图 8.7(a)所示。

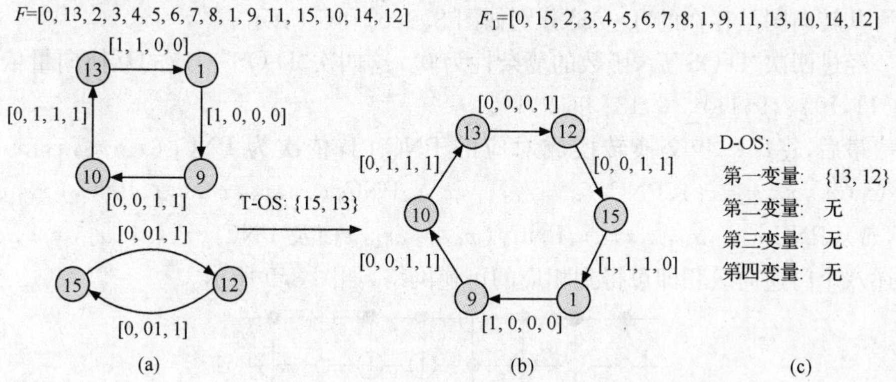

图 8.7　例 8.3 中由可逆函数 F 转化为 F_1 的示意图

可逆函数 $F=[0,13,2,3,4,5,6,7,8,1,9,11,15,10,14,12]$中,既不存在

“D-OS”，也找不到“T-OS”，针对这种情况，需要寻找“分 E-OS”。转向图 8.7(a)中存在两个转向环，先从向量数少的环着手。因为 $|W_{15,12}|=2>1$，且 $w_{15,12}(2)=1$，所以选取只在第二变量上与 15 不相同的向量，即 13。向量 13 位于另一个环中，交换向量组{15,13}后，函数的复杂性不发生改变，且原先的两个环合并成一个环，得到新的函数 $F_1=[0,15,2,3,4,5,6,7,8,1,9,11,13,10,14,12]$，这是一个“可减函数”，其转向图如图 8.7(b)所示。

经过两次“D-OS”，即依次互换输出向量{13,12}和{13,15}后，得到一个新的“不可减函数”函数 $F_3=[0,13,2,3,4,5,6,7,8,1,9,11,12,10,14,15]$，其部分转向图见图 8.8(a)。

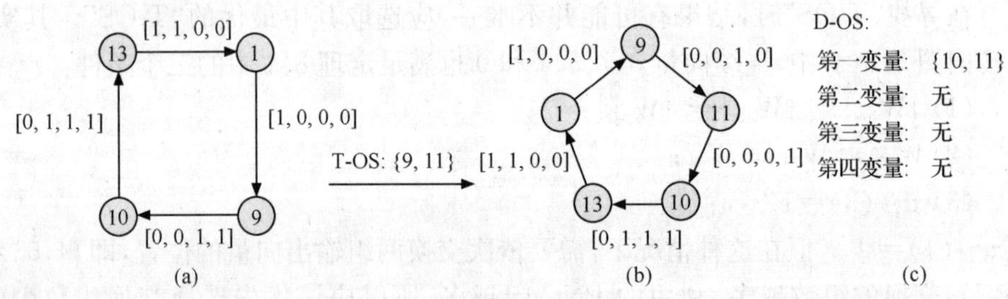

图 8.8　例 8.3 中由可逆函数 F_3 转化为 F_4 的示意图

继续寻找“分 E-OS”，并以转向图 8.8(a)中的向量 9 作为查找起点。因为 $|W_{9,10}|=2>1$，且 $w_{9,10}(2)=1$，所以选取只在第二变量上与 9 不相同的向量，即 11。向量 11 已自成循环，交换向量组{9,11}后，函数的复杂性不发生改变，且生成函数 $F_4=[0,13,2,3,4,5,6,7,8,1,10,11,12,9,14,15]$，这是一个“可减函数”，其转向图及存在的“D-OS”分别如图 8.8(b)和(c)所示。

经过四次“D-OS”后，函数的复杂性为 0。这四次“D-OS”对应的互换向量依次为{11,10}、{9,11}、{9,13}和{9,1}。

最后，将每一步交换转换成对应的 PNC 门，依次为 $PNC_4(x_4,x_3,x_1,x_2)$、$PNC_4(x_4,x_3,\overline{x}_2,x_1)$、$PNC_4(x_4,x_3,x_1,x_2)$、$PNC_4(x_4,\overline{x}_3,x_1,x_2)$、$PNC_4(x_4,\overline{x}_3,x_2,x_1)$、$PNC_4(x_4,\overline{x}_3,x_1,x_2)$、$PNC_4(x_4,\overline{x}_2,x_1,x_3)$及 $PNC_4(\overline{x}_3,\overline{x}_2,x_1,x_4)$。将上述八个门逆向级联即可得到相应的可逆网络，如图 8.9 所示。

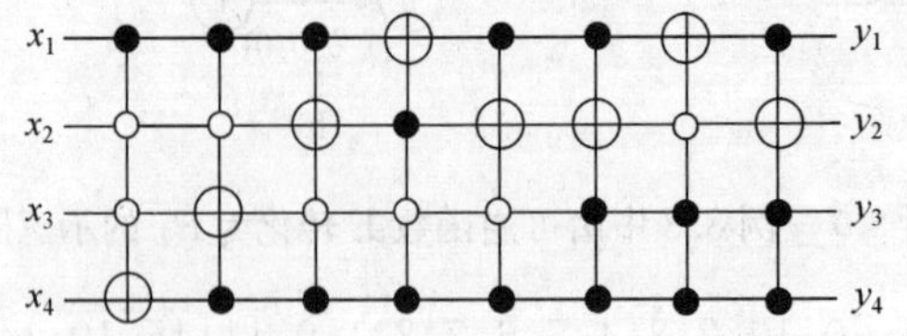

图 8.9　例 8.3 中可逆函数 F 的可逆网络

8.2.3　化简

根据相应的算法构成可逆网络后，要对可逆网络进行化简，在大多数情况下，化简后的网络在门的个数、控制位数及量子代价等方面都会有一定的改善。Shende 等(2004)引入了可逆模板，对综合后的 Toffoli 门级联网络进行化简。由于可利用的模板数量有限，优化的程度也受到了限制，且使用的模板越多，搜索的时间也会大大增加。

本章给出了基于 PNC 门的级联网络的化简方法，当网络中某些连续的 PNC 门满足以下情况时，即可进行化简：

(1) 这些连续的 PNC 门拥有相同的目标位。

(2) 除了目标位以外，如果不相同的控制位个数为 $n(n\geqslant 1)$，且这些控制位是相邻的 2^n 个组合，则可将这 n 个控制位删去，即减少了控制位，同时减少了级联网络的代价。

例 8.4　图 8.9 中的级联网络并不是最简的，可以进一步化简第五个门 $\mathrm{PNC}_4(x_4,x_3,x_1,x_2)$和第六个门 $\mathrm{PNC}_4(x_4,\bar{x}_3,x_1,x_2)$。这两个门的目标位相同，且控制位 x_3 互补，可将其删除，用 $\mathrm{PNC}_3(x_4,x_1,x_2)$代替以上两个门，功能不变，但在门数、控制位数上得到了一定程度的改善，进而优化了可逆网络。化简后的可逆级联图如图 8.10 所示。

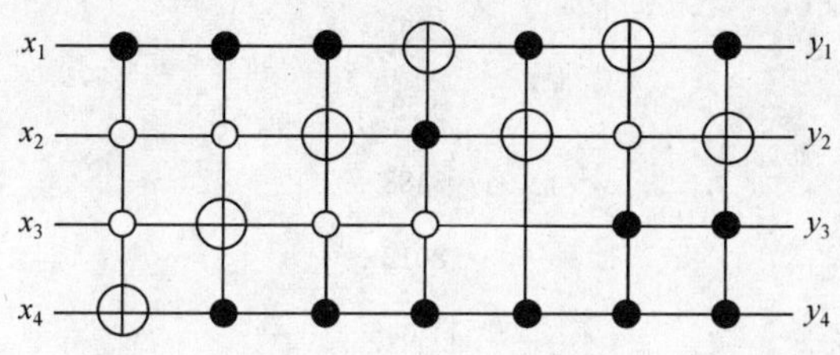

图 8.10　例 8.3 中可逆函数 F 化简后的可逆网络

8.3　结果分析

选取了所有 3 输入/输出函数及部分 4 输入/输出函数进行综合。表 8.1 为全部 3 输入/输出函数的综合结果，表 8.2 为部分可逆函数对应的具体的 PNC 门及其级联顺序。在上述表 8.1 和表 8.2 中，“We”代表本书提出的综合方法，“Saeedi”代表由 Saeedi 等(2007)提出的算法。

由表 8.1 可得，在所有 3 输入/输出函数，即共 40 320 个可逆函数中，利用本书提出的方法进行综合,最多用到 12 个 PNC 门,平均门数为 6.775;利用 Saeedi 等(2007)提出的算法进行综合,最多需要 17 个 PNC 门,平均门数为 7.440。相比之下,本书算法在可逆门的个数方面有很大的优越性。

由表 8.2 知,利用本书的综合方法得到的函数的平均门数是 6.38,比 Saeedi 等(2007)中的平均门数 7.46 要少,大大减少了级联网络中门的个数,降低了网络成本。

上述基于可逆函数复杂性的 PNC 门综合方法,综合了全部 3 输入/输出函数及部分 4 输入/输出可逆函数。实验结果表明,可逆级联网络在可逆门数及控制位数方面有一定程度的改善。

表 8.1 所有 3 输入/输出可逆函数的综合结果及比较

门数	函数个数(We)	函数个数(Saeedi)
17	0	5
16	0	35
15	0	138
14	0	238
13	0	510
12	1	1362
11	89	2586
10	959	3695
9	3488	4613
8	8012	5493
7	11 045	6094
6	9263	6095
5	5050	4929
4	1834	2995
3	476	1237
2	90	267
1	12	27
0	1	1
平均门数	6.775	7.440

表 8.2　部分可逆函数的综合结果及比较

序号	输出序列	门数		PNC 门级联顺序(从低位到高位依次为 x_1,x_2,x_3)
		本书	Saeedi	
1	{1,0,3,2,5,7,4,6}	4	6	$(x_3,\bar{x}_2,x_1),(x_3,\bar{x}_1,x_2),(x_2,x_1),(\bar{x}_3,\bar{x}_2,x_1)$
2	{7,0,1,2,3,4,5,6}	3	3	$(\bar{x}_2,\bar{x}_1,x_3),(\bar{x}_1,x_2),(x_1)$
3	{0,1,2,3,4,6,5,7}	3	3	$(x_3,\bar{x}_1,x_2),(x_3,\bar{x}_2,x_1),(x_3,\bar{x}_1,x_2)$
4	{0,1,2,4,3,5,6,7}	7	7	$(x_2,x_1,x_3),(x_1,x_3,x_2),(x_3,\bar{x}_2,x_1),(\bar{x}_2,\bar{x}_1,x_3),(x_3,x_1,x_2),(x_2,x_1,x_3),(\bar{x}_2,\bar{x}_1,x_3)$
5	{4,3,0,2,7,5,6,1}	5	8	$(\bar{x}_2,\bar{x}_1,x_3),(\bar{x}_3,\bar{x}_1,x_2),(\bar{x}_3,x_2,x_1),(x_2,x_1,x_3),(\bar{x}_3,x_1,x_2)$
6	{1,2,3,4,5,6,7,0}	3	3	$(x_2,x_1,x_3),(x_1,x_2),(x_1)$
7	{1,2,3,4,5,6,7,8,9,10,11,12,13,14,15,0}	4	4	$(x_3,x_2,x_1,x_4),(x_2,x_1,x_3),(x_1,x_2),(x_1)$
8	{0,7,6,9,4,11,10,13,8,15,14,1,12,3,2,5}	8	3	$(x_4,\bar{x}_2,x_1,x_3),(x_4,x_1,x_2),(x_3,x_2,\bar{x}_1,x_4),(\bar{x}_4,x_2,\bar{x}_1,x_3),(\bar{x}_4,\bar{x}_2,x_1,x_3),(\bar{x}_4,x_1,x_2),(\bar{x}_2,x_1,x_4),(\bar{x}_3,x_2,x_1,x_4)$
9	{3,6,2,5,7,1,0,4}	7	8	$(x_3,\bar{x}_1,x_2),(x_3,x_2,x_1),(\bar{x}_3,\bar{x}_2,x_1),(\bar{x}_2,\bar{x}_1,x_3),(\bar{x}_3,x_1,x_2),(x_3,\bar{x}_1,x_2),(\bar{x}_2,x_1,x_3)$
10	{1,2,7,5,6,3,0,4}	7	8	$(\bar{x}_3,x_2,x_1),(x_2,\bar{x}_1,x_3),(x_3,x_2,x_1),(x_3,x_1,x_2),(x_2,x_1,x_3),(\bar{x}_3,\bar{x}_2,x_1),(\bar{x}_1,x_2)$
11	{0,1,2,3,4,5,6,8,7,9,10,11,12,13,14,15}	9	15	$(x_3,x_2,x_1,x_4),(x_4,x_2,x_1,x_3),(x_4,\bar{x}_3,x_1,x_2),(x_4,\bar{x}_3,\bar{x}_2,x_1),(\bar{x}_3,\bar{x}_2,\bar{x}_1,x_4),(x_4,\bar{x}_3,x_1,x_2),(x_4,x_2,x_1,x_3),(x_3,x_2,x_1,x_4),(\bar{x}_3,\bar{x}_2,\bar{x}_1,x_4)$
12	{7,5,2,4,6,1,0,3}	7	6	$(x_3,\bar{x}_1,x_2),(\bar{x}_3,x_2,x_1),(\bar{x}_2,x_1,x_3),(\bar{x}_3,\bar{x}_1,x_2),(\bar{x}_3,x_2,x_1),(x_2,x_1,x_3),(\bar{x}_2,\bar{x}_1,x_3)$
13	{6,2,14,13,3,11,10,7,0,5,8,1,15,12,4,9}	16	23	$(x_4,x_3,\bar{x}_2,x_1),(x_3,x_2,\bar{x}_1,x_4),(\bar{x}_3,x_2,x_1,x_4),(x_4,x_2,x_1,x_3),(\bar{x}_4,\bar{x}_2,\bar{x}_1,x_3),(\bar{x}_4,\bar{x}_3,\bar{x}_2,x_1),(\bar{x}_4,\bar{x}_2,x_1,x_3),(\bar{x}_4,\bar{x}_3,\bar{x}_1,x_2),(\bar{x}_3,\bar{x}_2,\bar{x}_1,x_4),(x_4,\bar{x}_3,\bar{x}_1,x_2),(\bar{x}_3,\bar{x}_2,x_1,x_4),(\bar{x}_4,\bar{x}_2,x_1,x_3),(\bar{x}_4,x_3,\bar{x}_1,x_2),(x_4,x_3,x_1,x_2),(\bar{x}_3,x_1,x_2),(x_4,x_2,\bar{x}_1,x_3)$
	平均门数	6.38	7.46	

第9章 不可逆逻辑函数的可逆构造

传统的数字逻辑网络一般都是不可逆的。如何把数字逻辑网络(不可逆函数)可逆化,是可逆逻辑综合的重要内容之一。为了使可逆综合更具一般性,本章对可逆门做了进一步推广,在此把不可逆函数转换为可逆函数。

9.1 基本定义

在传统的 Toffoli 门等这些受控可逆逻辑门中,目标位都是在控制位为1状态的情况下翻转的。实际上,正如前面的 PNC 门那样,控制位为0状态时目标位也可翻转(管致锦等,2008);进一步扩展,允许受控门具有多个目标位,如图 9.1(a)所示,当控制位有效时,所有标有“$\oplus$”运算符的目标位都翻转,即实现变换(x_0;x_{20},x_{21})→(x_0;$x_0 \oplus x_{20}$,$x_0 \oplus x_{21}$)。图 9.1(b)的真值表见表 9.1,对应的 Toffoli 网络如图 9.1(b)所示。可知,图 9.1(a)与图 9.1(b)的输出是等价的。

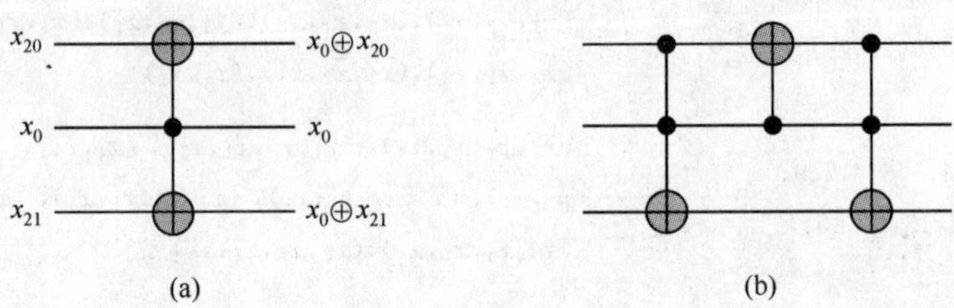

图 9.1 多目标控制可逆门

表 9.1 图 9.1(b)的真值表

x_1	x_2	x_3	f_1	f_2	f_3
0	0	0	0	0	0
0	0	1	0	0	1
0	1	0	1	1	1
0	1	1	1	1	0
1	0	0	1	0	0
1	0	1	1	0	1
1	1	0	0	1	1
1	1	1	0	1	0

多控制位 Toffoli 门为多控制单目标可逆门(控制位全为“1”时目标位变换),如图 9.2 所示。PNC 门是基于多控制位 Toffoli 门的扩展(管致锦等,2008)。事

实上,多目标多控制可逆门在实际中应用得更为广泛(Maslov et al.,2003c)。

定义 9.1　扩展的正反控制门可记为 PNC(C;T),其中 C 为控制位集合,T 为目标位集合。一个具有 n 位控制位、k 位目标位的 PNC 门实现变换,其逻辑函数可以表示为

$$f(x_0,x_1,\cdots,x_{n-1};x_{t,0},\cdots,x_{t,(k-1)})=(x_0,x_1,\cdots,x_{n-1};a_0\pi\oplus x_{t,0},\cdots,a_{k-1}\pi\oplus x_{t,(k-1)}) \tag{9.1}$$

其中 $\pi=\prod_{i=0}^{n-1}\dot{x}_i,\dot{x}_i\in\{1,\bar{x}_i,x_i\},a_j\in\{0,1\}$,表示第 j 位目标位是否受到控制位集合的作用,$j=0,1,\cdots,k-1$。

扩展的 PNC 门的灵活性在于,设置了不同的参数后,扩展的 PNC 门可以表示其他的基本可逆逻辑门:

(1) 当 $C=\varnothing,T=\{x_{i0}\},a_0=1$ 时,PNC 门为 NOT 门。

(2) 当 $C=\{x_0\},T=\{x_{i0}\},a_0=1$,且 $\dot{x}_0=x_0$ 时,PNC 门为 CNOT 门。

(3) 当 $C=\{x_0,x_1\},T=\{x_{i0}\},a_0=1$,且 $\dot{x}_0=x_0$ 和 $\dot{x}_1=x_1$ 时,PNC 门为 Toffoli 门。

为了描述方便,以后称扩展的 PNC 门(多控制多目标可逆门)为 MCMT 门(multiple control multiple target gate)。一个 MCMT 门可以表示为 $M(B)$的形式。其中 $B=\{b_1,b_2,\cdots,b_k\}$。这里 b_i 为 MCMT 门上的第 i 条线。每一条线 b_i 表示的意义如下:

当 $b_i=-1$ 时,表示该线未被使用。

当 $b_i=0$ 时,表示该线为反控制。

当 $b_i=1$ 时,表示该线为正控制。

当 $b_i=2$ 时,表示该线为不变目标位。

当 $b_i=3$ 时,表示该线为被控制目标位。

图 9.3 是一个具有 4 个控制位、2 个目标位的 PNC 门的例子,其中 $\dot{x}_0=\bar{x}_0$,$\dot{x}_1=x_1,\dot{x}_2=1,\dot{x}_3=\bar{x}_3,a_0=0,a_1=1$。即第一目标位不变,第二目标位在第一和

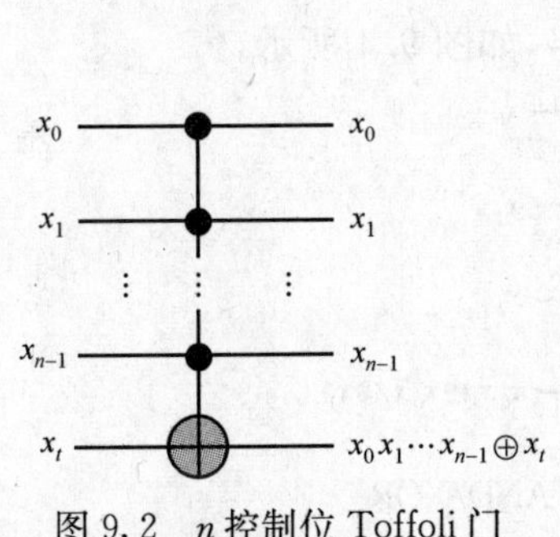

图 9.2　n 控制位 Toffoli 门

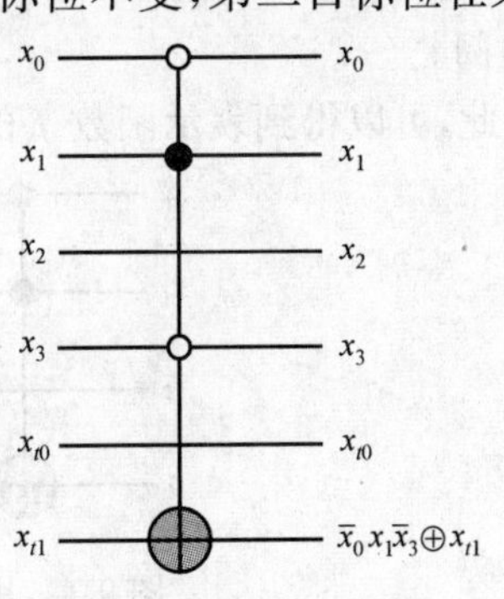

图 9.3　PNC 门示例

第四控制位置 0、第二控制位置 1 时翻转。图 9.3 可表示为 $M(0,1,-1,0,2,3)$。

9.2 可逆逻辑网络的 MCMT 门描述

9.2.1 可逆逻辑网络

由 MCMT 门的定义可知，MCMT 门的级联可以实现 AND/XOR 逻辑。由于可逆门的可逆性，可逆逻辑网络的输出数必须等于输入数，所以需要添加辅助位来保存逻辑函数的输出值。用 MCMT 门实现任意的 AND/XOR 逻辑的具体过程如下(张小颖，2009)：

第一步：根据输入变量数设置控制位集合。

第二步：添加一位辅助位作为目标位，并初始化到 0 状态。

第三步：依次为每个积项(AND 项)添加一个 MCMT 门，这个 MCMT 门的控制端作用于该积项中的各个变量。

第四步：每个 MCMT 门的控制位作用于目标位，作为最后的输出。

例 9.1　单输出 AND/XOR 函数 $f(x_0,x_1,x_2)=x_0x_1\oplus x_0\bar{x}_2\oplus x_1$ 一共有 3 个积项，x_0、x_1 和 x_2 为其三个输入，有三个位。构建基于 MCMT 门可逆逻辑网络步骤如下：

第一步：为了使得网络可逆，添加一位辅助位存储输出，一共 4 个位。则需要添加的 MCMT 门模板为

$$(x_0,x_1,x_2,x_t)\rightarrow(x_0,x_1,x_2;\pi\oplus x_t)$$

第二步：第一个积项 x_0x_1，即 $\pi=x_0x_1$，表示三个控制位中只有 x_0 和 x_1 起作用，且当 $x_0=x_1=1$ 时目标位翻转，所以添加一个以 x_0 和 x_1 为控制位的 MCMT 门。

第三步：第二个积项 $x_0\bar{x}_2$，即 $\pi=x_0\bar{x}_2$，表示 x_0 和 $\bar{x}_2$ 对目标位起作用，且当 $x_0=1$，$x_2=0$ 时目标位翻转，所以添加一个以 x_0 和 x_2 为控制位的 MCMT 门。

第四步：第三个积项 x_1，即 $\pi=x_1$，表示添加一个以 x_1 为控制位的 CNOT 门。

因此，可以得到表示函数 f 的可逆逻辑网络，如图 9.4 所示。

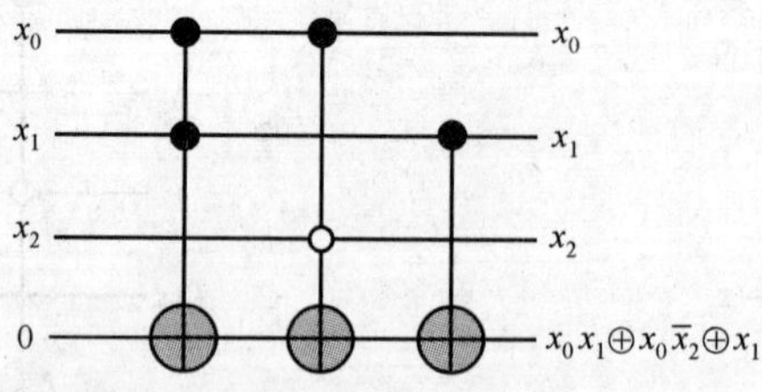

图 9.4　用 MCMT 门实现 AND/XOR

从实现的变换来看，不论是 CNOT 门、Toffoli 门，还是 MCMT 门，都与异或(XOR)运算有着紧密的联系。然而，逻辑函数传统上用与/或/非(AND/OR/NOT)运算来描述，因此，要用 MCMT 门来实现可逆逻辑网络，就必须对与、或和非描述进行转换。

9.2.2　AND/OR 运算到 AND/OR 运算的转换

任何 n 变量逻辑函数都可以用积项和(sum of products，SOP)描述：

$$S = \sum_{j=0}^{m-1} p_j \tag{9.2}$$

其中 m 是积项数，p_j 是积项(AND 项)，$j=0,1,\cdots,m-1$，定义为

$$p_j = \prod_{i=0}^{n-1} \dot{x}_i \tag{9.3}$$

其中 n 是变量数，$\dot{x}_i \in \{1,\bar{x}_i,x_i\}$，$x_i$ 是输入变量，$i=0,1,\cdots,n-1$。

SOP 表达是可逆逻辑网络最常用的描述方法之一。例如，一个 4 输入的逻辑函数

$$f(x_3,x_2,x_1,x_0) = x_3x_1 + x_2\bar{x}_1\bar{x}_0 \tag{9.4}$$

就是一个典型的 SOP 表达式，其中 x_3x_1 和 $x_2\bar{x}_1\bar{x}_0$ 都是积项。对积项 x_3x_1，有 $\dot{x}_3 = x_3, \dot{x}_2 = 1, \dot{x}_1 = x_1, \dot{x}_0 = 1$；同理，对积项 $x_2\bar{x}_1\bar{x}_0$，有 $\dot{x}_3 = 1, \dot{x}_2 = x_2, \dot{x}_1 = \bar{x}_1, \dot{x}_0 = \bar{x}_0$。

要得到与式(9.2)等价的积项异或表达，可以通过运用 AND/OR 运算到 AND/XOR 运算的转换来获得。对于两个积项 p_i 和 p_j，考察下面几种关系(以 4 变量为例)：

(1) 包含关系。即 $p_i \cdot p_j = p_j$ 时，称积项 p_i 包含积项 p_j。例如，积项 x_3x_2 和 $x_3x_2x_1x_0$，用卡诺图 (Karnaugh diagram)表示如图 9.5 所示。这种情况下，$p_i + p_j = p_i$。

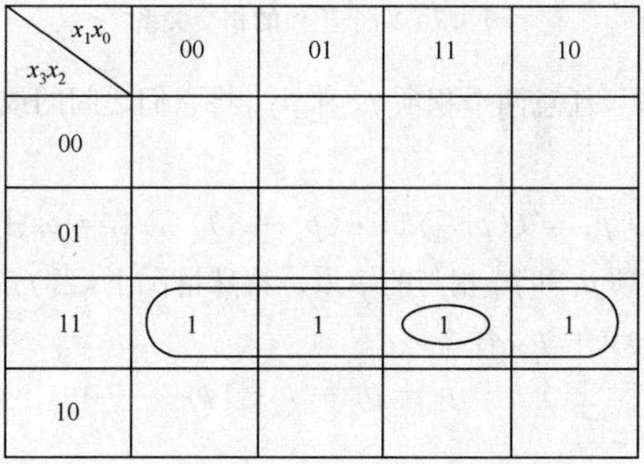

x_3x_2 \ x_1x_0	00	01	11	10
00				
01				
11	1	1	1	1
10				

图 9.5　两个积项的包含关系

(2) 相离关系。即两个积项没有交集，$p_i \cdot p_j = 0$。例如，积项 x_3x_2 和积项 $\bar{x}_3x_0$，如图 9.6 所示。这种情况下，$p_i + p_j = p_i \oplus p_j$。

(3) 相交关系。例如，积项 $\bar{x}_3x_2$ 和积项 $x_2\bar{x}_1$，有 $\bar{x}_3x_2 \cdot x_2\bar{x}_1 = \bar{x}_3x_2\bar{x}_1$，如图 9.7 所示。这种情况下，$p_i + p_j = p_i \oplus p_j \oplus p_i \cdot p_j$。

x_3x_2 \ x_1x_0	00	01	11	10
00		1	1	
01		1	1	
11	1	1	1	1
10				

图 9.6　两个积项的相离关系

x_3x_2 \ x_1x_0	00	01	11	10
00				
01	1	1		1
11	1	1		
10				

图 9.7　两个积项的相交关系

可以推导出，对于任意两个积项 p_i 和 p_j，将它们之间的或运算转换到等价异或运算如下：

$$p_i + p_j = \overline{\bar{p}_i \cdot \bar{p}_j} = ((p_i \oplus 1) \cdot (p_j \oplus 1)) \oplus 1 = p_i \oplus p_j \oplus p_ip_j \tag{9.5}$$

其中积项 p_ip_j 为积项 p_i 和 p_j 相与的结果。特殊情况下，当 $p_ip_j = 0$ 时，即两个积项相离时，由于 $p \oplus 0 = p$，有

$$p_i + p_j = p_i \oplus p_j \tag{9.6}$$

即图 9.6 的情况。

式(9.5)可以推广到三个积项：

$$\begin{aligned} p_i + p_j + p_k &= p_i \oplus p_j \oplus p_i p_j + p_k \\ &= (p_i \oplus p_j \oplus p_i p_j) + p_k \\ &= (p_i \oplus p_j \oplus p_i p_j) \oplus p_k \oplus (p_i \oplus p_j \oplus p_i p_j) \cdot p_k \\ &= p_i \oplus p_j \oplus p_k \oplus p_i p_j \oplus p_i p_k \oplus p_j p_k \oplus p_i p_j p_k \end{aligned} \tag{9.7}$$

更一般地，将式(9.6)推广到任意 m 项，则有

$$\begin{aligned} S &= \sum_{j=0}^{m-1} p_j = p_0 + p_1 + \cdots + p_{m-1} \\ &= p_0 \oplus p_1 \oplus p_0 p_1 + p_2 + \cdots + p_{m-1} \\ &= (p_0 \oplus p_1 \oplus p_0 p_1) \oplus p_2 \oplus (p_0 \oplus p_1 \oplus p_0 p_1) p_2 + \cdots + p_{m-1} \\ &= \cdots = \oplus \sum_{i=1}^{2^m-1} \prod_{j=0}^{m-1} \dot{p}_j \end{aligned} \tag{9.8}$$

其中

$$\dot{p}_j = \begin{cases} 1, i_j = 0 \\ p_j, i_j = 1 \end{cases}, \quad j = 0, 1, \cdots, m-1$$

式中，i_j 是 i 的二进制形式的第 j 位。

从式(9.8)可以看到，转换的复杂度是 $O(m \times 2^m)$。因此，如果积项数 m 很大，从 AND/OR 运算到 AND/XOR 运算的转换效率就非常低。考察两个积项的情况[式(9.5)]和三个积项的情况[式(9.7)]发现，可以利用已有的积项计算新的积项，每加入一个新积项，依次计算它与此前计算出的所有积项相与的结果，并加入总的积项集合，能够有效地减少计算次数。

下面给出 AND/OR 运算的积项和(SOP)到 AND/XOR 运算的 MCMT 门可逆网络转换算法。

第一步：给出 SOP 积项列表。

第二步：取 SOP 积项列表的第 i 项放入 MCMT 积项列表中。

第三步：依次与 MCMT 列表中已有的积项做“与”运算。

第四步：将产生的新积项放入 MCMT 列表。

第五步：对积项列表中已经变换的 SOP 积项进行计数。

第六步：判断积项列表中的的 SOP 积项是否已经读取完毕。如果没有读取完毕，则执行第二步。

第七步：输出 MCMT 列表，完成可逆网络构造。

例 9.2　对三个积项的情况，根据式(9.7)，需要计算相与后的结果 $p_i p_j$、$p_i p_k$、$p_j p_k$ 和 $p_i p_j p_k$，一共要进行 5 次相与运算，其中 $p_i p_j p_k$ 需要 2 次；而利用已有的积项，如 $p_i p_j$，则 $p_i p_j p_k$ 的计算就只需要一次相与操作，总共需要 4 次相与操作。

9.3　多输出逻辑函数的转换

在一般的应用中，处理的往往是多输出函数，而且要考虑更多实际影响算法效率的因素，包括数据的表示方法等。因此，在实现算法(implementation)时，需要对 9.2.2 小节的算法进行细化和改进。

9.3.1　积项的表示与运算

在国际上通用的 Benchmark 例题对 PLA(programmable logic array)文件的表示中，标准格式之一是用 SOP 来描述网络逻辑功能的网表文件。图 9.8 是一个多输出 PLA 文件示例。

```
.i5
.o3
.p4
1---1        100
1--1-        101
011-0        011
---01        110
.e
```

图 9.8　一个多输出 PLA 文件示例

文件开头的“.i”、“.o”和“.p”分别表示该网表的输入数、输出数和积项数，中间的每一行表示一个积项及其所关联的输出项，结尾的“.e”，表示文件结束。在每个积项中，符号“1”、“0”和“－”分别对应 $\dot{x}_i = x_i$、$\dot{x}_i = \bar{x}_i$ 和 $\dot{x}_i = 1$ 的情况[式(9.3)]。n 积项列表中的积项，一般隐性的格式为 $x_0 \cdots x_{n-1}$，在输出项中，“1”表示该积项在相应的输出中出现，“0”表示不出现。例如，图 9.8 中的第二栏。因此，图 9.8 所描述的是一个 5 输入 3 输出的逻辑函数：

$$\begin{cases} f_0 = x_0 x_4 + x_0 x_3 + \bar{x}_3 x_4 \\ f_1 = \bar{x}_0 x_1 x_2 \bar{x}_4 + \bar{x}_3 x_4 \\ f_2 = x_0 x_3 + \bar{x}_0 x_1 x_2 \bar{x}_4 \end{cases} \tag{9.9}$$

其中积项 $x_0 x_3$ 是 f_0 和 f_2 的公共项，$\bar{x}_0 x_1 x_2 \bar{x}_4$ 是 f_1 和 f_4 的公共项，$\bar{x}_3 x_4$ 是 f_0 和 f_1 的公共项。

由式(9.8)可知，转换算法的运算主要是相与操作和异或操作。对两个积项

$p_a = \dot{x}_{a0}\,\dot{x}_{a1}\cdots\dot{x}_{a(n-1)}$ 和 $p_b = \dot{x}_{b0}\,\dot{x}_{b1}\cdots\dot{x}_{b(n-1)}$，设

$$A = \prod_{j=0}^{n-1}\ddot{x}_{aj},\quad \ddot{x}_{aj} = \begin{cases}1, & \dot{x}_{aj} = \dot{x}_{bj}\\ \dot{x}_{aj}, & \dot{x}_{aj} \neq \dot{x}_{bj}\end{cases}$$

$$B = \prod_{j=0}^{n-1}\ddot{x}_{bj},\quad \ddot{x}_{bj} = \begin{cases}1, & \dot{x}_{aj} = \dot{x}_{bj}\\ \dot{x}_{bj}, & \dot{x}_{aj} \neq \dot{x}_{bj}\end{cases}$$

$$C = \prod_{j=0}^{n-1}\ddot{x}_{cj},\quad \ddot{x}_{cj} = \begin{cases}\dot{x}_{aj}, & \dot{x}_{aj} = \dot{x}_{bj}\\ 1, & \dot{x}_{aj} \neq \dot{x}_{bj}\end{cases}$$

显然，C 是两个积项的公共部分，且 $p_a = AC$，$p_b = BC$，那么

$$p_a \& p_a = (A\&B)C,\quad p_a \oplus p_b = (A\&B)C \tag{9.10}$$

因此，我们可以定义积项的“与”操作(AND，用符号记作“&”)如下：

$$\text{“—”}\&\text{“0”} = \text{“0”},\quad \text{“—”}\&\text{“1”} = \text{“1”},\quad \text{“0”}\&\text{“1”} = \varnothing \tag{9.11}$$

式(9.11)中“—”表示无关项(dot care)，$\varnothing$表示空集。因为 $\bar{x}\&x = 0$，也就是说这个积项就不存在了。用布尔逻辑来描述其实就是

$$1\&\bar{x} = \bar{x},\quad 1\&x = x,\quad \bar{x}\&x = 0 \tag{9.12}$$

定义积项的“异或”操作(product XOR)操作如下：

$$\text{“—”}\oplus\text{“0”} = \text{“1”},\quad \text{“—”}\oplus\text{“1”} = \text{“0”},\quad \text{“0”}\oplus\text{“1”} = \text{“—”} \tag{9.13}$$

用布尔逻辑来描述是

$$1\oplus\bar{x} = x,\quad 1\oplus x = \bar{x},\quad \bar{x}\oplus x = 1 \tag{9.14}$$

式(9.11)和式(9.13)里的“0”和“1”的处理都是字符操作，并不把它们看做是二进制的 0 和 1。需要注意的是，对于积项的异或操作，只是对两个只有一位变量不同的积项才有效。

这样定义以后，可以方便地对积项进行运算。例如，5 变量积项“1———1”与“1——1—”实际上分别表示积项 x_0x_4 和 x_0x_3，它们相与的结果是 $x_0x_3x_4$，用积项的“按位与”操作如图 9.9(a)所示。5 变量积项“0—1—1”与“0—111”实际上分别表示积项 $\bar{x}_0x_2x_4$ 和 $\bar{x}_0x_2x_3x_4$，它们相异或的结果是 $\bar{x}_0x_2\bar{x}_3x_4$，用积项的相与操作如图 9.9(b)所示。

&	1– – –1 1– –1–
=	1—11

(a)

⊕	0–1–1 0–111
=	0–101

(b)

图 9.9　积项的与运算和异或运算

9.3.2 多输出积项的运算

一般的函数都是多输出函数，如图 9.8 所示。对多输出函数的转换需要考虑到公共积项的作用。主要的运算规则如下：

规则一：两个多输出积项相与的结果，所对应的输出项也是这两个积项所对应的输出相与的结果。换言之，如果两个积项没有公共输出，那么它们相与后为 0。

例 9.3　如图 9.10(a)所示，积项“1———1”(x_0x_4)对应的输出是“100”，积项“1——1—”(x_0x_3)对应的输出是“101”，所以它们相与后的结果“1——11”($x_0x_3x_4$)所对应的输出是“100”，正是“100”，与“101”相与的结果。

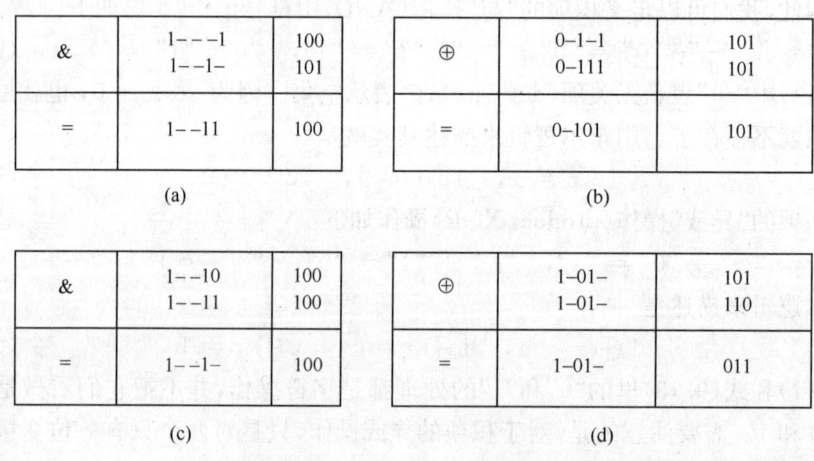

&
1---1
1--1-
100
101
=
1--11
100
(a)
⊕
0-1-1
0-111
101
101
=
0-101
101
(b)
&
1--10
1--11
100
100
=
1--1-
100
(c)
⊕
1-01-
1-01-
101
110
=
1-01-
011
(d)

图 9.10　多输出积项运算规则

规则二：如果两个积项对应的输出相同，且只有一个变量形式不同，那么根据式(9.11)，可以通过异或操作合并它们。

例 9.4　在图 9.10(b)中，两个积项只有第四个变量形式不同，因为“—”$\oplus$“0”=“1”，那么“1———1”$\oplus$“1——11”=“1——01”，即 $x_0x_4 \oplus x_0x_3x_4 = x_0\bar{x}_3x_4$。

例 9.5　在图 9.10(c)中，因为“0”$\oplus$“1”=“—”，显然有 $x_0x_3x_4 \oplus x_0x_3\bar{x}_4 = x_0x_3$。

规则三：两个相同的积项合并时，将两者的输出部分做异或运算。特殊情况下，当两个积项及其对应的输出均相同时，两者合并后为 0。

例 9.6　如图 9.10(d)所示，其中一个积项对应的输出为“101”，而另一个对应“110”，那么二者合并后的结果对应的输出为“011”。

9.3.3 算法

对多输出逻辑函数的转换，可以结合前面的简化规则，针对9.2.2小节提出的转换算法进行改进，输入是PLA文件的SOP积项列表，输出是等价的MCMT积项列表。算法描述如下：

第一步：给出PLA文件，生成SOP积项列表。

第二步：解析生成SOP积项列表。

第三步：初始化MCMT积项列表。

第四步：取SOP积项列表的第i项放入MCMT积项列表中。

第五步：按照规则一，依次与MCMT列表中已有的积项进行交集运算。

第六步：将产生的新积项放入MCMT列表。

第七步：按照规则二，合并包含项。

第八步：对积项列表中已经变换的SOP积项进行计数。

第九步：判断积项列表中的的SOP积项是否已经读取完毕。如果没有读取完毕，则执行第四步。

第十步：按照规则二，合并重复项。

第十一步：输出MCMT列表，完成可逆网络构造。

下面以图9.8的PLA文件为例来说明算法的详细步骤。

(1) 读取PLA文件，得到图9.11(a)所示的SOP积项列表。

(2) 初始化MCMT积项列表，放入SOP列表的第1项。

(3) 取SOP列表的第2项放入MCMT列表中，并与第1项相与，得到新积项，记为2&1，放入列表，如图9.11(b)所示。

(4) 由于积项1包含积项2&1，且二者输出相同，合并得到积项1^*，更新MCMT列表得到图9.11(e)。

(5) 取积项3放入列表，可知积项3与积项1^*和积项2均无公共输出，根据规则一，相与后为0。

(6) 取积项4放入列表，可得其与积项2和积项3相与为0；计算与积项4和积项1^*的相与结果得积项$4\&1^*$，放入MCMT列表中，如图9.11(e)所示。

(7) 积项1^*和积项$4\&1^*$相同，根据规则三，合并后被删除。

(8) MCMT列表转换完成，如图9.11(f)所示。

得到MCMT积项列表后，可以用9.2.1小节的方法，构建出相应的多输出MCMT门网络，最后得到的MCMT门如图9.12所示。

No.	SOP积项	输出
1	1−−−1	100
2	1−−1−	101
3	011−0	011
4	−−−01	110

(a) 输入的SOP积项列表

No.	SOP积项	输出
1	1−−−1	100
2	1−−1−	101
2&1	1−−11	100

(b) 放入积项1和2

No.	MCMT积项	输出
1*	1−−01	100
2	1−−1−	101

(c) 包含项的合并

No.	MCMT积项	输出
1*	1−−01	100
2	1−−1−	101
3	011−0	011

(d) 放入积项3

No	MCMT积项	输出
1*	1−−01	100
2	1−−1−	101
3	011−0	011
4	−−−01	110
4&1	1−−01	100

(e) 放入积项4合并运算

No.	MCMT积项	输出
2	1−−11	101
3	011−0	011
4	−−−01	110

(f) 相同项合并MCMT列表完成

图 9.11 转换算法实现示例

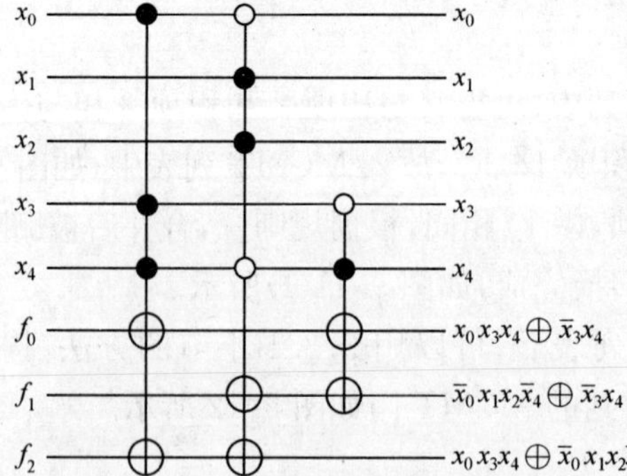

图 9.12 MCMT 门可逆网络

9.3.4　结果的正确性验证

算法的输入是 SOP 积项，积项之间以或运算(OR)联结；算法的输出是MCMT 积项，积项之间以异或运算(XOR)联结。这两种积项其实都是普通的 AND 项，关键就在于或运算与异或运算的不同。本节说明如何验证转换前后实现的逻辑功能是否一致。

这里需要介绍一下 SOP 和 RM 标准展开式的相关概念。

任何 n 变量的逻辑函数都可以用 SOP 标准展开式表示成：

$$f(x_0, x_1, \cdots, x_{n-1}) = \sum_{i=0}^{2^n-1} a_i m_i \tag{9.15}$$

其中下标 i 的二进制形式可表示为 $i_{n-1} i_{n-2} \cdots i_0$；“$\sum$”表示 OR 操作，$a_i \in \{0,1\}$ 表示最小项 m_i 是否在表达式中出现，$m_i = \dot{x}_{n-1} \dot{x}_{n-2} \cdots \dot{x}_0$，其中

$$\dot{x}_j = \begin{cases} \bar{x}_j, & i_j = 0 \\ x_j, & i_j = 1 \end{cases}, j = 0, 1, \cdots, n-1 \tag{9.16}$$

n 变量的逻辑函数用 RM 展开式表示如下：

$$f(x_{n-1}, x_{n-2}, \cdots, x_0) = \bigoplus \sum_{i=0}^{2^n-1} b_i \pi_i \tag{9.17}$$

其中“$\bigoplus \sum$”表示 XOR 操作，$b_i \in \{0,1\}$，表示 π_i 项是否在表达式中出现；π_i 为 AND 项，可表示为 $\pi_i = \ddot{x}_{n-1} \ddot{x}_{n-2} \cdots \ddot{x}_0$，其中

$$\ddot{x}_j = \begin{cases} 1, & i_j = 0 \\ \dot{x}_j, & i_j = 1 \end{cases}, \quad j = 0, 1, \cdots, n-1 \tag{9.18}$$

如果对于某个 RM 表达式，每个变量在式(9.17)中只能以原变量或反变量的形式出现，则称该表达式为固定极性 RM 表达式(fixed polarity RM, FPRM)；否则，称该表达式为混合极性 RM 表达式(mixed polarity RM, MPRM)。

例如，一个 3 变量逻辑函数

$$f(x_2, x_1, x_0) = \bar{x}_2 x_1 x_0 + x_2 x_0 + x_2 \bar{x}_1 \tag{9.19}$$

用 SOP 规范式展开如下：

$$f_{\mathrm{SOP}}(x_2, x_1, x_0) = \bar{x}_2 x_1 x_0 + x_2 \bar{x}_1 \bar{x}_0 + x_2 x_1 x_0 \tag{9.20}$$

可以用 FPRM 规范式展开如下：

$$f_{\mathrm{FPRM}}(x_2, x_1, x_0) = x_1 x_0 + x_2 x_1 + x_2 \tag{9.21}$$

可以检验这三个式子逻辑上都是等价的。

Wang 等(1999)给出了 SOP 最小项到 RM 的 π 项之间的快速转换算法，因此我们可以把 SOP 积项和 MCMT 积项转换成相应的标准展开，然后应用转换算法来验证 SOP 积项和 MCMT 积项的等价性。

对 SOP 积项做展开，关键在于“－”的操作，因为“－”位既可以取“1”，也可以取“0”。对一个包含多个“－”位的积项，在展开时需要递归地进行，即把每一个“－”位都展开。展开方法示例如图 9.13 所示，积项 $\bar{x}_0x_2x_3$ 最后被展开为四个最小项 $\bar{x}_0\bar{x}_1x_2x_3\bar{x}_4$、$\bar{x}_0\bar{x}_1x_2x_3x_4$、$\bar{x}_0x_1x_2x_3\bar{x}_4$、$\bar{x}_0x_1x_2x_3x_4$。

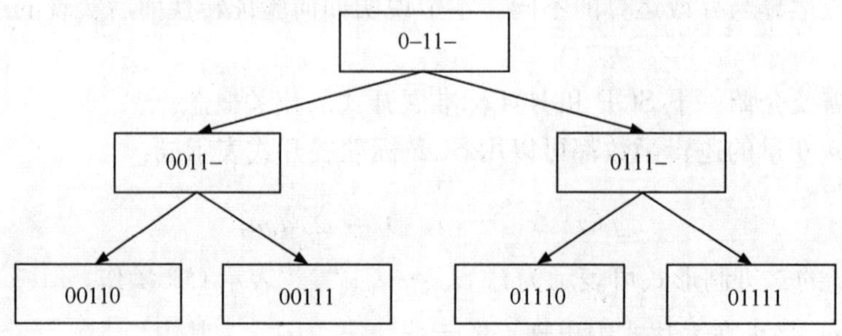

图 9.13　SOP 积项展开成最小项示例

对 MCMT 积项的处理与 SOP 积项不同，因为 PPRM 展开式中一个变量只能以原变量或反变量的形式出现，所以对一个变量不会既有“0”形式，又有“1”形式。现在使所有的变量都以原变量形式出现，这时就要对“0”位进行处理，根据式(9.12)可知，可以把“－”$\oplus$“1”＝“0”的“0”位分解成“－”位和“1”位。对一个包含多个“0”位的积项，在展开时也需要递归地进行。例如，图 9.14 中，MCMT 积项 $\bar{x}_0x_2\bar{x}_3$ 被展开成四个 FPRM 的 π 项 x_2，x_2x_3，x_0x_2 和 $x_0x_2x_3$ 。可以验证

$$\bar{x}_0x_2\bar{x}_3 = x_2 \oplus x_2x_3 \oplus x_0x_2 \oplus x_0x_2x_3 \tag{9.22}$$

SOP 积项和 MCMT 积项在分别展开成 SOP 最小项和 PPRM 的 π 项后，运用 Wang 等(1999)的转换算法，就可以验证 SOP 积项和 MCMT 积项是否等价了。

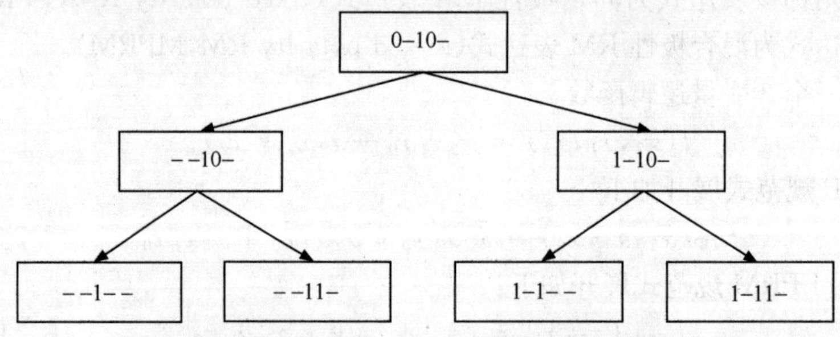

图 9.14　MCMT 展开成 PPRM 积项示例

把转换前的可逆逻辑网络作为参考设计(reference)，转换后的网络作为待测设计(或称为实现，implementation)，然后利用量子算法的并行性，高效地检测二者是否等价。

9.4　验证结果分析

对 24 个基于 PLA/SOP 描述的 MCNC 基准网络测试的实验结果如表 9.2 所示(张小颖,2009),各列依次表示网络名称、输入变量数、输出变量数、转换前的 SOP 积项数、转换后的 MCMT 积项数以及转换时间。

由表 9.2 可知,转换后 MCMT 积项数与转换前 SOP 积项数相比平均减少了 30.2%,其中 b12 网络转换后的积项数减少了 83.5%;CPU 平均运行时间为 0.781s。另外,可以看出对大输入变量函数如 i6 和 i7 网络,转换算法依然能够快速有效地执行。

表 9.2　算法的转换结果

名称	输入数	输出数	SOP 积项数	MCMT 积项数	CPU/s
cm138a	6	8	48	17	~0.00
rd73	7	3	141	129	0.016
sqrt8m1	8	4	116	65	0.015
ldd	9	19	93	19	0.016
alu2	10	6	261	205	0.124
sym10_d	10	1	873	423	0.973
ex1010	10	10	1024	887	1.461
x2	10	7	35	28	0.015
cm162a	14	5	49	45	0.015
b12	15	9	431	71	0.125
cm163a	16	5	45	32	~0.0
vda	17	39	739	153	1.784
tcon	17	16	32	24	0.015
mm4a	20	17	1304	871	3.776
cps	24	109	654	397	1.750
pcler8	27	17	61	53	0.016
c8	28	18	172	85	0.077
count	35	16	184	169	0.109
k2	45	45	1224	413	5.578
s953	46	53	243	215	0.249
cht	47	36	120	90	0.016
example2	85	66	369	361	0.453
i6	138	67	239	202	0.235
i7	199	167	302	264	0.360

图 9.15 是网络 cm138a 转换后的 MCMT 门可逆网络图。

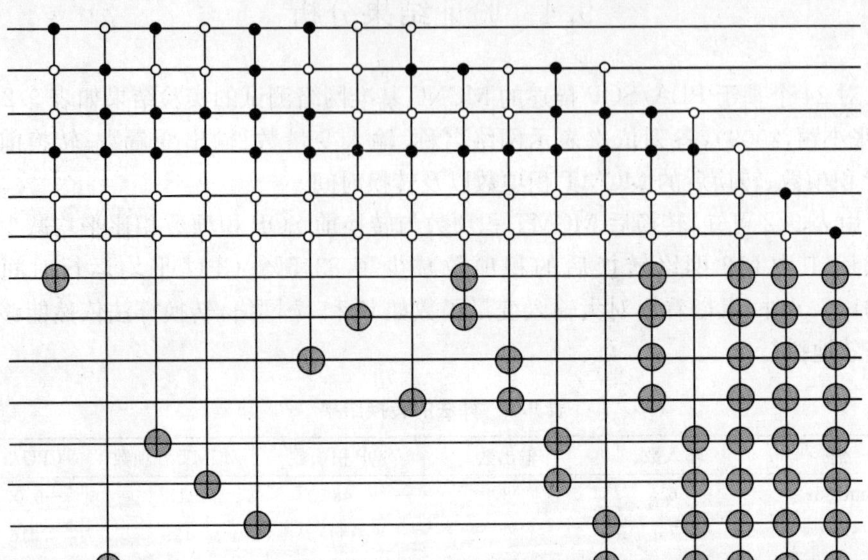

图 9.15　cm138a 转换结果

本章通过对可逆门的扩展，提出了可逆 MCMT 门的概念，并给出使用MCMT门来构造任意的可逆逻辑网络的方法。由于传统可逆逻辑网络的描述方法(PLA)不适合可逆逻辑网络的描述，本章提出了基于 MCMT 门的多输出逻辑函数转换算法，同时对转换结果的正确性进行了验证，并编写了转换算法的图形显示软件。实验结果表明，与传统的 PLA 描述相比，用可逆 MCMT 门能够有效地描述多输出逻辑函数。

第10章　置换群与可逆网络级联

一个逻辑门称为可逆的，当且仅当所有输出数形成输入数的置换。对于两个等宽度可逆逻辑门的级联操作，把第一个逻辑门的输出对应第二个逻辑门的输入，可逆逻辑门的集合与级联操作一起形成一个群。一个简单控制门的表示可以通过不相交变换的积组成置换，每一个置换是一个不相交轮换的积(de Vos et al.，2001)。本章将对可逆逻辑门网络与置换和置换群之间的关系进行研究，并给出相应可逆网络的综合方法。

10.1　可逆门与群

一个群G由两部分构成，非空集合S和一个操作Ω，这个操作是二元的，也就是集合的两个元素的函数。然而，一个集合与它的操作不一定构成一个群。集合与操作应该满足以下的条件才能构成群。

S有封闭性：对于集合S的每一个子集$\{a,b\}$，都有$a\Omega b\in S$。

Ω满足结合律：对于S的所有子集$\{a,b,c\}(a\Omega b)\Omega c=a\Omega(b\Omega c)$。

S有一个恒等元素i：对于S的每一个元素a，$a\Omega i=a$。

S中的每一个元素a都有一个逆元a^{-1}：$a\Omega a^{-1}=i$。

可逆逻辑门集合S的组成和二值运算Ω是两个逻辑门的级联。显然，所有可能的逻辑门不一定构成一个群。表10.1给出了一个例子，表10.1(a)为一个2输入3输出的逻辑门。仔细观察这个真值表可以看出这个门的意义，它的输入计算有OR、AND和XOR：$P=A$ OR B，$Q=A$ AND B，$R=A$ XOR B。可以简单记为：$P=A+B$，$Q=AB$，$R=A\oplus B$。显然，如果用a来表示一个门，存在一个门i，使得$a\Omega i=a$。表10.1(b)给出了这样一个恒等门。然而，也许对于a，找不到它的逆b，使得$a\Omega b=i$。

可逆逻辑门有两个主要的性质区别于传统逻辑门：输出位的数量与输入位的数量相等；对于每两个输入模式，都有两个相应的不同输出模式与之对应。

表10.2(a)中门的输入数等于输出数，这个位数叫做可逆门的宽度。表10.2分别给出了宽度为2的三个可逆门的真值表。可以看出所有相应的输出模式PQ是不同的。相反地，对于任意一个特殊宽度可逆逻辑门可能形成一个群。表10.2(b)给出了一个恒等门i，表10.2(c)给出了r的逆r^{-1}。可以很容易地验证，$r\Omega r^{-1}=i$，$r^{-1}\Omega r=i$。对于真值表10.2(c)中的每个模式AB，r^{-1}的真值表是通过

向后读 r 的真值表[表 10.2(a)]推导出的。实际上，不同的可逆门，输出模式 PQ 是不同的。

表 10.1 逻辑门真值表

AB	PQR
00	000
01	101
10	101
11	110

(a) 一个任意门

ABC	PQR
000	000
001	001
010	010
011	011
100	100
101	101
110	110
111	111

(b) 恒等门 i

表 10.2 宽度为 2 的三个可逆逻辑门真值表

AB	PQ
00	00
01	10
10	11
11	01

(a)

AB	PQ
00	00
01	01
10	10
11	11

(b)

AB	PQ
00	00
01	11
10	01
11	10

(c)

可逆逻辑网络的输入数与输出数相等，且输入向量与输出向量是一一映射。因此，输入向量的状态可以唯一地被输出向量重构。通过函数的方式描述即为：如果函数的每一个输入向量唯一地映射一个输出向量，则称该函数是可逆的。一个 n 变量的可逆函数也可以定义为整数集$\{0,1,2,\cdots,2^n-1\}$自身的映射。

一个可逆真值表的输出列数与输入列数相等，称其为逻辑宽度(Desoete et al.，2002)。

由 2^n 行组成的宽度为 n 的逻辑门真值表，每行包含 2 个 n 位二进制数，即 n 位的输入$(A_1,A_2,\cdots,A_n)$和 n 位的输出$(P_1,P_2,\cdots,P_n)$，$A_i,P_i\in\{0,1\}$，$i=1,\cdots,n$。为了方便，所有可能输入的范围$(0,0,\cdots,0)$到$(1,1,\cdots,1)$是算术有序的，即 0 到(2^n-1)的顺序依次输入。

一个逻辑门称为可逆的，当且仅当所有 2^n 个输出形成 2^n 个输入的置换(张义清等，2008)。由排列组合可得，存在$(2^n)!$ 个不同的宽度为 n 的可逆逻辑门。

两个等宽度可逆逻辑门的级联操作(g_2 在 g_1 之后)，可以简单地把第一个逻辑门 g_1 的输出 P_i 对应第二个逻辑门 g_2 的输入 A_i，这里 $1 \leqslant i \leqslant n$。宽度为 n 的可逆逻辑门的集合与级联操作一起形成一个群 R_n，与对称群 S_{2^n} 同构。对称群 S_{2^n} 形成所有 2^n 个元素的置换群。两个可逆逻辑门的级联是不可交换的，多于两个可逆逻辑门的级联是联合在一起的，形成可逆网络。可逆网络中级联的可逆门数量，称为计算的深度(de Vos et al.，2001)。

因为可逆门的输出行是输入行的置换，所以真值表可以用压缩的置换符号形式表示。NOT 门表示为{0,1}元素的置换(1,0)；CNOT 表示为{0,1,2,3}元素的置换(2,3)；CCNOT 门表示为{0,1,2,3,4,5,6,7}元素的置换(6,7)。两个可逆逻辑门的级联(g_1 与 g_2)是这两个对应置换的积 $g_1 \cdot g_2$。

Feynman 门是由 Toffoli 门推导出来的(Feynman，1985；Toffoli，1981)。一个 $n = q+1$ 的 q 控制 NOT 门满足 $P_i = A_i$，对于所有的 $i \in \{1,2,\cdots,n-1\}$ 有

$$P_n = (A_1 \cdot A_2 \cdot \cdots \cdot A_{n-1}) \oplus A_n \tag{10.1}$$

其中“·”表示运算符“AND”，“⊕”代表运算符“XOR”。它的置换表示为(2^n-1，2^n)。在本章后面的内容中，为了描述方便，把 q 个控制的 Toffoli 门简称为 q-CNOT 门。

在 Desoete 和 de Vos(2002)和 de Vos 等(2001)的文献中，用极端低功耗电子器件表示 q-CNOT 门如下：

$P_i = A_i$，对于所有的 $i \in \{1,2,\cdots,n-1\}$ 有

$$P_n = f(A_1, A_2, \cdots, A_{n-1})\mathrm{XOR}(A_n) \tag{10.2}$$

这里 f 表示 $q=n-1$ 的任意布尔函数，这样的可逆逻辑门称为简单控制门。存在 q 布尔变量的 2^{2^q} 不同的布尔函数，与 XOR 一起操作它们形成一个阿贝尔(交换)群 B_q，与 $Z_2^{2^q}$ 同构。这里 Z_2 是次序 2 的轮换群(即{0,1}的两个元素的两个置换()和(0,1)组成的群)。宽度为 n 的简单控制门的集合与级联操作一起形成一个群 C_n 与 B_{n-1} 同构。一个简单控制门的表示可以通过形为 ($2^i-2,2^i-1$) 的不相交变换的积组成的置换，i 满足 $1 \leqslant i \leqslant 2^n-1$。因此，简单控制门群也可以解释为 Z_2 与 1_{n-1} 的圈积。事实上，这样的积元素划分为两个元素，即，{{0,1}，{2,3}，…，{$2^n-2,2^n-1$}}，群 Z_2 作用于子群内部，群 1_{n-1} 作用于子群之间。这里 1_n 表示宽度为 n 的门组成的平凡群[见图 10.1(a)$n=3$ 的例子]。

简单控制门的概念可以推广到控制门，一个 n 宽度的控制门满足下面的关系：

$$P_n = f_i(A_1, A_2, \cdots, A_{n-1})\mathrm{XOR}(A_n), \quad 对于所有\ i \in \{1,2,\cdots,n\}$$

这里 f_i 是一个 $i-1$ 变量的任意布尔函数，图 10.1(a)给出了一个宽度 $n=3$ 控制门的图。与级联一起控制门形成一个序为 $2^1 \times 2^2 \times 2^3 \times \cdots \times 2^{2^{n-2}} \times 2^{2^{n-1}} = 2^{2^n-1}$ 的(非)阿贝尔群 C_n 与半值积 $B_{n-1} : B_{n-2} : \cdots : B_2 : B_1$ 同构。

显然，简单控制门形成了控制门与所有除了 $f_i = 0$ 和 f_n 的一种特殊情况。

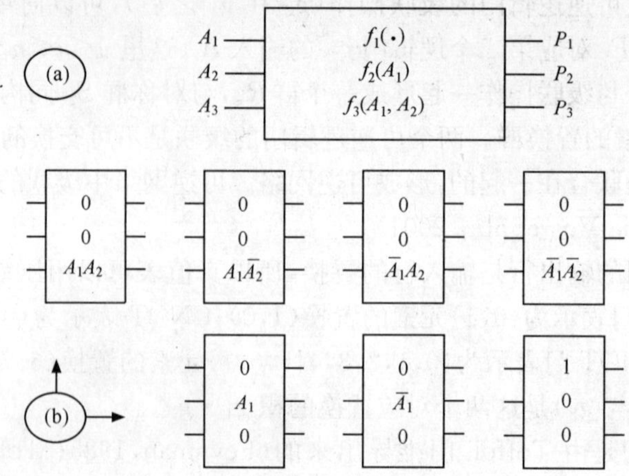

图 10.1 控制群 C_3

(a)任意可逆门；(b)7 个生成可逆门

CCNOT 是 C_3 与 $f_1=0$，$f_2(A_1)=0$ 和 $f_3(A_1,A_2)=A_1\cdot A_2$ 的一个元素。

控制门是可逆逻辑门中最有吸引力的部分，因为它们很容易通过硬件实现。

10.2 可逆逻辑门网络与置换

一个多输出函数可以写成一个真值向量。该向量 2^n 个元素中的每一个元素是 $\{0,1,\cdots,2^n-1\}$ 中的一个整数，它们可以用二进制模式表示。n 输入 k 输出的多输出函数$(f_1(x_1,x_2,\cdots,x_n),f_2(x_1,x_2,\cdots,x_n),\cdots,f_k(x_1,x_2,\cdots,x_n))$是一个 k 布尔函数的向量函数。

定义 10.1(Guan et al.,2008b) 设 $B=\{0,1\}$。一个 n 输入 n 输出的二值逻辑函数 $f:B^n\to B^n$。设 $\langle B_1,\cdots,B_n\rangle\in B^n$，$\langle P_1,\cdots,P_n\rangle\in B^n$ 是输入和输出向量。这里 $B_1,\cdots,B_n$ 和 $P_1,\cdots,P_n$ 分别为输入和输出变量。一个 n 输入 n 输出的二值逻辑门也叫做 n 位可逆逻辑门。

定义 10.2(Guan et al.,2008b) 在 n 输入可逆网络中一个 NOT 门 N_j，如果第 j 条线上的输入为 B_j，输出为 P_j，$i\neq j$，$1\leqslant i,j\leqslant n$，则 $P_j=B_j\oplus 1$；$P_i=B_j$。

定义 10.3 一个 k 控制 NOT 门(CNOT)门 $C_{i_1,i_2,\cdots,i_k;j}$ 定义如下：

如果 $m\neq j$，则 $P_m=C_{i_1,i_2,\cdots,i_k;j}(B_m)=B_m$。

如果 $m=j$，且 $B_{i_1}=\cdots=B_{i_k}=1$，则 $P_j=C_{i_1,i_2,\cdots,i_k;j}(B_j)=B_j\oplus 1$；否则，$P_j=B_j$。

一个 3 输入 Toffoli 门是一个 2-CNOT 门，这里两个输入控制另外一个输入的输出。

定义 10.4　设$M=\{0,1,\cdots,2^n-1\}$，n为M中每个元素二进制表示的位数，M到自身的一个双射称为M上的一个置换。一般表示为

$$\alpha=\begin{bmatrix}0 & 1 & 2 & \cdots & 2^n-1\\ d_0 & d_1 & d_2 & \cdots & d_{2^n-1}\end{bmatrix},\quad d_i\in\{0,1,2,\cdots,2^n-1\}\tag{10.3}$$

当$i\neq j$时，$d_i\neq d_j,i,j=0,1,2,\cdots,2^n-1$。

按照10.1节的理论，所有M上置换的集合形成映射代数系统下的一个群，称为M上的对称群，用S_{2^n}表示。为了更清楚地描述可逆网络与置换的关系，下面给出置换的更详细的讨论。

定义 10.5　设$i_1,i_2,\cdots,i_r$是$\{0,1,\cdots,2^n-1\}$中的不同整数。如果$\alpha\in S_{2^n}$，固定其他整数(如果有的话)，且$\alpha(i_1)=i_2,\alpha(i_2)=i_3,\cdots,\alpha(i_{r-1})=i_r,\alpha(i_r)=i_1$，则称$\alpha$为一个$r$轮换。也称$\alpha$为长为$r$的轮换，记为$\alpha=(i_1,i_2,\cdots,i_r)$。

定义 10.6　设置换$\alpha,\beta\in S_{2^n}$，对于变量i、$j(i,j\in(0,1,\cdots,2^n))$，如果满足以下两个条件：

(1) $\alpha(i)\neq i,\beta(i)=i$。

(2) $\beta(j)\neq j,\alpha(j)=j$，则称置换$\alpha,\beta$不相交。

置换α分解成轮换乘积算法：

第一步：$i=0$；初始化队列；

第二步：判断i是否在队列中？

　2.1　如果不在队列中，则执行第三步；

　2.2　如果在队列中，则$i=i+1$；

　　2.2.1　判断$i=2^n$？

　　2.2.1.1　如果$i\neq 2^n$，执行第二步；

　　2.2.1.2　如果$i=2^n$，执行第八步；

第三步：i入队列，判断$d_i=i$？

　3.1　如果是，则写下“(i)”；$i=i+1$；执行第二步；

　3.2　如果不是，执行第四步。

第四步：$k=i;l=0$；

第五步：找到d_i在α的位置j(α中的第$j+1$列，$j=d_i$)；$i=j$；i入队列；

第六步：$l=l+1$。

第七步：判断$d_i=k$？

　7.1　如果$d_i=k$，则判断$l=1$？

　　7.1.1　如果$l=1$，则写下“(k,i)”；$i=k+1$；执行第二步。

　　7.1.2　否则，写下“i”，$i=k+1$；执行第二步；

7.2　如果 $d_i \neq k$，则判断 $l=1$？

7.2.1　如果 $l=1$，则写下“k,i”，执行第五步；

7.2.2　否则，写下“i”，执行第五步。

第八步　结束。

例 10.1　把置换

$$\alpha=\begin{pmatrix}0 & 1 & 2 & 3 & 4 & 5 & 6 & 7\\ 5 & 3 & 6 & 1 & 4 & 0 & 7 & 2\end{pmatrix} \tag{10.4}$$

分解成轮换乘积的形式。

根据轮换乘积算法，一开始写下“0”。因 $\alpha: 0 \mapsto 5$，所以写“05”。其次，因 $\alpha: 5 \mapsto 0$，所以括号关闭即可得“(05)”。当 $i=1$ 时，可得“(05)1”。因 $\alpha: 1 \mapsto 3$，所以写“(05)13”。因 $\alpha: 3 \mapsto 1$，括号再次关闭，即可得“(05)(13)”。当 $i=2$ 时，因 $2 \mapsto 6, 6 \mapsto 7$，及 $7 \mapsto 2$，可得“(05)(13)(267)”。当 $i=3$ 时，已存在与列队中；当 $i=4$ 时，因 $4 \mapsto 4$，可得“(05)(13)(267)(4)”。最后 $\alpha(4)=4$。至此转换结束，可得

$$\alpha=(05)(13)(267)(4)$$

因为 S_{2^n} 的乘积是函数的复合，所以上面的结论是指对于 0～7 的每一个 i 满足

$$\alpha(i)=((05)(13)(267)(4))(i)$$

右端是复合 $\beta\gamma\delta$ 的值，其中 $\beta=(05)$，$\gamma=(13)$，$\delta=(267)$ [1-轮换(4)可忽略不计，因为它是恒等函数]。现在 $\alpha(0)=5$，再计算 $i=1$ 时复合函数的值。

$$\begin{aligned}\beta\gamma\delta(0) &= \gamma\delta(\beta(0)) & \\ &= \delta(\gamma(5)) & \beta=(05)\\ &= \delta(5) & \gamma=(13)\text{ 固定 }5\\ &= 5 & \delta=(267)\text{ 固定 }5\end{aligned}$$

类似地，对每个 i，有 $\alpha(i)=\beta\gamma\delta(i)$，这就证明了上面的断言。

命题 10.1（罗特曼，2007）　每个置换 $\alpha \in S_{2^n}$ 不是一个轮换就是不相交轮换的乘积。

证明　对于 α 移动的点数 k，当 $k=0$ 时为真，因为现在 α 是 1-轮换的恒等置换。如果 $k>0$，设 i_1 是被 α 移动的点。定义 $i_2=\alpha(i_1), i_3=\alpha(i_2), \cdots, i_{r+1}=\alpha(i_r)$，其中 r 是满足 $i_{r+1} \in \{i_1, i_2, \cdots, i_r\}$ 的最小整数（因为只有 n 个可能的值，所以表 $i_1, i_2, \cdots, i_k, \cdots$ 最终必有重复）。我们断言 $\alpha(i_r)=i_1$。否则，有某个 $j \geqslant 2$ 使得 $\alpha(i_r)=i_j$，而 $\alpha(i_{j-1})=i_j$ 与假设 α 是单射矛盾。令 σ 为 r 轮换 $(i_1, i_2, \cdots, i_r)$。如果 $r=n$，则 $\alpha=\sigma$。如果 $r<n$，则 σ 固定 Y 中的每个点，其中 Y 由剩下的 $n-r$ 个点组成，而 $\alpha(Y)=Y$。定义 α' 为如下的置换：对 $i \in Y, \alpha'(i)=\alpha(i)$，而固定所有的 $i \notin Y$，注意到

$$\alpha=\sigma\alpha' \tag{10.5}$$

归纳假设给出 $\alpha' = \beta_1 \cdots \beta_t$，其中 $\beta_1 \cdots \beta_t$ 是不相交的轮换，因 σ 和 α' 不相交。所以 $\alpha = \sigma\beta_1 \cdots \beta_t$ 是不相交轮换的乘积。

证毕。

命题 10.2　如果 $n \geqslant 2$，则每个 $\alpha \in S_n$ 都是对换的乘积。

证明　根据命题 10.1，每个置换 $\alpha \in S_n$ 不是一个轮换就是不相交轮换的乘积，则只需把 r 轮换 β 分解为对换的乘积，这一分解可以如下进行：

$$\beta = (12\cdots r) = (12)(13)\cdots(1r) \tag{10.6}$$

证毕。

显然不相交轮换满足交换律，而相交轮换不满足交换律。

定义 10.7　如果一个置换能分解为偶数个 2-轮换的积，则称为偶置换；否则称为奇置换。

例如

$$\alpha = \begin{pmatrix} 0 & 1 & 2 & 3 & 4 & 5 & 6 & 7 \\ 5 & 3 & 6 & 1 & 4 & 0 & 7 & 2 \end{pmatrix} \tag{10.7}$$

由命题 10.1 得

$$\alpha = (05)(13)(267)(4) \tag{10.8}$$

再由命题 10.2 得，$(267) = (26)(27)$，则

$$\begin{aligned} \alpha &= (05)(13)(26)(27)(4) \\ &= (05)(13)(26)(27) \end{aligned} \tag{10.9}$$

所以 α 是偶置换。

定义 10.8　m 轮换称为偶数的(或奇数的)，如果 m 是偶数(或奇数)。

一个 n 位可逆逻辑网络是 S_{2^n} 中的一个置换，反之亦然。

级联两个可逆门等价于 S_{2^n} 中的两个置换相乘。因此，下面将不区别 n 位可逆逻辑网络和 S_{2^n} 中的置换，两个置换相乘用“$*$”表示。

命题 10.3　m 轮换 $(a_1, a_2, \cdots, a_m)(m \geqslant 4)$ 是 k 轮换$(k < m)$ $(a_1, a_2, \cdots, a_k)$ 与 $[m-(k-1)]$ 轮换 $(a_1, a_{k+1}, \cdots, a_m)$ 之积。即 $(a_1, a_2, \cdots, a_m) = (a_1, a_2, \cdots a_k) * (a_1, a_{k+1}, \cdots, a_m)$

证明　设

$$\sigma = \begin{pmatrix} a_1, a_2, \cdots, a_m \\ a_2, a_3, \cdots, a_1 \end{pmatrix}, \quad \sigma_1 = \begin{pmatrix} a_1, a_2, \cdots, a_k \\ a_2, a_3, \cdots, a_1 \end{pmatrix}, \quad \sigma_2 = \begin{pmatrix} a_1, a_{k+1}, \cdots, a_m \\ a_{k+1}, a_{k+2}, \cdots, a_1 \end{pmatrix}$$

由轮换及轮换乘积的定义可得，当 $1 \leqslant i < k$ 时

$$\sigma(a_i) = a_{i+1}, \quad \sigma_1 * \sigma_2(a_i) = \sigma_2(\sigma_1(a_i)) = \sigma_2(a_{i+1}) = a_{i+1} \tag{10.10}$$

则

$$\sigma(a_i) = \sigma_1 * \sigma_2(a_i) \tag{10.11}$$

当 $i = k$ 时

$$\sigma(a_k)=a_{k+1},\quad \sigma_1*\sigma_2(a_k)=\sigma_2(\sigma_1(a_k))=\sigma_2(a_1)=a_{k+1} \tag{10.12}$$

则

$$\sigma(a_k)=\sigma_1*\sigma_2(a_k) \tag{10.13}$$

当 $k<i<m$ 时

$$\sigma(a_i)=a_{i+1},\quad \sigma_1*\sigma_2(a_i)=\sigma_2(\sigma_1(a_i))=\sigma_2(a_i)=a_{i+1} \tag{10.14}$$

则

$$\sigma(a_i)=\sigma_1*\sigma_2(a_i) \tag{10.15}$$

当 $i=m$ 时

$$\sigma(a_m)=a_1,\quad \sigma_1*\sigma_2(a_m)=\sigma_2(\sigma_1(a_m))=\sigma_2(a_m)=a_1 \tag{10.16}$$

故

$$(a_1,a_2,\cdots,a_m)=(a_1,a_2,\cdots a_k)*(a_1,a_{k+1},\cdots,a_m) \tag{10.17}$$

证毕。

命题 10.4 (1) 如果 m 是一个奇数,$(a_1,a_2,\cdots,a_m)$ 是 $\frac{(m-1)}{2}$ 个 3-轮换的积。

(2) 如果 m 是一个偶数,$(a_1,a_2,\cdots,a_m)$ 是 $\frac{m}{2}-1$ 个 3-轮换与一个 2-轮换的积。

证明 (1) 由于 m 是奇数,当 $m=3$ 时,(a_1,a_2,a_3) 是 $\frac{3-1}{2}=1$ 个 3-轮换。

当 $m=5$ 时

$$(a_1,a_2,\cdots a_5)=(a_1,a_2,a_3)*(a_1,a_4,a_5) \tag{10.18}$$

是 $(5-1)/2=2$ 个 3-轮换。

假设 $m=2k-1$ 时结论成立,即

$$(a_1,a_2,\cdots a_{2k-1})=(a_1,a_2,a_3)*(a_1,a_4,a_5)*\cdots*(a_1,a_{2k-2},a_{2k-1}) \tag{10.19}$$

是 $[(2k-1)-1]/2=k-1$ 个 3-轮换。

当 $m=2k+1$ 时,由命题 10.3 可得

$$(a_1,a_2,\cdots a_{2k+1})=(a_1,a_2,\cdots,a_{2k-1})*(a_1,a_{2k},a_{2k+1}) \tag{10.20}$$

由归纳假设

$$(a_1,a_2,\cdots a_{2k-1})=(a_1,a_2,a_3)*(a_1,a_4,a_5)*\cdots*(a_1,a_{2k},a_{2k-1}) \tag{10.21}$$

则

$$(a_1,a_2,\cdots a_{2k+1})=(a_1,a_2,a_3)*(a_1,a_4,a_5)*\cdots*(a_1,a_{2k},a_{2k-1})*(a_1,a_{2k},a_{2k+1}) \tag{10.22}$$

且 $(a_1,a_2,\cdots,a_{2k+1})$ 是 $[(2k-1)-1]/2+1=[(2k+1)-1]/2=k$ 个 3-轮换的积。

由归纳法可得,m 是一个奇数时,$(a_1,a_2,\cdots,a_m)$ 是 $(m-1)/2$ 个 3-轮换的积。

(2) 如果 m 是一个偶数，当 $m=4$ 时

$$(a_1,a_2,a_3,a_4)=(a_1,a_2,a_3)*(a_1,a_4) \tag{10.23}$$

是 $4/2-1=1$ 个 3-轮换与一个 2-轮换之积。

当 $m=6$ 时

$$\begin{aligned}(a_1,a_2,\cdots,a_6)&=(a_1,a_2,a_3)*(a_1,a_4,a_5,a_6)\\&=(a_1,a_2,a_3)*(a_1,a_4,a_5)*(a_1,a_6)\end{aligned} \tag{10.24}$$

是 $\dfrac{6}{2}-1=2$ 个 3-轮换与一个 2-轮换之积。

假设 $m=2k$ 时结论成立，即

$$(a_1,a_2,\cdots,a_{2k})=(a_1,a_2,a_3)*(a_1,a_4,a_5)*\cdots*(a_1,a_{2k-2},a_{2k-1})*(a_1,a_{2k}) \tag{10.25}$$

是 $\dfrac{2k}{2}-1=k-1$ 个 3-轮换与一个 2-轮换之积。

当 $m=2k+2$ 时，由命题 10.3 可得

$$(a_1,a_2,\cdots,a_{2k+2})=(a_1,a_2,\cdots,a_{2k})*(a_1,a_{2k+1},a_{2k+2}) \tag{10.26}$$

由归纳假设

$$(a_1,a_2,\cdots,a_{2k})=(a_1,a_2,a_3)*(a_1,a_4,a_5)*\cdots*(a_1,a_{2k-2},a_{2k-1})*(a_1,a_{2k}) \tag{10.27}$$

则

$$\begin{aligned}&(a_1,a_2,\cdots,a_{2k+2})=(a_1,a_2,\cdots,a_{2k})*(a_1,a_{2k+1},a_{2k+2})\\&=(a_1,a_2,a_3)*(a_1,a_4,a_5)*\cdots*(a_1,a_{2k-2},a_{2k-1})*(a_1,a_{2k})*(a_1,a_{2k+1},a_{2k+2})\end{aligned} \tag{10.28}$$

是 $\dfrac{2k}{2}-1+1=\dfrac{2k+2}{2}-1=k$ 个 3-轮换与一个 2-轮换之积。

因此，m 是一个偶数时，$(a_1,a_2,\cdots,a_m)$ 是 $\dfrac{m}{2}-1$ 个 3-轮换与一个 2-轮换的积。

所以命题成立。

证毕。

命题 10.5　$(a,b)*(c,d)=(a,b)*(b,c)*(b,c)*(c,d)$

$$=(a,c,b)*(b,d,c)$$

即

$$\begin{pmatrix}a&b\\b&a\end{pmatrix}*\begin{pmatrix}c&d\\d&c\end{pmatrix}=\begin{pmatrix}a&b\\b&a\end{pmatrix}*\begin{pmatrix}b&c\\c&b\end{pmatrix}*\begin{pmatrix}b&c\\c&b\end{pmatrix}*\begin{pmatrix}c&d\\d&c\end{pmatrix}=\begin{pmatrix}a&c&b\\c&b&a\end{pmatrix}*\begin{pmatrix}b&d&c\\d&c&b\end{pmatrix}$$

证明　记

$$\sigma_1 = \begin{pmatrix} a\,b \\ b\,a \end{pmatrix},\quad \sigma_2 = \begin{pmatrix} c\,d \\ d\,c \end{pmatrix},\quad \sigma_3 = \begin{pmatrix} b\,c \\ c\,b \end{pmatrix},\quad \sigma_4 = \begin{pmatrix} a\,c\,b \\ c\,b\,a \end{pmatrix},\quad \sigma_5 = \begin{pmatrix} b\,d\,c \\ d\,c\,b \end{pmatrix}$$

$$\sigma_1 * \sigma_2(a) = \sigma_2(\sigma_1(a)) = \sigma_2(b) = b$$
$$\sigma_1 * \sigma_2(b) = \sigma_2(\sigma_1(b)) = \sigma_2(a) = a$$
$$\sigma_1 * \sigma_2(c) = \sigma_2(\sigma_1(c)) = \sigma_2(c) = d$$
$$\sigma_1 * \sigma_2(d) = \sigma_2(\sigma_1(d)) = \sigma_2(d) = c$$
$$\sigma_1 * \sigma_3 * \sigma_3 * \sigma_2(a) = \sigma_3 * \sigma_3 * \sigma_2(\sigma_1(a)) = \sigma_3 * \sigma_2(\sigma_3(b)) = \sigma_2(\sigma_3(c)) = \sigma_2(b) = b$$
$$\sigma_1 * \sigma_3 * \sigma_3 * \sigma_2(b) = \sigma_3 * \sigma_3 * \sigma_2(\sigma_1(b)) = \sigma_3 * \sigma_2(\sigma_3(a)) = \sigma_2(\sigma_3(a)) = \sigma_2(a) = a$$
$$\sigma_1 * \sigma_3 * \sigma_3 * \sigma_2(c) = \sigma_3 * \sigma_3 * \sigma_2(\sigma_1(c)) = \sigma_3 * \sigma_2(\sigma_3(c)) = \sigma_2(\sigma_3(b)) = \sigma_2(c) = d$$
$$\sigma_1 * \sigma_3 * \sigma_3 * \sigma_2(d) = \sigma_3 * \sigma_3 * \sigma_2(\sigma_1(d)) = \sigma_3 * \sigma_2(\sigma_3(d)) = \sigma_2(\sigma_3(d)) = \sigma_2(d) = c$$
$$\sigma_4 * \sigma_5(a) = \sigma_5(\sigma_4(a)) = \sigma_5(c) = b$$
$$\sigma_4 * \sigma_5(b) = \sigma_5(\sigma_4(b)) = \sigma_5(a) = a$$
$$\sigma_4 * \sigma_5(c) = \sigma_5(\sigma_4(c)) = \sigma_5(b) = d$$
$$\sigma_4 * \sigma_5(d) = \sigma_5(\sigma_4(d)) = \sigma_5(d) = c$$

证毕。

命题 10.6 一个偶数轮换是一个奇数置换;一个奇数轮换是一个偶数置换。

证明 设 $(a_1, a_2, \cdots, a_m)$ 是偶数轮换,显然是一个置换,由命题 10.2 可得

$$(a_1, a_2, \cdots, a_m) = (a_1, a_2) * (a_1, a_3) * \cdots * (a_1, a_m) \tag{10.29}$$

则 $(a_1, a_2, \cdots, a_m)$ 为一个奇数置换。因此有,一个偶数轮换是一个奇数置换。同理可知,一个奇数轮换是一个偶数置换。

证毕。

引理 10.1 设 S_{2^n} 为集合 $\{0, 1, \cdots, 2^n - 1\}$ 上的对称群,则 S_{2^n} 中的任一个偶置换可表示为至多 2^{n-1} 个 3-轮换。

证明 设

$$f = \begin{pmatrix} 0 & 1 & \cdots & 2^n - 1 \\ a_0 & a_1 & \cdots & a_{2^n-1} \end{pmatrix}$$

为偶数置换,$a_i \in (0, 1, \cdots, 2^n - 1)$。当 $i \neq j$ 时,$a_i \neq a_j$,$i, j \in (0, 1, \cdots, 2^n - 1)$。由命题 10.1,$f$ 可分解成不相交轮换之积。设

$$\begin{aligned} f = &(a_{k_1}, a_{k_2}, \cdots, a_{k_{m_1}}) * (a_{k_{m_1+1}}, a_{k_{m_1+2}}, \cdots, a_{k_{m_1+m_2}}) * \cdots \\ &* (a_{k_{m_i+1}}, a_{k_{m_i+2}}, \cdots, a_{k_{m_i+m_{i+1}}}) \end{aligned} \tag{10.30}$$

其中 $m_1 + m_2 + \cdots + m_{i+1} = 2^n$,$a_{k_1}, a_{k_2}, \cdots, a_{k_{m_1}}, a_{k_{m_1+1}}, a_{k_{m_1+2}}, \cdots, a_{k_{m_1+m_2}}, \cdots,$ $a_{k_{m_i+1}}, a_{k_{m_i+2}}, \cdots, a_{k_{m_i+m_{i+1}}} \in (0, 1, \cdots, 2^n - 1)$,且都不相等。

(1) 若每个轮换均为奇数轮换,由命题 10.4(1)知,则 f 能分解成 $\frac{m_1 - 1}{2} +$

$\frac{m_2-1}{2}+\cdots+\frac{m_{i+1}-1}{2}$ 个 3-轮换之积，即 f 能分解成

$$\frac{m_1+m_2+\cdots+m_{i+1}-(i+1)}{2}=\frac{2^n-(i+1)}{2}\leqslant 2^{n-1} \tag{10.31}$$

(2) 若每个轮换均为偶数轮换，则 $i+1$ 是偶数。由命题 10.5，偶置换能分解成偶数个 2-轮换之积，2-轮换对能表示成 3-轮换对，则偶置换能分解成偶数个 3-轮换之积。

由命题 10.4(2)，f 可分解成 3-轮换的个数为

$$\frac{m_1}{2}-1+\frac{m_2}{2}-1+\cdots+\frac{m_{i+1}}{2}-1=\frac{m_1+m_2+\cdots+m_{i+1}}{2}-(i+1) \tag{10.32}$$

其中 $(1+i)$ 是偶数，而由 2-轮换对能表示成 3-轮换对，则 $1+i$ 个 2-轮换能表示成 $1+i$ 个 3-轮换，因此 f 可能分解成的 3-轮换数为

$$\frac{m_1+m_2+\cdots+m_{i+1}}{2}-(i+1)+(1+i)=\frac{2^n}{2}=2^{n-1} \tag{10.33}$$

(3) 若存在 h_1 个奇数轮换，h_2 个偶数轮换。不妨设前 h_1 个是奇数轮换，后 h_2 个是偶数轮换，且 $h_1+h_2=i+1$，则 h_1 分解成 3-轮换的个数为

$$\frac{m_1-1}{2}+\frac{m_2-1}{2}+\cdots+\frac{m_{h_1}-1}{2}=\frac{m_1+m_2+\cdots+m_{h_1}}{2}-\frac{h_1}{2} \tag{10.34}$$

后 h_2 个偶轮换分解成 2-轮换的个数为 h_2，3-轮换的个数为

$$\frac{m_{h_1+1}}{2}-1+\frac{m_{h_1+2}}{2}-1+\cdots+\frac{m_{i+1}}{2}-1=\frac{m_{h_1+1}+m_{h_1+2}+\cdots+m_{i+1}}{2}-h_2 \tag{10.35}$$

则 3-轮换的个数为

$$\begin{aligned}&\frac{m_1+m_2+\cdots+m_{h_1}}{2}-\frac{h_1}{2}+\frac{m_{h_1+1}+m_{h_1+2}+\cdots+m_{i+1}}{2}-h_2+h_2\\&=\frac{m_1+\cdots+m_{h_1}+m_{h_1+1}+m_{h_1+2}+\cdots+m_{i+1}}{2}-\frac{h_1}{2}\\&=\frac{2^n}{2}-\frac{h_1}{2}\leqslant 2^{n-1}\end{aligned} \tag{10.36}$$

因此，S_{2^n} 中的任意偶置换可表示为至多 2^{n-1} 个 3-轮换的积。

证毕。

命题 10.7　一个偶置换能够分解成偶数个 3-轮换对之积。

证明　根据定义 10.7，一个偶置换能够分解成偶数个 2-轮换之积，根据命题 10.5，2-轮换对之积又能分解成 3-轮换对之积，则一个偶置换能够分解成偶数个 3-轮换对之积。

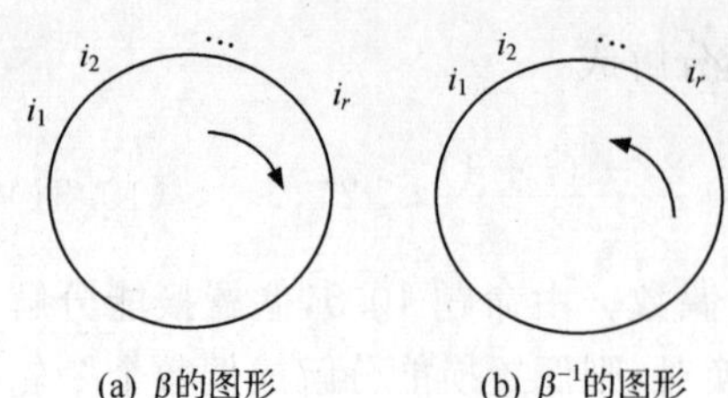

(a) β的图形　(b) β^{-1}的图形

图 10.2　轮换 β 的图形表示

证毕。

由于每个置换都是双射，在轮换 β 的图形表示中，β 是圆上的顺时针旋转，逆 β^{-1} 就是逆时针旋转，如图 10.2 所示。

显然有下面命题成立。

命题 10.8　(1) 轮换 $\alpha=(i_1,i_2,\cdots,i_r)$ 的逆轮换是 $(i_r,i_{r-1},\cdots,i_1)$，即

$$(i_1,i_2,\cdots,i_r)^{-1}=(i_r,i_{r-1},\cdots,i_1) \tag{10.37}$$

(2) 如果 $\gamma\in S_n$，且 $\gamma=\beta_1,\cdots,\beta_t$，则

$$\gamma^{-1}=\beta_t^{-1},\cdots,\beta_1^{-1} \tag{10.38}$$

命题 10.9　任意不相交对换的乘积满足交换律。两个相同对换的乘积为恒等关系 I。

证明　设 2 个对换分别为 $(p,\ q)$ 与 (i,j)，根据定义 10.4，不相交，则有 $p\neq q\neq i\neq j$，不失一般性有

$$\begin{aligned}(p,q)*(i,j)&=\begin{bmatrix}01\cdots p\cdots q\cdots i\cdots j\cdots 2^n-1\\01\cdots q\cdots p\cdots i\cdots j\cdots 2^n-1\end{bmatrix}\\&\quad*\begin{bmatrix}01\cdots p\cdots q\cdots i\cdots j\cdots 2^n-1\\01\cdots p\cdots q\cdots j\cdots i\cdots 2^n-1\end{bmatrix}\\&=\begin{bmatrix}01\cdots p\cdots q\cdots i\cdots j\cdots 2^n-1\\01\cdots p\cdots q\cdots j\cdots i\cdots 2^n-1\end{bmatrix}\\&\quad*\begin{bmatrix}01\cdots p\cdots q\cdots i\cdots j\cdots 2^n-1\\01\cdots q\cdots p\cdots i\cdots j\cdots 2^n-1\end{bmatrix}\\&=(i,j)*(p,q)\end{aligned} \tag{10.39}$$

$$\begin{aligned}(i,j)*(i,j)&=\begin{bmatrix}01\cdots i\cdots j\cdots 2^n-1\\01\cdots j\cdots i\cdots 2^n-1\end{bmatrix}*\begin{bmatrix}01\cdots i\cdots j\cdots 2^n-1\\01\cdots j\cdots i\cdots 2^n-1\end{bmatrix}\\&=\begin{bmatrix}01\cdots i\cdots j\cdots 2^n-1\\01\cdots i\cdots j\cdots 2^n-1\end{bmatrix}\end{aligned} \tag{10.40}$$

其中 $0,1,\cdots,p,\cdots,q,\cdots,i,\cdots,j,\cdots,2^n-1$ 是一个连续递增的自然数序列。即两个相同的对换乘积为恒等关系。

命题 10.10　任意数列 $P=(p_0,p_1,\cdots,p_{2^n-1})$ 可以最多通过 2^n-1 次交换 $(p_i,p_j)\rightarrow(p_j,p_i)$ 使 P 变为一个顺序数列 $(0,1,\cdots,2^n-1)$。

证明　每次将 i 与第 i 个位置上的元素交换，若 i 就在第 i 个位置，则什么也不做。每经过这样的一次交换，使得 i 必位于第 i 个位置上。所以，最多通过 2^n 次交换，使得 $P[0]$为 0，$P[1]$为 1，$P[2]$为 2，$P(2^n-1)$ 为 2^n-1。

10.3　真值表的变换

可逆逻辑门的本质是实现相应的置换(Yang et al.,2006b;陈汉武等,2008),即

$$(0,1,\cdots,2^n-1)\rightarrow(p_1,p_2,\cdots,p_{2^n-1}) \tag{10.41}$$

可逆网络是若干可逆逻辑门的级联，因此可逆网络本质是若干真值表的复合。真值表拆分方法就是要分离这些真值表,把一个复杂的真值表转化为多个对换的乘积(安博等,2010)。

当输入输出数为 3 ($n=3$) 时,假设 ($p_0,p_1,\cdots,p_7$) 为已知置换,每次通过交换将 $i(i=0,1,2,\cdots,6,7)$ 放在第 i 个位置上,则可以通过最多 7 次交换 ($p_0,p_1,\cdots,p_7$) 中的元素,使之成为 (0, 1,…, 7) ,即

$$(p_0,p_1,\cdots,p_7)\rightarrow(0,1,\cdots,7) \tag{10.42}$$

每一次只交换一对元素,相当于一个对换,给定真值表已经变成了一系列基本对换的乘积。对于 3 位逻辑网络综合,最多有 $C_8^2=28$ 种基本的对换。

表 10.3 为一个待综合的可逆逻辑网络的真值表,实现置换(1, 0, 3, 2, 5, 7, 4, 6) 。

表 10.3　待实现置换(1, 0, 3, 2, 5, 7, 4, 6)真值表

输入		输出	
0	000	1	001
1	001	0	000
2	010	3	011
3	011	2	010
4	100	5	101
5	101	7	111
6	110	4	100
7	111	6	110

真值表变换方法为: i 从 0 到 2^n-1,若 i 与第 i 个位置的元素不相等，则将 i 与第 i 个位置的元素交换,直到真值表的输出变为顺序序列，即(0, 1,2, 3, …, 2^n-1)。3 位网络整个过程最多需要 7 次交换。如表 10.3 所示,先将 0 与 1 交换，真值表变为(0, 1, 3, 2, 5, 7, 4,6) ；再将 2 与 3 交换,真值表变为(0, 1, 2, 3, 5, 7, 4,6) ；4 与 5 交换,真值表变为(0, 1, 2, 3, 4, 7, 5, 6) ；5 与 7 交换,真值表变为(0, 1, 2, 3, 4, 5, 7, 6) ;最后，7 与 6 交换,真值表变为(0, 1, 2, 3, 4, 5, 6, 7) ;变为顺序数列。对应的对换分别为：(0, 1) (2, 3) (4,5) (5, 7) (7, 6)。然后，在对换库中查找这些对换对应的门块(李志强等,2008b) (图 10.3 是

本书给出的对应门块)，将其级联，即可得到函数对应的网络级联图。

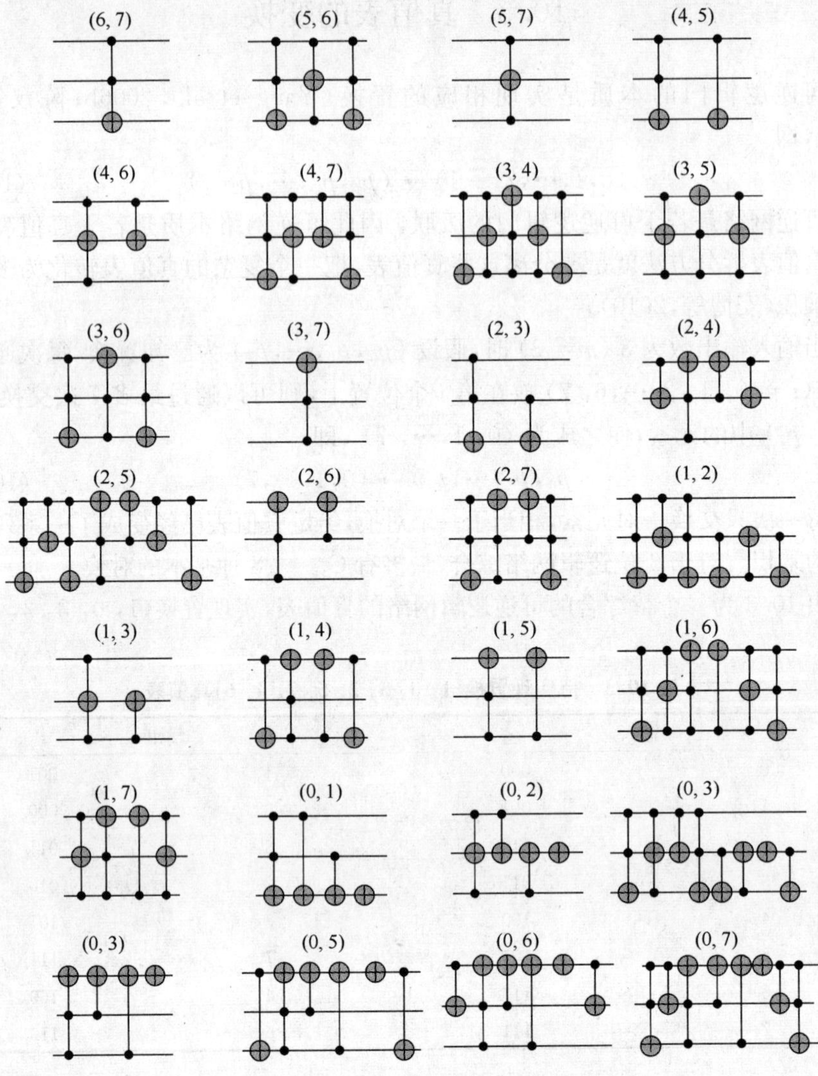

图 10.3　28 种对换所对应的网络模块

10.4　综合及优化

10.4.1　规则优化

经过 10.3 节的方法交换元素位置，再从 28 个基本的对换中查找相应的门，利用 10.3 节中的方法，可以快速地得到函数相应的网络级联图，时间复杂度较低。但是这种方法所综合出的网络，在未优化之前，门的数量较多(最坏情况：$3135\times 7=23\,145$)。所以，下面给出了一些优化规则，对综合出的网络进行初步优化(安博，2010)。

1）交换移动规则

若相邻的 2 个门 TOF (C_1,T_1) 与 TOF (C_2,T_2)，其中 C_i 为控制端集合。若 T_1C_2 且 T_2C_1，受控端集合与受控端集合不相交，则可以交换 2 个门的位置。

2）抵消归一规则

若两个相同的可逆门相邻，根据推论 3.1 可以抵消。一般情况下扫描对换序列 $t_1t_i\cdots t_jt_2$，若 t_1t_2 的组合能消去最多的门，依据命题 10.9，则可通过 t_1 与 $t_i\cdots t_j$(或 t_2 与 $t_j\cdots t_i$)交换，优先组合 t_1t_2。若 t_1 与 $t_i\cdots t_j$ 均不相交(或 t_2 与 $t_j\cdots t_i$ 均不相交)，则对换序列可变为 $t_1t_2t_i\cdots t_j$ 或 $t_i\cdots t_jt_1t_2$；若交换移动规则中的条件不满足，则可尝试将对换序列变为 $t_i\cdots t_kt_1t_2t_{k+1}\cdots t_j$。

10.4.2　综合

综合的思想是将给定真值表变换为一系列对换的乘积。3 输入输出可逆网络，共有 $C_8^2=28$ 种不同的对换，下文中描述的算法则直接使用这些对换，得到相应的级联网络。预先得到这 28 个基本对换对应的可逆逻辑网络，将其存入库 L 中，算法运行时，根据对换从库 L 中选取相应的网络来综合。

算法描述：通过交换元素，将原始置换变为对换的乘积；从库 L 中选择相应的门构造出初步网络；利用本书优化算法对网络进行优化。

综合算法：

```
输入：待综合的真值表或置换 M
输出：对换序列 T
  初始，对换序列 T 为空；T 中对换个数 m = 0；
  for ( i = 0; i < 2^n - 1; i + + )  //若 i 在第 i 个位置上，则跳过。
  if ( i = = M [ i ] ) continue;
  else
      Exchange ( i,M [ i ] ) ;
      将对换( i,M [ i ] )添加在 T 的后面；
      m + + ;
End for
return T
```

算法描述：T 存储对换序列，初始置为空；m 记录 T 中对换的个数，初始为 0。置换 M 的元素为 0 到 2^n-1 之间的整数，i 从 M 中的 0(并非 $M[0]$)开始迭代，若 i 与 M 中位于第 i 个位置的元素相同，则跳过；否则，交换 i 与 $M[i]$，

m++,且将对换(i,M[i])加在T之后,这样得到的是从输出端至输入端的序列,将其反向,就会得到所有的对换序列(从输入端到输出端)。

优化算法分为对换级别的优化与门级别的优化。对换级别的优化是依据交换移动规则将对换进行初步调整,以使相邻对换之间有尽量多的门可以用抵消归一规则消除;门级别的优化则是综合运用规则及性质对上一步生成的门序列进行最终的优化。

10.4.3 对换级别的优化

生成所有对换的邻近消除规则算法。

```
输入:所有对换;
输出:优先级表 priority[ ][ ];
对于库 L 中所有 28 个对换,生成邻近消除规则。
//此步骤只需做 1 次,以后优化可直接应用其结果。
初始 priority[ ][ ]全为 0
```

对于每个对换i,每次在其他 27 个对换中选取一个对换,记为j,将i与j级联。若对换i, j级联可以使n个门消除,则对换i与j级联的优先级记为n。例如,对换T[i]与对换T[j]级联有 2 个门可消除,则 priority [i][j] = 2,T[j]与T[i]级联,可消除门为 1,则 priority [j][i] = 1; 最终可以得到一个 28 ×28 的表,表中的 0 元素对应的i, j表示对换i与对换j级联没有门可消除。

对换调整算法:

```
输入: 初始对换序列 TR [ ];
输出: 调整后的对换序列 TR [ ];
对于 priority [ ] [ ]表中最大的优先级 level;
while ( level ! = 0)
  List ( level)记录表中所有优先级为 level 的对换;
  取下 List ( level)的当前结点( T[ i ], T[ j ] );
  if (当前结点的 T[ i ]和 T[ j ]存在于 TR [ ]中)
  {
    if (TR[ i ]与 TR[ j ]相邻 TR[ i ] 与 TR [ between ]可交换
      TR [ j ]与 TR [ between ]可交换)
    // i < between < j;
    则优先将其放在一起。
  }
  if (List ( level)为空) level--;
  else 将 List ( level)的当前结点指针后移;
End while
```

```
return TR[ ]
```

算法描述：实现对换序列的调整，使得调整后的对换与对换之间，有更多的门可以消除。表 priority [][]用于记录不同对换之间可消除的门数，表中最大的元素，即消除最多门的对换，将被优先放在一起。

10.4.4　门级别的优化

门调整算法 Adjust Gate：读入门序列，交换之，消除相同门。

```
输入：门序列 G[ ]
输出：将排列好的门序列打印输出。
  //max 为门序列中门的数目
  for ( int i = 0; i <max; i + + )
  对门序列所有的门 G[ i ](G[ i ] ! = 0), //从第 1 个开始 G[ 0 ],
  if (G[ i ]被置为空) continue; //则跳过;
  for ( int j = 0; j <max; j + + ) //遍历所有门, max 为门序列的总数
     //不是同一个门 j! = i
     if (G[ j ]被置为空||G[ j ] = = G[ i ] ) continue; //则跳过;
     if (G[ j ] = = G[ i ] ) //2 个门相同,有可能消除
        if ( ( i - j = = 1) || ( j - i = = 1) ) //如果 2 个是相邻门
             G[ i ] =G[ j ] = 0; //将其置为 0
     else //不相邻
             if (对每个 i 与 j 之间的门,与门 i 或 j 是可交换的)
  G[ i ] =G[ j ] = 0;
  for ( int k = 0; k <max; k + + )
   if (G[ k ] ! = 0)依次输出非空的 G[ k ]
```

算法描述：用于将得到的门序列做最终的优化，通过交换与调整门顺序，消除相同门。对于每一个门，遍历整个门序列，若与某个门相同且两门相邻，将其置为 0（即可以直接消除）；若相同但不相邻，判断这 2 个门与位于其中间的门是否可交换，若可以，则可将其置为 0（即可以通过交换来消除）。

10.4.5　举例

利用以上算法对置换函数(0, 1, 2, 3, 4, 5, 6,7) →(1, 0, 3, 2, 5, 7, 4, 6)进行综合，其真值表的变换过程如表 10.4 所示。真值表的变换过程如表 10.4 所示。

表 10.4　STT 算法综合过程举例

步骤	真值表序列	说明
初始状态	1, 0, 3, 2, 5, 7, 4, 6	交换 0 与 1
第 1 步	0, 1, 3, 2, 5, 7, 4, 6	交换 2 与 3
第 2 步	0, 1, 2, 3, 5, 7, 4, 6	交换 4 与 5
第 3 步	0, 1, 2, 3, 4, 7, 5, 6	交换 5 与 7
第 4 步	0, 1, 2, 3, 4, 5, 7, 6	交换 6 与 7
第 5 步	0, 1, 2, 3, 4, 5, 6, 7	最终转化为全序的真值表

可以看出，第 1 行为原置换函数的真值表，最后一行为顺序数列(恒等函数)。观察表中每相邻 2 行之间均只发生了 1 次对换(交换了 1 对元素)。由表 10.4 可知，从上往下(从输出端到输入端)为：(0,1) (2, 3) (4, 5) (5, 7) (6, 7)。若 a 为最低位，c 为最高位，按高位到低位进行排序，5 个对换分别对应的门如图 10.4 所示。

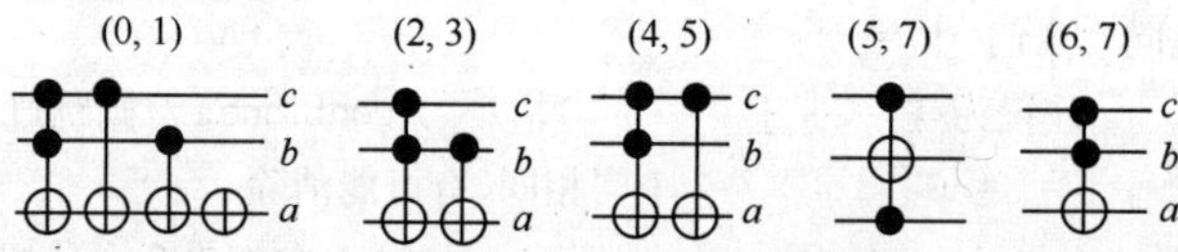

图 10.4　相应对换的门序列

得到初步综合出的网络后，应用对换调整算法，将对换顺序变为(从输入端到输出端)(6, 7)(2, 3) (5, 7) (4, 5) (0, 1)，按顺序排列(图 10.5)。利用门调整算法，对相邻且相同的门进行消除。在此例中，左边 2 个 TOF 门消除，左边第 5～8 个门也可以消除。将其做简单优化后的最终结果如图 10.6 所示。综合结果与李志强等(2008a)中的最优结果相同，与 Maslov 等(2005b)中的结果门数相同，其中综合结果为 3 个 TOF 门与 1 个非门。

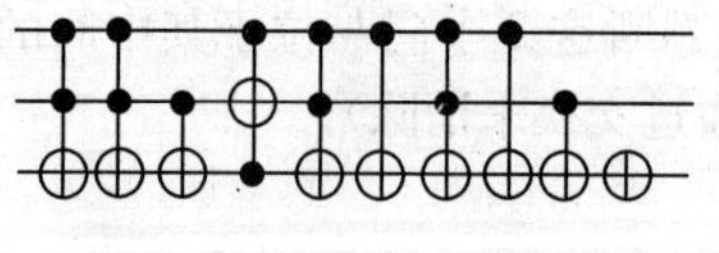

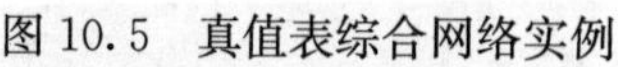

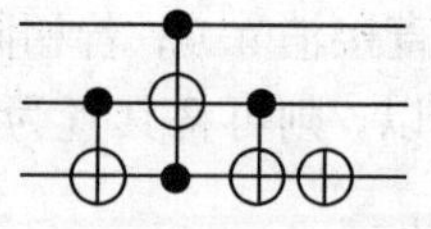

图 10.5　真值表综合网络实例　　　图 10.6　优化的网络

上述方法仅相当于执行了一次查找排序的过程(对所有元素进行了一次遍历)，综合算法 STT 时间复杂度为 $O(4^n)$，且其中并不引入任何关于门的计算。生成所有对换的邻近消除规则算法，时间复杂度为 $O(2^n 2^n)$，但只需要计算 1 次，生成库后对库中的元素进行查找即可，查找时间为 O (1)。对换调整算法的时间复杂度为 $(2^n-1) = O\left[4^{n-1}(2^n-1)^2\right]$，相当于遍历 priority [][]表一遍。算法 AdjustGate 的时间复杂度为 $O(L^2)$，其中 L 为算法 STT 综合出的初始长度。最坏情况下，将所求可逆函数分解为 7 个对换，每个对换对应的平均门数为 3.35，$L\approx 23.45$。

对空间复杂度，整个综合过程需要存储一个置换、表 priority [][]、对换序列 T、门序列 G 以及基本对换库，空间复杂度为 $O(2^{2n})$。虽然经过算法 STT 初步综合生成的网络门的数量较多，但是本书提出基于规则的优化方法保证其达到或接近最优。如上例中，综合出的门数为 10，优化后只有 4 个。

10.4.6　讨论

通过将真值表转化为一系列对换的乘积，再根据对换查找对应的门块，可快速综合出网络；然后对综合结果应用一些启发式规则进行优化，以得到最优或较优值。Maslov 等(2005b)将待综合的真值表通过逐步计算，转化为恒等关系，综合过程比较烦琐，且实现有一定难度，但平均效果较好。通过将给定真值表转化为一系列对换的乘积，易于实现且优化效果比 Maslov 等(2005b)的更优。相比而言，本书算法在时间与效率上有大幅提高，因为没有引入任何计算，而且没有过多的迭代过程，仅仅相当于完成了一次查找排序。然而，与理想效果还有一定的差距，因为中间过程较多，且生成网络门的数量较多。虽然采取了多种优化方法，但仍不够理想。在以后的研究中，我们将引入群理论对中间过程进行精简，建立更多、更高效的启发式规则，以及引入更有效的优化技术。

10.5　基于置换群的可逆逻辑网络构造

10.5.1　置换群与可逆网络

引理 10.2　对于 n 输入/输出可逆网络，如果 $n\geqslant 5$ 且 $2\leqslant k\leqslant n-3$，则任一 $(k+1)$-CNOT 门可以通过 $(3\times 2^{k-1}-2)$ 个 2-CNOT 门(Toffoli 门)在没有多余信息位的情况下构造。

事实上，任意一个 $(n-2)$-CNOT 门可以通过 $(3\times 2^{n-4}-2)$ 个 2-CNOT(Toffoli)门构造。

证明　给定一个 $(k+1)$-CNOT 门 $C_{i_1,\cdots,i_k,i_{k+1};j}$，因为 $n\geqslant 5$ 且 $2\leqslant k\leqslant n-3$，存在 h，$1\leqslant h\leqslant n$，这里 h 不同于 $i_1,\cdots,i_k,i_{k+1};j$。换句话说，在 n 位中，有一位 B_h 不同于 $B_{i_1},\cdots,B_{i_k},B_{i_{k+1}};B_j$，有式(10.43)成立(Yang et al.,2006)：

$$C_{i_1,\cdots,i_k,i_{k+1};j}=(C_{i_1,\cdots,i_k,h}*C_{h,i_{k+1};j})^2 \tag{10.43}$$

先考虑式(10.43)的左端，见图 10.7(a)(就是 $C_{i_1,\cdots,i_k,i_{k+1};j}$ 门)。

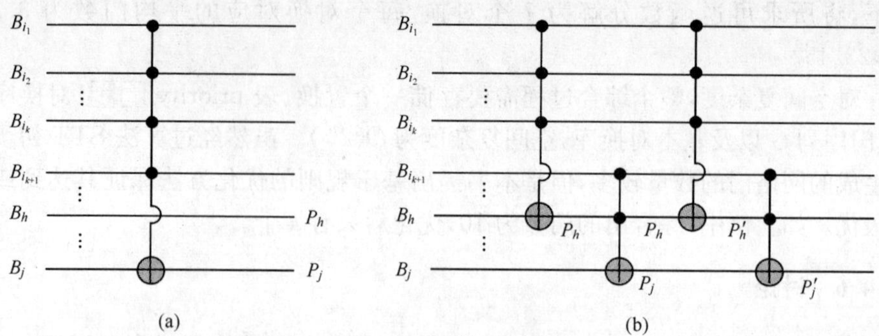

图 10.7 控制门和网络的图形表示

由于

$$(B_{i_1},\cdots,B_{i_k})\oplus(B_{i_1},\cdots,B_{i_k})=(0,\cdots,0) \tag{10.44}$$

则输出为

$$P_h=B_h=B_h\oplus(B_{i_1},\cdots,B_{i_k})\oplus(B_{i_1},\cdots,B_{i_k}) \tag{10.45}$$

因为

$$\begin{aligned} & B_j\oplus B_{i_{k+1}}(B_h\oplus B_{i_1},\cdots,B_{i_k})\oplus B_{i_{k+1}}B_h \\ &= B_j\oplus B_{i_{k+1}}B_h\oplus B_{i_{k+1}}B_{i_1},\cdots,B_{i_k}\oplus B_{i_{k+1}}B_h \\ &= B_j\oplus(B_{i_1},\cdots,B_{i_{k+1}}) \end{aligned} \tag{10.46}$$

则输出为

$$P_j=B_j\oplus(B_{i_1},\cdots,B_{i_k},B_{i_{k+1}})=B_j\oplus B_{i_{k+1}}(B_h\oplus B_{i_1},\cdots,B_{i_k})\oplus B_{i_{k+1}}B_h$$

下面考虑式(10.43)的右端,由图 10.7(b)的 $(C_{i_1,\cdots,i_k,h}*C_{h,i_{k+1},j})^2$ 网络知

$$P_h=B_h\oplus(B_{i_1},\cdots,B_{i_k})$$

$$P_j=B_j\oplus B_{i_{k+1}}p_h=B_j\oplus B_{i_{k+1}}(B_h\oplus B_{i_1},\cdots,B_{i_k})$$

$$P'_h=P_h\oplus(B_{i_1},\cdots,B_{i_k})=B_h\oplus(B_{i_1},\cdots,B_{i_k})\oplus(B_{i_1},\cdots,B_{i_k})=\text{左端}$$

$$\begin{aligned} P'_j &= P_j\oplus B_{i_{k+1}}P'_h \\ &= B_j\oplus B_{i_{k+1}}(B_h\oplus B_{i_1},\cdots,B_{i_k})\oplus B_{i_{k+1}}(B_h\oplus B_{i_1},\cdots,B_{i_k}\oplus B_{i_1},\cdots,B_{i_k}) \\ &= B_j\oplus B_{i_{k+1}}(B_h\oplus B_{i_1},\cdots,B_{i_k})\oplus B_{i_{k+1}}B_h=\text{左端} \end{aligned}$$

由式(10.43)知,任意一个$(k+1)$-CNOT 门可以通过两个 k-CNOT 门和两个 2-CNOT 门构造。递归地使用这个等式,任意一个$(k+1)$-CNOT 门可通过 $3\times 2^{k-1}-2$ 个 2-CNOT 门构造。

证毕。

定义 10.9(Yang et al.,2006a) 对于任意三个不同的位向量 u、s 和 t,下面的矩阵 P 称为 3-轮换置换(u,s,t)的特征向量。

$$P=\begin{bmatrix}u\\s\\t\end{bmatrix}=\begin{bmatrix}u_1,u_2,\cdots,u_n\\s_1,s_2,\cdots,s_n\\t_1,t_2,\cdots,t_n\end{bmatrix}\tag{10.47}$$

在矩阵 P 中，如果某一列中的元素不完全相同，则称这一列为异类列；否则称它为同类列。

定义 10.10(Yang et al., 2006a)　如果一个 3-轮换(u,s,t)特征矩阵 P 有两个异类列，则称这个 3-轮换(u,s,t) 为一个相邻 3-轮换。换句话说，分配的向量 u、s 和 t 中，只有两个位是不同的。

例如，$\begin{bmatrix}u\\s\\t\end{bmatrix}=\begin{bmatrix}1\cdots0\ 0\cdots0\ 0\cdots0\\1\cdots0\ 0\cdots1\ 0\cdots0\\1\cdots0\ 1\cdots1\ 0\cdots0\end{bmatrix}$，向量 u、s、t 有两个异类列 $\begin{bmatrix}0\\0\\1\end{bmatrix}$ 和 $\begin{bmatrix}0\\1\\1\end{bmatrix}$。

命题 10.11　如果一个 3-轮换(u,s,t)特征矩阵 P 有 k 个异类列，不妨设这 k 个异类列分别位于第 $i_1,i_2,\cdots,i_k$ 列，则第 $i_1,i_2,\cdots,i_k$ 列中的向量值是 2^k 个向量 $\langle\overbrace{0,\cdots,0}^{k个}\rangle,\langle\overbrace{0,\cdots,1}^{k个}\rangle,\cdots,\langle\overbrace{1,\cdots,1}^{k个}\rangle$ 中的三个(有 P_k^3 个)，并且去掉其中的同类列有 $2\times k\times\mathrm{P}_{2^{k-1}}^3$ 个，这里异类列有 $(\mathrm{P}_{2^k}^3-2\times k\times\mathrm{P}_{2^{k-1}}^3)$ 种情况。

证明　(1) 如果一个 3-轮换(u,s,t)特征矩阵 P 中有两个异类列，不妨设这两个异类列分别位于第 i 列和第 j 列，则第 i 列和第 j 列中的向量值是四个向量(即 2^2 个向量) $\langle0,0\rangle$、$\langle0,1\rangle$、$\langle1,0\rangle$、$\langle1,1\rangle$ 中的三个。这里异类列有 24，即 $\left[\mathrm{P}_4^3=\dfrac{4!}{(4-3)!}=24\right]$种情况。

(2) $k=3$ 时，$(\langle0,0,0\rangle,\langle0,0,1\rangle,\langle0,1,0\rangle,\langle0,1,1\rangle,\langle1,0,0\rangle,\langle1,0,1\rangle,\langle1,1,0\rangle,\langle1,1,1\rangle)$对应的十进制整数向量为$(0,1,2,\cdots,7)$，即$(0,1,2,\cdots,2^3-1)$。由其真值表可知，第一列可分成 2 部分(即 $\dfrac{2^3}{2^{3-1}}=2$ 部分)，记为 h，$h=1,2$(即 $h=1,\dfrac{2^3}{2^{3-1}}$)。用 p 表示 h 中奇数，也就是 1，q 表示 h 中偶数，也就是 2，则 p 部分组成的向量为$(0,1,2,3)$，q 部分组成的向量为$(4,5,6,7)$，显然 p 部分组成的向量及 q 部分组成的向量都不能组成异类列。第二列可分成 4 部分(即 $\dfrac{2^3}{2^{3-2}}=4$ 部分)，记为 h，$h=1,2,3,4$(即 $h=1,2,3,\dfrac{2^3}{2^{3-2}}$)。用 p 表示 h 中奇数，也就是 1,3，q 表示 h 中偶数，也就是 2,4，则 p 的所有部分组成的向量为$(0,1,4,5)$，q 的所有部分组成的向量为$(2,3,6,7)$。显然 p 所有部分组成的向量及 q 所有部分组成的向量都不能组成异类列。第三列可分成 8 部分(即 $\dfrac{2^3}{2^{3-3}}=8$ 部分)，记为 h，$h=1,2,3,4,5,6,7,8$

(即 $h=1,2,3,4,5,6,7,\frac{2^3}{2^{3-3}}$)。用 p 表示 h 中奇数，也就是 1,3,5,7，q 表示 h 中偶数，也就是 2,4,6,8，则 p 的所有部分组成的向量为(0,2,4,6)，q 的所有部分组成的向量为(1,3,5,7)，显然 p 所有部分组成的向量及 q 所有部分组成的向量都不能组成异类列。不能组成异类列的向量有 6 个(即 2×3 个向量)，这 6 个向量分别为(0,1,2,3)，(4,5,6,7)，(0,1,4,5)，(2,3,6,7)，(0,2,4,6)，(1,3,5,7)，每个向量有 4 个元素(即 $\frac{2^3}{2}=2^2=4$ 个元素)，不能组成的异类列共 $6\times P_4^3=2\times3\times P_{2^{3-1}}^3$ 种情况。能组成异类列的有 $P_8^3-6\times P_4^3=P_{2^3}^3-2\times3\times P_{2^{3-1}}^3$ 种情况。

(3)假设当 $k=i$ 时结论成立，即不能组成的异类列有 $2\times i\times P_{2^{i-1}}^3$ 种情况。能组成异类列的有 $P_{2^i}^3-2\times i\times P_{2^{i-1}}^3$ 种；即 $\langle\overbrace{0,\cdots,0}^{i个}\rangle$，$\langle\overbrace{0,\cdots,1}^{i个}\rangle$，$\langle\overbrace{0,\cdots,1,0}^{i个}\rangle$，…，$\langle\overbrace{1,\cdots,1,1}^{i个}\rangle$ 的十进制整数向量为 $(0,1,\cdots,2^i-1)$，由其真值表可知，第一列可分成 2 部分(即 $\frac{2^i}{2^{i-1}}=2$)，记为 h，$h=1,2$(即 $h=1,\frac{2^i}{2^{i-1}}$)。用 p 表示 h 中奇数，也就是 1；q 表示 h 中偶数，也就是 2。则 p 部分组成的向量为 $(0,1,\cdots,2^{i-1}-1)$，q 部分组成的向量为 $(2^{i-1},2^{i-1}+1,\cdots,(2^{i-1}+(2^{i-1}-1)))$，即 $(2^{i-1},2^{i-1}+1,\cdots,(2^i-1))$。显然 p 部分组成的向量及 q 部分组成的向量都不能组成异类列。

第二列可分成 4 部分(即 $\frac{2^i}{2^{i-2}}=4$)，记为 h，$h=1,2,3,4$(即 $h=1,2,3,\frac{2^i}{2^{i-2}}$)。用 p 表示 h 中奇数，也就是 1,3；q 表示 h 中偶数，也就是 2,4。显然 p 所有部分所组成的向量及 q 所有部分所组成的向量都不能组成异类列。以此类推，可知：

第 i 列可分成 $\frac{2^i}{2^{i-i}}=2^i$ 部分，记为 h，$h=1,2,\cdots,\frac{2^i}{2^{i-i}}$，即 $h=1,2,\cdots,2^i$。用 p 表示 h 中奇数，也就是 $1,3,\cdots,(\frac{2^i}{2^{i-i}}-1)$，即 $1,3,\cdots,(2^i-1)$；用 q 表示 h 中偶数，也就是 $2,4,\cdots,\frac{2^i}{2^{i-i}}$，即 $2,4,\cdots,2^i$。显然 p 所有部分组成的向量及 q 所有部分组成的向量都不能组成异类列。不能组成异类列的向量共有 $2i$ 个，每个向量有 $\frac{2^i}{2}=2^{i-1}$ 个元素，不能组成的异类列共 $2i\times P_{2^{i-1}}^3$ 种。能组成异类列的有 $P_{2^i}^3-2i\times P_{2^{i-1}}^3$ 种。

(4) 当 $k=i+1$ 时，$\langle\overbrace{0,\cdots,0}^{i+1个}\rangle$，$\langle\overbrace{0,\cdots,1}^{i+1个}\rangle$，$\langle\overbrace{0,\cdots,1,0}^{i+1个}\rangle$，…，$\langle\overbrace{1,\cdots,1,1}^{i+1个}\rangle$ 的十进制整数向量为 $(0,1,\cdots,2^i)$。由其真值表可知，第一列可分成 2 部分(即 $\frac{2^{i+1}}{2^i}=2$ 部分)，记为 h，$h=1,2$(即 $h=1,\frac{2^{i+1}}{2^{(i+1)-1}}$)。用 p 表示 h 中奇数，这里是 1；q 表示 h 中

偶数，这里是 2。则 p 部分组成的向量为 $(0,1,\cdots,2^i-1)$；q 部分组成的向量为 $(2^i,2^i+1,\cdots,(2^i+(2^i-1)))$，即 $(2^i,2^i+1,\cdots,(2^{i+1}-1))$，显然 p 部分组成的向量及 q 部分组成的向量都不能组成异类列。

第二列可分成 4 部分(即 $\frac{2^{i+1}}{2^{(i+1)-2}}=4$ 部分)，记为 h，$h=1,2,3,4$（即 $h=1,2,3,\frac{2^{i+1}}{2^{i-1}}$）。用 p 表示 h 中奇数，也就是 1 和 3；q 表示 h 中偶数，也就是 2 和 4。显然 p 所有部分组成的向量及 q 所有部分组成的向量都不能组成异类列。以此类推，可知：

第 $i+1$ 列可分成 $\frac{2^{i+1}}{2^{(i+1)-(i+1)}}=2^{i+1}$ 部分，记为 h，$h=1,2,\cdots,\frac{2^{i+1}}{2^{(i+1)-(i+1)}}$，即 $h=1,2,\cdots,2^{i+1}$。用 p 表示 h 中奇数，也就是 $1,3,\cdots,(\frac{2^{i+1}}{2^{(i+1)-(i+1)}}-1)$，即 $1,3,\cdots,(2^{i+1}-1)$，q 表示 h 中偶数，也就是 $2,4,\cdots,\frac{2^{i+1}}{2^{(i+1)-(i+1)}}$，即 $2,4,\cdots,2^{i+1}$。显然 p 所有部分组成的向量及 q 所有部分组成的向量都不能组成异类列。因此，不能组成异类列的向量有 $2(i+1)$ 个；由其真值表可知，当 $k=i+1$ 时，$(\langle\overbrace{0,\cdots,0}^{i+1\text{个}}\rangle,\langle\overbrace{0,\cdots,1}^{i+1\text{个}}\rangle,\langle\overbrace{0,\cdots,1,0}^{i+1\text{个}}\rangle,\cdots,\langle\overbrace{1,\cdots,1,1}^{i+1\text{个}}\rangle)$ 的真值表共有 2^{i+1} 行，比 $k=i$ 时，$(\langle\overbrace{0,\cdots,0}^{i\text{个}}\rangle,\langle\overbrace{0,\cdots,1}^{i\text{个}}\rangle,\langle\overbrace{0,\cdots,1,0}^{i\text{个}}\rangle,\cdots,\langle\overbrace{1,\cdots,1,1}^{i\text{个}}\rangle)$ 的真值表的 2^i 行多了 $2^{i+1}-2^i=2^i$ 行。因此，每一列都多 2^i 个元素，每一列都多 $\frac{2^i}{2}=2^{i-1}$ 个 0 元素和 $\frac{2^i}{2}=2^{i-1}$ 个 1 元素。由归纳假设，$k=i$ 时不能组成异类列的向量有 $2i$ 个，每个向量有 $\frac{2^i}{2}=2^{i-1}$ 个元素。于是当 $k=i+1$ 时，每个不能组成异类列的向量元素的个数为 $2^{i-1}+2^{i-1}=2^i$（$2^i=\frac{2^{i+1}}{2}$）个，则不能组成的异类列共 $2(i+1)\times \mathrm{P}_{2^i}^3$ 种。能组成异类列的有 $\mathrm{P}_{2^{i+1}}^3-2(i+1)\times\mathrm{P}_{2^i}^3$ 个，则 $k=i+1$ 时，结论成立。即不能组成的异类列共 $2(i+1)\times\mathrm{P}_{2^i}^3$ 种，能组成异类列的有 $\mathrm{P}_{2^{i+1}}^3-2(i+1)\times\mathrm{P}_{2^i}^3$ 个。

因此，对任意的正整数 k，如果一个 3-轮换 (u,s,t) 特征矩阵 P 有 k 个异类列，这 k 个异类列有 $(\mathrm{P}_{2^k}^3-2\times k\times\mathrm{P}_{2^{k-1}}^3)$ 种情况。

证毕。

10.5.2　可逆门的生成

引理 10.3　任何一个相邻 3-轮换置换 (u,s,t) 可以通过 4 个 $(n-2)$-CNOT 门和至多 $2n$ 位的 NOT 门生成。

证明 假设在相邻 3-轮换置换(u,s,t)的特征矩阵 P 中,第 i 列和第 j 列是异类列,另外的列都是 1;如果有一些是 0,可以首先应用至多 $n-2$ 个 NOT 门使它们变成 1,然后应用 4 个$(n-2)$-CNOT 门去存储这些由 0 改变的 1,见图 10.8。

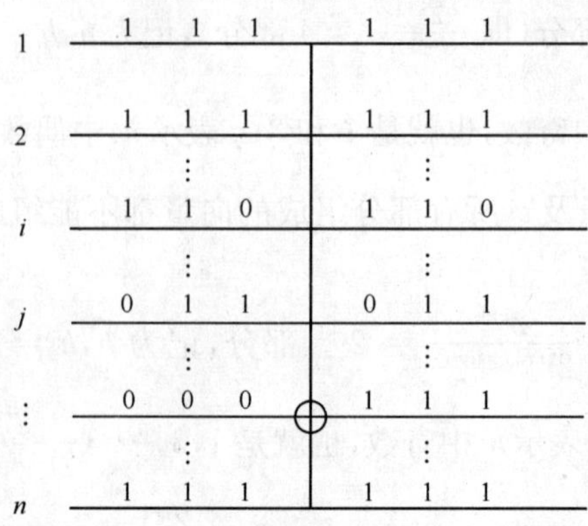

图 10.8 $(n-2)$-CNOT 门的存储变换

第 i 列和第 j 列中的向量值是四个向量$\langle 0,0\rangle$,$\langle 0,1\rangle$,$\langle 1,0\rangle$,$\langle 1,1\rangle$中的三个。这里有 24 $\left[\mathrm{P}_4^3 = \dfrac{4!}{(4-3)!} = 24\right]$种情况。

如图 10.8 所示,设 k,l 是分别不同于 i,j 中两空线,由于目标位为 i 时,需要一条空线 l; 目标位为 j 时,需要一条空线 k,这样可以使用式(10.43)。如果 $n>4$,表示为 $x=\{1,2,\cdots,n\}-\{i,j,k,l\}$,也就是除了 i,j,k,l 以外的水平线。$B_x = \prod_{h\neq i,j,k,l} B_h$ 是除了变量 B_i,B_j,B_k,B_l 之外变量 B_h 的积。

(1) 如果$(u,s,t)=(\langle 1,0\rangle,\langle 1,1\rangle,\langle 0,1\rangle)$,那么对 3-轮换$(u,s,t)$通过矩阵的两次初等变换得到 3-轮换$(s,t,u)$,即

$$\begin{pmatrix} u \\ s \\ t \end{pmatrix} = \overset{1,\cdots,i,\cdots,j,\cdots,n}{\begin{pmatrix} 1,\cdots,1,\cdots,0,\cdots,1 \\ 1,\cdots,1,\cdots,1,\cdots,1 \\ 1,\cdots,0,\cdots,1,\cdots,1 \end{pmatrix}} \xrightarrow{u\leftrightarrow s} \overset{1,\cdots,i,\cdots,j,\cdots,n}{\begin{pmatrix} 1,\cdots,1,\cdots,1,\cdots,1 \\ 1,\cdots,1,\cdots,0,\cdots,1 \\ 1,\cdots,0,\cdots,1,\cdots,1 \end{pmatrix}}$$

$$\xrightarrow{u\leftrightarrow t} \overset{1,\cdots,i,\cdots,j,\cdots,n}{\begin{pmatrix} 1,\cdots,1,\cdots,1,\cdots,1 \\ 1,\cdots,0,\cdots,1,\cdots,1 \\ 1,\cdots,1,\cdots,0,\cdots,1 \end{pmatrix}} = \begin{pmatrix} s \\ t \\ u \end{pmatrix} \tag{10.48}$$

如图 10.9 所示，设目标位为 j 时，取 l 为空线；目标位为 i 时，取 k 为空线。

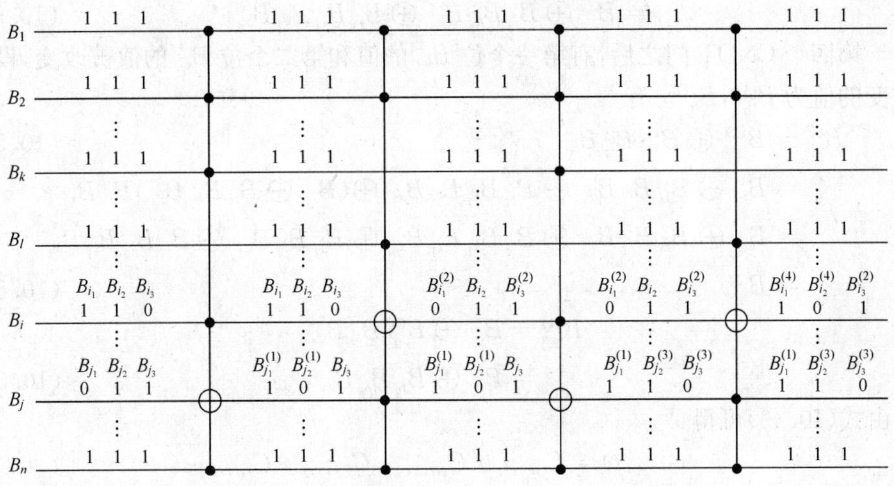

图 10.9　$(u,s,t)=(\langle 1,0\rangle,\langle 1,1\rangle,\langle 0,1\rangle)$的网络变换

第一个 CNOT 门之后，有第一个位 B_{j_1} 的值被改变，设被改变后的值为 $B_{j_1}^{(1)}$，有

$$B_{j_1}^{(1)} = B_{j_1} \oplus B_{i_1} B_{k_1} B_{x_1} \tag{10.49}$$

第二个位 B_{j_2} 的值被改变，设被改变后的值为 $B_{j_2}^{(1)}$，有

$$B_{j_2}^{(1)} = B_{j_2} \oplus B_{i_2} B_{k_2} B_{x_2} \tag{10.50}$$

第二个 CNOT 门之后，有第一个位 B_{i_1} 和第三个位 B_{i_3} 的值被改变，设被改变后的值分别为 $B_{i_1}^{(2)}$，$B_{i_3}^{(2)}$，有

$$\begin{aligned} B_{i_1}^{(2)} &= B_{i_1} \oplus B_{j_1}^{(1)} B_{l_1} B_{x_1} \\ &= B_{i_1} \oplus (B_{j_1} \oplus B_{i_1} B_{k_1} B_{x_1}) B_{l_1} B_{x_1} \\ &= B_{i_1} \oplus B_{j_1} B_{l_1} B_{x_1} \oplus B_{i_1} B_{k_1} B_{l_1} B_{x_1} \end{aligned} \tag{10.51}$$

$$B_{i_3}^{(2)} = B_{i_3} \oplus B_{j_3} B_{l_3} B_{x_3} \tag{10.52}$$

第三个 CNOT 门之后，有第二个位 B_{j_2} 的值和第三个位 B_{j_3} 的值被改变，设被改变后的值为 $B_{j_2}^{(3)}$，$B_{j_3}^{(3)}$，有

$$\begin{aligned} B_{j_2}^{(3)} &= B_{j_2}^{(1)} \oplus B_{i_2} B_{k_2} B_{x_2} \\ &= (B_{j_2} \oplus B_{i_2} B_{k_2} B_{x_2}) \oplus B_{i_2} B_{k_2} B_{x_2} \\ &= B_{j_2} \oplus B_{i_2} B_{k_2} B_{x_2} \oplus B_{i_2} B_{k_2} B_{x_2} \\ &= B_{j_2} \end{aligned} \tag{10.53}$$

$$B_{j_3}^{(3)} = B_{j_3} \oplus B_{i_3}^{(2)} B_{k_3} B_{x_3}$$

$$= B_{j_3} \oplus (B_{i_3} \oplus B_{j_3} B_{l_3} B_{x_3}) B_{k_3} B_{x_3}$$

$$= B_{j_3} \oplus B_{i_3} B_{k_3} B_{x_3} \oplus B_{j_3} B_{l_3} B_{k_3} B_{x_3} \tag{10.54}$$

第四个 CNOT 门之后，有第一个位 B_{i_1} 的值和第二个位 B_{i_2} 的值被改变，设被改变的值为 $B_{i_1}^{(4)}, B_{i_2}^{(4)}$，有

$$B_{i_1}^{(4)} = B_{i_1}^{(2)} \oplus B_{j_1}^{(1)} B_{l_1} B_{x_1} \tag{10.55}$$

$$= B_{i_1} \oplus B_{j_1} B_{l_1} B_{x_1} \oplus B_{i_1} B_{k_1} B_{l_1} B_{x_1} \oplus (B_{j_1} \oplus B_{i_1} B_{k_1} B_{x_1}) B_{l_1} B_{x_1}$$

$$= B_{i_1} \oplus B_{j_1} B_{l_1} B_{x_1} \oplus B_{i_1} B_{k_1} B_{l_1} B_{x_1} \oplus B_{j_1} B_{l_1} B_{x_1} \oplus B_{i_1} B_{k_1} B_{l_1} B_{x_1}$$

$$= B_{i_1} \tag{10.56}$$

$$B_{i_2}^{(4)} = B_{i_2} \oplus B_{j_2}^{(3)} B_{l_2} B_{x_2}$$

$$= B_{i_2} \oplus B_{j_2} B_{l_2} B_{x_2} \tag{10.57}$$

再由式(10.43)可得

$$(u,s,t) = C_{i,k,x;j} * C_{j,l,x;i} * C_{i,k,x;j} * C_{j,l,x;i}$$

$$= (C_{i,k,x;j} * C_{j,l,x;i})^2 \tag{10.58}$$

(2) 如果$(u,s,t)=(\langle 1,0\rangle,\langle 1,1\rangle,\langle 0,0\rangle)$，对 3-轮换$(u,s,t)$通过矩阵的两次初等变换得到 3-轮换$(s,t,u)$，即

$$\begin{matrix} & & 1,\cdots,i,\cdots,j,\cdots,n & & 1,\cdots,i,\cdots,j,\cdots,n \\ \begin{pmatrix} u \\ s \\ t \end{pmatrix} & = & \begin{pmatrix} 1,\cdots,1,\cdots,0,\cdots,1 \\ 1,\cdots,1,\cdots,1,\cdots,1 \\ 1,\cdots,0,\cdots,0,\cdots,1 \end{pmatrix} & \xrightarrow{u \leftrightarrow s} & \begin{pmatrix} 1,\cdots,1,\cdots,1,\cdots,1 \\ 1,\cdots,1,\cdots,0,\cdots,1 \\ 1,\cdots,0,\cdots,0,\cdots,1 \end{pmatrix} \end{matrix}$$

$$\begin{matrix} & 1,\cdots,i,\cdots,j,\cdots,n & & \\ \xrightarrow{u \leftrightarrow t} & \begin{pmatrix} 1,\cdots,1,\cdots,1,\cdots,1 \\ 1,\cdots,0,\cdots,0,\cdots,1 \\ 1,\cdots,1,\cdots,0,\cdots,1 \end{pmatrix} & = & \begin{pmatrix} s \\ t \\ u \end{pmatrix} \end{matrix} \tag{10.59}$$

由于在(u,s,t)中 t 中出现两个 0，因此 CNOT 门对 t 不起作用[即输入向量为$(1,\cdots,0,\cdots,0,\cdots,1)$，输出向量也为$(1,\cdots,0,\cdots,0,\cdots,1)$]，且 t 中出现两个 0 时，则在第 i 或 j 线上必出现两个 0，在(2)中第 j 线上出现两个 0。所以应该先用 NOT 门否定第 j 线，而最后还需要用 NOT 门再一次否定第 j 线，如图 10.10 所示。

由式(10.43)可得下面等式：

$$(u,s,t) = N_j * C_{j,l,x;i} * C_{i,k,x;j} * C_{j,l,x;i} * C_{i,k,x;j} * N_j$$

$$= N_j * (C_{j,l,x;i} * C_{i,k,x;j})^2 * N_j \tag{10.60}$$

(3) 当$(u,s,t)=(\langle 1,0\rangle,\langle 0,1\rangle,\langle 0,0\rangle)$时，按照(1)和(2)中的分析方法，由图 10.11 和式(10.43)可得下面等式：

$$
\begin{aligned}
(u,s,t) &= N_j * N_i * C_{i,k,x;j} * C_{j,l,x;i} * C_{i,k,x;j} * C_{j,l,x;i} * N_i * N_j \\
&= N_j * N_i * (C_{i,k,x;j} * C_{j,l,x;i})^2 * N_i * N_j
\end{aligned} \tag{10.61}
$$

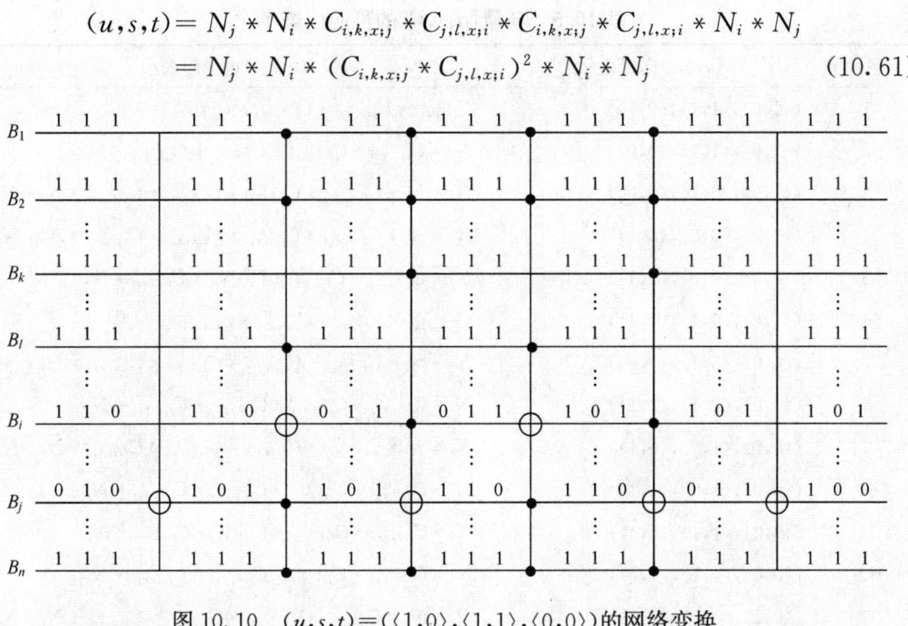

图 10.10　$(u,s,t)=(\langle 1,0\rangle,\langle 1,1\rangle,\langle 0,0\rangle)$的网络变换

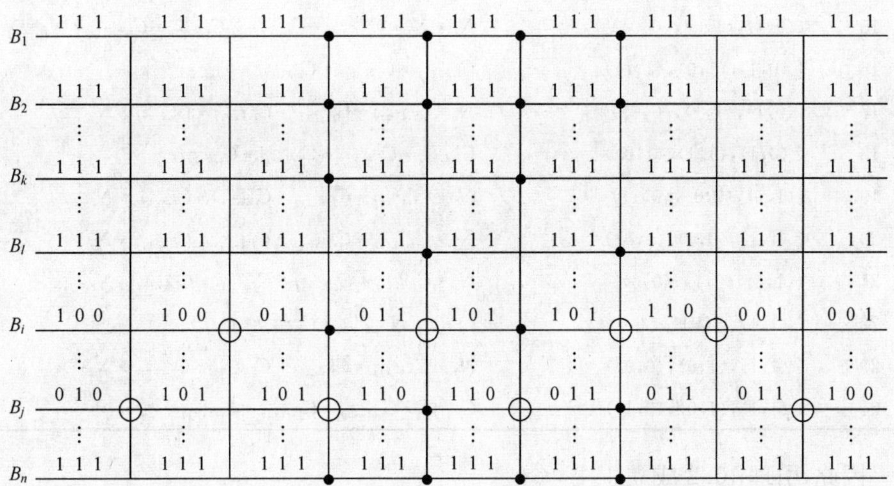

图 10.11　$(u,s,t)=(\langle 1,0\rangle,\langle 0,1\rangle,\langle 0,0\rangle)$的网络变换

由上面分析可得 24 种情况，见表 10.5。

表 10.5　向量(u,s,t) 的可逆门表示

序号	(u,s,t)向量表示	(u,s,t)可逆门表示
1	$(\langle 1,0\rangle,\langle 1,1\rangle,\langle 0,1\rangle)$	$C_{i,k,x;j} * C_{j,l,x;i} * C_{i,k,x;j} * C_{i,k,x;j}$
2	$(\langle 1,0\rangle,\langle 1,1\rangle,\langle 0,0\rangle)$	$N_j * C_{j,l,x;i} * C_{i,k,x;j} * C_{j,l,x;i} * C_{i,k,x;j} * N_j$
3	$(\langle 1,0\rangle,\langle 0,1\rangle,\langle 0,0\rangle)$	$N_j * N_i * C_{i,k,x;j} * C_{j,l,x;i} * C_{i,k,x;j} * C_{j,l,x;i} * N_i * N_j$
4	$(\langle 1,0\rangle,\langle 0,0\rangle,\langle 0,1\rangle)$	$N_j * N_i * C_{i,k,x;j} * C_{j,l,x;i} * C_{i,k,x;j} * C_{j,l,x;i} * N_i * N_j$
5	$(\langle 1,0\rangle,\langle 0,0\rangle,\langle 1,1\rangle)$	$N_j * C_{i,k,x;j} * C_{j,l,x;i} * C_{i,k,x;j} * C_{j,l,x;i} * N_j$
6	$(\langle 1,0\rangle,\langle 0,1\rangle,\langle 1,1\rangle)$	$C_{j,l,x;i} * C_{i,k,x;j} * C_{j,l,x;i} * C_{i,k,x;j}$
7	$(\langle 0,0\rangle,\langle 0,1\rangle,\langle 1,0\rangle)$	$N_j * N_i * C_{j,l,x;i} * C_{i,k,x;j} * C_{j,l,x;i} * C_{i,k,x;j} * N_i * N_j$
8	$(\langle 0,0\rangle,\langle 0,1\rangle,\langle 1,1\rangle)$	$N_i * C_{i,k,x;j} * C_{j,l,x;i} * C_{i,k,x;j} * C_{j,l,x;i} * N_i$
9	$(\langle 0,0\rangle,\langle 1,0\rangle,\langle 0,1\rangle)$	$N_j * N_i * C_{i,k,x;j} * C_{j,l,x;i} * C_{i,k,x;j} * C_{j,l,x;i} * N_i * N_j$
10	$(\langle 0,0\rangle,\langle 1,0\rangle,\langle 1,1\rangle)$	$N_j * C_{j,l,x;i} * C_{i,k,x;j} * C_{j,l,x;i} * C_{i,k,x;j} * N_j$
11	$(\langle 0,0\rangle,\langle 1,1\rangle,\langle 0,1\rangle)$	$N_i * C_{j,l,x;i} * C_{i,k,x;j} * C_{j,l,x;i} * C_{i,k,x;j} * N_i$
12	$(\langle 0,0\rangle,\langle 1,1\rangle,\langle 1,0\rangle)$	$N_j * C_{i,k,x;j} * C_{j,l,x;i} * C_{i,k,x;j} * C_{j,l,x;i} * N_j$
13	$(\langle 0,1\rangle,\langle 0,0\rangle,\langle 1,0\rangle)$	$N_i * N_j * C_{i,k,x;j} * C_{j,l,x;i} * C_{i,k,x;j} * C_{j,l,x;i} * N_j * N_i$
14	$(\langle 0,1\rangle,\langle 0,0\rangle,\langle 1,1\rangle)$	$N_i * C_{j,l,x;i} * C_{i,k,x;j} * C_{j,l,x;i} * C_{i,k,x;j} * N_i$
15	$(\langle 0,1\rangle,\langle 1,0\rangle,\langle 0,0\rangle)$	$N_i * N_j * C_{j,l,x;i} * C_{i,k,x;j} * C_{j,l,x;i} * C_{i,k,x;j} * N_j * N_i$
16	$(\langle 0,1\rangle,\langle 1,0\rangle,\langle 1,1\rangle)$	$C_{i,k,x;j} * C_{j,l,x;i} * C_{i,k,x;j} * C_{j,l,x;i}$
17	$(\langle 0,1\rangle,\langle 1,1\rangle,\langle 0,0\rangle)$	$N_i * C_{i,k,x;j} * C_{j,l,x;i} * C_{i,k,x;j} * C_{j,l,x;i} * N_i$
18	$(\langle 0,1\rangle,\langle 1,1\rangle,\langle 1,0\rangle)$	$C_{j,l,x;i} * C_{i,k,x;j} * C_{j,l,x;i} * C_{i,k,x;j}$
19	$(\langle 1,1\rangle,\langle 0,0\rangle,\langle 0,1\rangle)$	$N_i * C_{i,k,x;j} * C_{j,l,x;i} * C_{i,k,x;j} * C_{j,l,x;i} * N_i$
20	$(\langle 1,1\rangle,\langle 0,0\rangle,\langle 1,0\rangle)$	$N_j * C_{j,l,x;i} * C_{i,k,x;j} * C_{j,l,x;i} * C_{i,k,x;j} * N_j$
21	$(\langle 1,1\rangle,\langle 0,1\rangle,\langle 0,0\rangle)$	$N_i * C_{j,l,x;i} * C_{i,k,x;j} * C_{j,l,x;i} * C_{i,k,x;j} * N_i$
22	$(\langle 1,1\rangle,\langle 0,1\rangle,\langle 1,0\rangle)$	$C_{i,k,x;j} * C_{j,l,x;i} * C_{i,k,x;j} * C_{j,l,x;i}$
23	$(\langle 1,1\rangle,\langle 1,0\rangle,\langle 0,0\rangle)$	$N_j * C_{i,k,x;j} * C_{j,l,x;i} * C_{i,k,x;j} * C_{j,l,x;i} * N_j$
24	$(\langle 1,1\rangle,\langle 1,0\rangle,\langle 0,1\rangle)$	$C_{j,l,x;i} * C_{i,k,x;j} * C_{j,l,x;i} * C_{i,k,x;j}$

因此,引理 10.2 成立。

证毕。

10.5.3　可逆网络的构造

引理 10.4　如果 3-轮换(u,s,t)的特征矩阵有 k 个异类列,设 k_1 和 k_2 分别是 u 和 s 之间相同位和不同位的数目,k_{i1} 和 k_{i2} 分别是 s 和 t 之间 k_i 位中相同位和不同位的数目,$i=1,2$。下列等式成立:

$$k_{21}+k_{22}+k_{12}=k \tag{10.62}$$

$$k_{11}+k_{12}+k_{21}+k_{22}=n \tag{10.63}$$

证明　(1) 由于 u,s 中不同位 k_2（位数为 k_2）是包含在 k 个异类列中，也就是这 k 个异类列包含了 u,s 中不同位 k_2 和 u,s 的部分相同位 k_m（不妨用 k_m 表示），而在 k_2 中 s,t 相同位 k_{21}，不同位 k_{22}，则 $k_{21}+k_{22}=k_2$，又在 k 中的 u,s 部分相同位 k_m 一定是 s,t 的不同位，否则就不是异类列，而 k_m 又包含在 k_1 中，也就是在 k_1 中 s,t 的不同位 k_{12}，则 $k_{12}=k_m$，而 $k_2+k_m=k$，则

$$k_{21}+k_{22}+k_{12}=k \tag{10.64}$$

(2) 由于 k_{11},k_{12} 分别是 k_1 中 s,t 的相同位和不同位，则 $k_{11}+k_{12}=k_1$，而 k_{21}，k_{22} 分别是 k_2 中 s,t 的相同位和不同位，则

$$k_{21}+k_{22}=k_2 \tag{10.65}$$

又 $k_1+k_2=n$，则

$$k_{11}+k_{12}+k_{21}+k_{22}=n \tag{10.66}$$

证毕。

例 10.2

6个异类列

$$\begin{pmatrix} u \\ s \\ t \end{pmatrix}=\begin{pmatrix} 1\cdots0\cdots1\cdots0\ 0\ 0\ 1\ 1\ 1\ 0\cdots0\cdots1 \\ 1\cdots0\cdots1\cdots0\ 1\ 1\ 0\ 0\ 1\ 0\cdots0\cdots1 \\ 1\cdots0\cdots1\cdots1\ 0\ 1\ 0\ 1\ 0\ 0\cdots0\cdots1 \end{pmatrix}$$

$k=6$ 个异类列，u,s 相同位 $k_1=n-6+2=n-4$，不同位 $k_2=4$，在 k_1 中 s,t 的相同位和不同位分别为 $k_{11}=n-6,k_{12}=2$；在 k_2 中 s,t 的相同位和不同位分别为 $k_{21}=2,k_{22}=2$。于是

$$k_{21}+k_{22}+k_{12}=2+2+2=6=k$$
$$k_{11}+k_{12}+k_{21}+k_{22}=n-6+2+2+2=n$$

例 10.3

5个异类列

$$\begin{pmatrix} u \\ s \\ t \end{pmatrix}=\begin{pmatrix} 1\cdots0\cdots1\cdots0\ 0\ 0\ 1\ 1\ 0\cdots0\cdots1 \\ 1\cdots0\cdots1\cdots0\ 1\ 1\ 0\ 0\ 0\cdots0\cdots1 \\ 1\cdots0\cdots1\cdots1\ 0\ 1\ 0\ 1\ 0\cdots0\cdots1 \end{pmatrix}$$

$k=5$ 个异类列，u,s 相同位 $k_1=n-5+1=n-4$，不同位 $k_2=4$，在 k_1 中 s,t 的相同位和不同位分别为 $k_{11}=n-5,k_{12}=1$；在 k_2 中 s,t 的相同位和不同位分别为 $k_{21}=2$，$k_{22}=2$。于是

$$k_{21}+k_{22}+k_{12}=2+2+1=5=k$$
$$k_{11}+k_{12}+k_{21}+k_{22}=n-5+1+2+2=n$$

例 10.4

4个异类列

$$\begin{pmatrix} u \\ s \\ t \end{pmatrix}=\begin{pmatrix} 1\cdots1\ 0\ 0\ 1\ 1\ 0\cdots1 \\ 1\cdots1\ 1\ 1\ 0\ 0\ 0\cdots1 \\ 1\cdots1\ 0\ 1\ 0\ 1\ 0\cdots1 \end{pmatrix}$$

$k=4$ 个异类列，u,s 相同位 $k_1=n-k=n-4$，不同位 $k_2=4=k$。在 k_1 中 s,t 的相同位和不同位分别为 $k_{11}=n-4,k_{12}=0$；在 k_2 中 s,t 的相同位和不同位分别为 $k_{21}=2,k_{22}=2$。于是

$$k_{21}+k_{22}+k_{12}=2+2+0=4=k$$

$$k_{11}+k_{12}+k_{21}+k_{22}=n-4+0+2+2=n$$

例 10.5

$$\begin{matrix} & & 7\text{个异类列} \\ \begin{pmatrix} u \\ s \\ t \end{pmatrix} & = & \begin{pmatrix} 1\cdots1\ 0\ 0\ 0\ 0\ 0\ 1\ 1\ 1\ 1\ 0\cdots1 \\ 1\cdots1\ 0\ 0\ 1\ 1\ 0\ 0\ 1\ 1\ 0\cdots1 \\ 1\cdots1\ 1\ 1\ 0\ 1\ 0\ 1\ 0\ 1\ 0\cdots1 \end{pmatrix} \end{matrix}$$

$k=7$ 个异类列，u,s 相同位 $k_1=n-7+3=n-4$，不同位 $k_2=4$。在 k_1 中 s,t 的相同位和不同位分别为 $k_{11}=n-7,k_{12}=3$；在 k_2 中 s,t 的相同位和不同位分别为 $k_{21}=2,k_{22}=2$，于是

$$k_{21}+k_{22}+k_{12}=2+2+3=7=k$$

$$k_{11}+k_{12}+k_{21}+k_{22}=n-7+3+2+2=n$$

引理 10.5　如果 3-轮换(u,s,t)的特征矩阵有 k 个异类列，则存在含有 m 个向量的有序集合 $M=\{a_1,a_2,\cdots,a_m\}$，使得 $u,s,t\in M$，且 $a_1,a_m\in\{u,s,t\}$。

对任一 r，$1\leqslant r<m$，向量 $a_i,\cdots,a_{i+r}$ 只有 r 个位不同，$a_i,\cdots,a_{i+r}\in M$，且 $m\leqslant k+\left[\dfrac{k}{3}\right]+1$。

证明　(1) 按照引理 10.4 中 u,s,t 的顺序，让 $a_1=u,a_i=s,a_{m_1}=t$。在 u,s（即 a_1,a_i）之间插入向量 $a_2,\cdots,a_{i-1}$，使得插入的 $i-2$ 个向量没有改变 u,s 之间的相同位，$a_2,\cdots,a_{i-1}$ 与 $u=a_1,s=a_i$ 也具有相同的位，并且在 u,s 之间不相同的位。每次加入一个向量，只改变其中的一位，任意在 r 个相邻向量中只有 r 位是不同的，由于 k_2 是 u 与 s 之间的所有不同位的数目，因此 $i-2=k_2-1$。则有

$$i=k_2+1,k_2=k_{21}+k_{22},i=1+k_{21}+k_{22} \tag{10.67}$$

得到向量

$$u=a_1,a_2,\cdots,a_{i-1},s=a_i \tag{10.68}$$

其中每两个相邻向量只有一个位不同，任一 r 个相邻向量只有 r 个位不同。

而 s,t 的不同位数是由两部分组成的：一部分是在 k_2 中（k_2 是 u,s 的不同位数）s,t 的不同位数（即位 k_{22}）；另一部分是在 k_1 中（k_1 是 u,s 的相同位数）s,t 的不同位数（即位 k_{12}）。则 s,t 共有 $k_{12}+k_{22}$ 个不同的位数，在 s,t 之间需要插入 $k_{12}+k_{22}-1$ 个向量，没有改变 s,t 之间的相同位，这 $k_{12}+k_{22}-1$ 个向量与 $a_i=s$，$a_{m_1}=t$ 也有相同的位，并且在 s,t 之间不相同的位每次加入一个向量只改变其中的一位，任意在 r 个相邻向量中只有 r 位是不同的。因此有

$$m_1=i+k_{12}+k_{22}=k_{21}+k_{22}+k_{12}+k_{22}+1=1+k_{22}+k \tag{10.69}$$

这样，在 s,t 之间插入的 $k_{12}+k_{22}-1$ 个向量分别为 $a_{i+1},a_{i+2},\cdots,a_{m_1-1}$，于是得到向量

$$a_i=s,a_{i+1},a_{i+2},\cdots,a_{m_1-1},a_{m_1}=t \tag{10.70}$$

其中每两个相邻向量只有一个位不同，任意 r 个相邻向量只有 r 个不同的位，且 $a_{i+1},a_{i+2},\cdots,a_{m_1-1}$，与 $u=a_1,s=a_i$ 有相同的位。

因此，得到含有 m_1 个向量的有序集合 M_1，使得在 r 个相邻向量中只有 r 位是不同的。

(2) 类似地，按照 u,t,s 的顺序，可以得到带有 m_2 个向量的有序集合 M_2，使得在 r 个相邻向量中只有 r 位是不同的，并且 $m_2=k+k_{12}+1$。

(3) 类似地，按照 s,u,t 的顺序，可以得到带有 m_3 个向量的有序集合 M_3，使得在 r 个相邻向量中只有 r 位是不同的，并且 $m_3=k+k_{21}+1$。

从 M_1,M_2,M_3 中选取元素个数最少的集合，记为 M。由于

$$\begin{aligned}m_1+m_2+m_3&=k+k+k+k_{22}+k_{12}+k_{21}+1+1+1\\&=3k+k+3\end{aligned}$$

取 $m=\min\{m_1,m_2,m_3\}$，则 $m\leqslant k+\left[\frac{k}{3}\right]+1$，且在 r 个相邻向量中只有 r 个位不同。

证毕。

在例 10.2 中 $i=1+k_{21}+k_{22}=1+2+2=5$，$m_1=1+k_{22}+k=1+2+6=9$。

$a_1=u$	1…0…1…0　0　0　1　1　1　0　0…1…1
a_2	1…0…1…0　1　0　1　1　1　0　0…1…1
a_3	1…0…1…0　1　1　1　1　1　0　0…1…1
a_4	1…0…1…0　1　1　0　1　1　0　0…1…1
$a_5=s=a_i$	1…0…1…0　1　1　0　0　1　0　0…1…1
a_6	1…0…1…1　1　1　0　0　1　0　0…1…1
a_7	1…0…1…1　0　1　0　0　1　0　0…1…1
a_8	1…0…1…1　0　1　0　1　1　0　0…1…1
$a_9=t=a_{m_1}$	1…0…1…1　0　1　0　1　0　0　0…1…1

在例 10.3 中 $i=1+k_{21}+k_{22}=1+2+2=5$，$m_1=1+k_{22}+k=1+2+5=8$。

$a_1=u$	1…0…1…0　0　0　1　1　0　0…1…1
a_2	1…0…1…0　1　0　1　1　0　0…1…1
a_3	1…0…1…0　1　1　1　1　0　0…1…1
a_4	1…0…1…0　1　1　0　1　0　0…1…1
$a_5=s=a_i$	1…0…1…0　1　1　0　0　0　0…1…1
a_6	1…0…1…1　1　1　0　0　0　0…1…1

a_7　　1…0…1…1　0　1　0　0　0　0…1…1

$a_8 = t = a_m$　　1…0…1…1　0　1　0　1　0　0…1…1

在例 10.4 中 $i=1+k_{21}+k_{22}=1+2+2=5, m_1=1+k_{22}+k=1+2+4=7$。

$a_1 = u$　　1…1…0　0　1　1　0…1…1

a_2　　1…1…1　0　1　1　0…1…1

a_3　　1…1…1　1　1　1　0…1…1

a_4　　1…1…1　1　0　1　0…1…1

$a_5 = s = a_i$　　1…1…1　1　0　0　0…1…1

a_6　　1…1…0　1　0　0　0…1…1

a_7　　1…1…0　1　0　1　0…1…1

在例 10.5 中 $i=1+k_{21}+k_{22}=1+2+2=5, m_1=1+k_{22}+k=1+2+7=10$。

$a_1 = u$　　1…1…0　0　0　0　1　1　1　10…1

a_2　　1…1…0　0　1　0　1　1　1　10…1

a_3　　1…1…0　0　1　1　1　1　1　10…1

a_4　　1…1…0　0　1　1　0　1　1　10…1

$a_5 = s = a_i$　　1…1…0　0　1　1　0　0　1　10…1

a_6　　1…1…1　0　1　1　0　0　1　10…1

a_7　　1…1…1　1　1　1　0　0　1　10…1

a_8　　1…1…1　1　0　1　0　0　1　10…1

a_9　　1…1…1　1　0　1　0　1　1　10…1

$a_{10} = t = a_{m_1}$　　1…1…1　1　0　1　0　1　0　10…1

定理 10.1　所有 n 位偶数二元可逆网络可通过 NOT 和 2-CNOT 门构造。

证明　对于偶数可逆网络，它的输入输出的置换可以通过 3-轮换的积表示(引理 10.1)。

通过引理 10.5，对于任意的 3-轮换 (u,s,t)，有 m 个向量赋值 $a_1, a_2, \cdots, a_m$，这里 $a_1, a_m \in \{u,s,t\}$，使得 a_i 和 a_{i+1} 之间只有一个位不同。可以分解 3-轮换 $(u,s,t)=(a_1, a_{1+r_1}, a_{1+r_1+r_2})$ 或 $(u,s,t)=(a_1, a_{1+r_1+r_2}, a_{1+r_1})$，这里 $1+r_1+r_2=m$。

设

$$\sigma=\begin{pmatrix} a_1, a_{1+r_1}, a_{1+r_1+r_2} \\ a_{1+r_1}, a_{1+r_1+r_2}, a_1 \end{pmatrix}, \sigma_1=\begin{pmatrix} a_{1+r_1}, a_{1+r_1+r_2}, a_{1+r_1+1} \\ a_{1+r_1+r_2}, a_{1+r_1+1}, a_{1+r_1} \end{pmatrix}, \sigma_2=\begin{pmatrix} a_1, a_{1+r_1}, a_{1+r_1+1} \\ a_{1+r_1}, a_{1+r_1+1}, a_1 \end{pmatrix}$$

则

$$\sigma(a_1)=a_{1+r_1}, \sigma_1 * \sigma_2(a_1)=\sigma_2(\sigma_1(a_1))=\sigma_2(a_1)=a_{1+r_1}=\sigma(a_1)$$

$$\sigma(a_{1+r_1})=a_{1+r_1+r_2}, \sigma_1 * \sigma_2(a_{1+r_1})=\sigma_2(\sigma_1(a_{1+r_1}))=\sigma_2(a_{1+r_1+r_2})$$
$$=a_{1+r_1+r_2}=\sigma(a_{1+r_1})$$

$$\sigma(a_{1+r_1+1})=a_{1+r_1+1}, \sigma_1 * \sigma_2(a_{1+r_1+1})=\sigma_2(\sigma_1(a_{1+r_1+1}))=\sigma_2(a_{1+r_1})$$

$$= a_{1+r_1+1} = \sigma(a_{1+r_1+1})$$

$$\sigma(a_{1+r_1+r_2}) = a_1, \sigma_1 * \sigma_2(a_{1+r_1+r_2}) = \sigma_2(\sigma_1(a_{1+r_1+r_2})) = \sigma_2(a_{1+r_1+1})$$

$$= a_1 = \sigma(a_{1+r_1+r_2})$$

故有

$$(a_1, a_{1+r_1}, a_{1+r_1+r_2}) = (a_{1+r_1}, a_{1+r_1+r_2}, a_{1+r_1+1}) * (a_1, a_{1+r_1}, a_{1+r_1+1}) \quad (10.71)$$

设

$$\sigma = \begin{bmatrix} a_1, a_{1+r_1+r_2}, a_{1+r_1} \\ a_{1+r_1+r_2}, a_{1+r_1}, a_1 \end{bmatrix}, \sigma_1 = \begin{bmatrix} a_1, a_{1+r_1+1}, a_{1+r_1} \\ a_{1+r_1+1}, a_{1+r_1}, a_1 \end{bmatrix}, \sigma_2 = \begin{bmatrix} a_{1+r_1}, a_{1+r_1+1}, a_{1+r_1+r_2} \\ a_{1+r_1+1}, a_{1+r_1+r_2}, a_{1+r_1} \end{bmatrix}$$

则

$$\sigma(a_1) = a_{1+r_1+r_2}, \sigma_1 * \sigma_2(a_1) = \sigma_2(\sigma_1(a_1)) = \sigma_2(a_{1+r_1+1}) = a_{1+r_1+r_2} = \sigma(a_1)$$

$$\sigma(a_{1+r_1+r_2}) = a_{1+r_1}, \sigma_1 * \sigma_2(a_{1+r_1+r_2}) = \sigma_2(\sigma_1(a_{1+r_1+r_2})) = \sigma_2(a_{1+r_1+r_2})$$

$$= a_{1+r_1} = \sigma(a_{1+r_1+r_2})$$

$$\sigma(a_{1+r_1}) = a_1, \sigma_1 * \sigma_2(a_{1+r_1}) = \sigma_2(\sigma_1(a_{1+r_1})) = \sigma_2(a_1)$$

$$= a_1 = \sigma(a_{1+r_1})$$

$$\sigma(a_{1+r_1+1}) = a_{1+r_1+1}, \sigma_1 * \sigma_2(a_{1+r_1+1}) = \sigma_2(\sigma_1(a_{1+r_1+1})) = \sigma_2(a_{1+r_1})$$

$$= a_{1+r_1+1} = \sigma(a_{1+r_1+1})$$

故有

$$(a_1, a_{1+r_1+r_2}, a_{1+r_1}) = (a_1, a_{1+r_1+1}, a_{1+r_1}) * (a_{1+r_1}, a_{1+r_1+1}, a_{1+r_1+r_2}) \quad (10.72)$$

设

$$\sigma = (a_1, a_{1+r_1}, a_{1+r_1+1}), \sigma_1 = (a_{r_1}, a_{1+r_1}, a_{1+r_1+1}), \sigma_2 = (a_1, a_{1+r_1}, a_{r_1})$$

则

$$\sigma(a_1) = a_{1+r_1}, \sigma_1 * \sigma_2(a_1) = \sigma_2(\sigma_1(a_1)) = \sigma_2(a_1) = a_{1+r_1} = \sigma(a_1)$$

$$\sigma(a_{1+r_1}) = a_{1+r_1+1}, \sigma_1 * \sigma_2(a_{1+r_1}) = \sigma_2(\sigma_1(a_{1+r_1})) = \sigma_2(a_{1+r_1+1})$$

$$= a_{1+r_1+1} = \sigma(a_{1+r_1})$$

$$\sigma(a_{1+r_1+1}) = a_1, \sigma_1 * \sigma_2(a_{1+r_1+1}) = \sigma_2(\sigma_1(a_{1+r_1+1})) = \sigma_2(a_{r_1})$$

$$= a_1 = \sigma(a_{1+r_1+1})$$

故有

$$(a_1, a_{1+r_1}, a_{1+r_1+1}) = (a_{r_1}, a_{1+r_1}, a_{1+r_1+1}) * (a_1, a_{1+r_1}, a_{r_1}) \quad (10.73)$$

设

$$\sigma = (a_1, a_{1+r_1+1}, a_{1+r_1}), \sigma_1 = (a_1, a_{r_1}, a_{1+r_1}), \sigma_2 = (a_{r_1}, a_{1+r_1+1}, a_{1+r_1})$$

则

$$\sigma(a_1) = a_{1+r_1+1}, \sigma_1 * \sigma_2(a_1) = \sigma_2(\sigma_1(a_1)) = \sigma_2(a_{r_1}) = a_{1+r_1+1} = \sigma(a_1)$$

$$\sigma(a_{1+r_1+1}) = a_{1+r_1}, \sigma_1 * \sigma_2(a_{1+r_1+1}) = \sigma_2(\sigma_1(a_{1+r_1+1})) = \sigma_2(a_{1+r_1+1})$$

$$= a_{1+r_1} = \sigma(a_{1+r_1+1})$$

$$\sigma(a_{1+r_1}) = a_1, \sigma_1 * \sigma_2(a_{1+r_1}) = \sigma_2(\sigma_1(a_{1+r_1})) = \sigma_2(a_1)$$

$$= a_1 = \sigma(a_{1+r_1})$$

故有

$$(a_1, a_{1+r_1+1}, a_{1+r_1}) = (a_1, a_{r_1}, a_{1+r_1}) * (a_{r_1}, a_{1+r_1+1}, a_{1+r_1}) \tag{10.74}$$

递归地应用式(10.71)或式(10.72)(如果 $r_2 > 1$)和式(10.73)或式(10.74) ($r_1 > 1$) 中的其中之一,可以分解 (u,s,t) 为相邻 3-轮换。

通过引理 10.3,任意相邻的 3-轮换可通过 NOT 和($n-2$)-CNOT 门构造。应用式(10.43)递归,通过 NOT 和 2-CNOT 门可以构造。接着可以得到 2-CNOT 门数和 NOT 门数的上限。

因此,所有的 n 位的偶数二元可逆电路可通过 NOT 和 2-CNOT 门无附加位构造。

基于上面的分析,我们给出偶数二进制可逆电路的构造算法。

算法步骤:

(1) 使用命题 10.3 分解成 3-轮换的积 f。

(2) 对于每一个 3-轮换(u,s,t)按照引理 10.5 寻找一个有序集,$M = \{a_1, a_2, \cdots, a_m\}$,基于式(10.71)~式(10.74),分解 3-轮换(u,s,t)为一些相邻 3-轮换(a_i, a_{i+1}, a_{i+2}) 或 (a_i, a_{i+2}, a_{i+1}) 的积。

(3) 通过引理 10.3 且删除相邻的一些 NOT 门,用 NOT 门和($n-2$)-CNOT 门综合所有相邻的 3-轮换。

(4) 通过式(10.43)分解每一个($n-2$)-CNOT 门为 $(3\times 2^{n-4}-2)$ 个 2-CNOT 门。

10.5.4 实例验证

给定一个偶数二元可逆网络的矩阵表示:

$$\begin{matrix} \text{输入} & & \text{输出} \\ \left\{\begin{matrix} & \cdots \\ b_1 & 01010 \\ & \cdots \\ b_2 & 01110 \\ & \cdots \\ b_3 & 10010 \\ & \cdots \\ b_4 & 10110 \\ & \cdots \\ b_5 & 11110 \\ & \cdots \end{matrix}\right. & \xrightarrow{f} & \left\{\begin{matrix} & \cdots \\ b_5 & 11110 \\ & \cdots \\ b_4 & 10110 \\ & \cdots \\ b_1 & 01010 \\ & \cdots \\ b_3 & 10010 \\ & \cdots \\ b_2 & 01110 \\ & \cdots \end{matrix}\right. \end{matrix} \tag{10.75}$$

式(10.75)中的省略号表示输入和输出值相同。因此，$f=(b_1,b_5,b_2,b_4,b_3)$。

第一步：通过命题 10.3 分解 f 为 3-轮换,使得 $f=(b_1,b_5,b_2)(b_1,b_4,b_3)$。

第二步：分解每一个 3-轮换为相邻 3-轮换的积。(b_1,b_5,b_2) 是一个相邻 3-轮换。对于 (b_1,b_4,b_3)，使用引理 10.5,得到有序集合 $M=\{a_1,a_2,a_3,a_4\}$，这里，$a_1=b_1,a_2=\langle 0,0,0,1,0\rangle$，$a_3=b_3,a_4=b_4$，使用式(10.74),得到

$$(b_1,b_4,b_3)=(a_1,a_4,a_3)=(a_1,a_2,a_3)(a_2,a_4,a_3) \tag{10.76}$$

第三步：通过应用 NOT 门和表 10.5(11),有

$$(b_1,b_5,b_2)=N_5*N_1*C_{1,2,5;3}*C_{3,4,5;1}*C_{1,2,5;3}*C_{3,4,5;1}*N_1*N_5 \tag{10.77}$$

通过应用 NOT 门和表 10.5(13),有

$$(a_1,a_2,a_3)=N_5*N_3*N_1*N_2*C_{1,3,5;2}*C_{2,4,5;1}*C_{1,3,5;2}*C_{2,4,5;1}*N_2*N_1*N_3*N_5 \tag{10.78}$$

通过应用 NOT 门和表 10.5(12),有

$$(a_2,a_4,a_3)=N_5*N_3*N_2*C_{1,2,5;3}*C_{3,4,5;1}*C_{1,2,5;3}*C_{3,4,5;1}*N_2*N_3*N_5 \tag{10.79}$$

把上面的可逆门积项级联后可得到如图 10.12 的可逆网络。

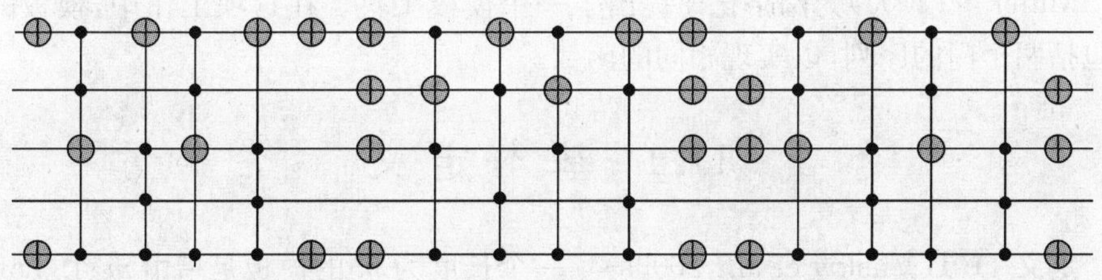

图 10.12　$f=(b_1,b_5,b_2,b_4,b_3)$ 可逆网络级联图

从图 10.12 可以看出,通过移动相邻的相同 NOT 对,f 被分解成 8 个 NOT 门和 12 个 3-CNOT 门的可逆网络。该网络还可以使用式(10.43),使得每一个 3-CNOT门为 4 个 2-CNOT 门。也就是说,函数 f 所形成的可逆网络也可以由 8 个 NOT 门的积和 48 个 2-CNOT 门组成。可见,与其他可逆网络级联方法比较,基于置换群的可逆网络级联可以很容易地把由 3-CNOT 与 NOT 构成的可逆网络转化为 2-CNOT 与 NOT 构成的可逆网络,并且不需要垃圾输出信息。而一般的可逆网络级联方法,垃圾输出信息几乎是不可避免的。

通过可逆逻辑网络与置换的等价关系,把可逆网络级联转化为对称群的轮换问题。证明了任何一个相邻 3-轮换置换 (u,s,t) 可以通过 4 个$(n-2)$-CNOT 门和至少 2^n 位的 NOT 门生成,以此 n 位的偶数二元可逆网络可通过 NOT 和 2-CNOT 门构造。通过实例验证了构造可逆网络的方法。

第 11 章　可逆逻辑网络的优化

可逆网络优化是可逆逻辑综合的重要内容之一。不管采取何种变换方法，所得到的可逆逻辑网络一般并不是最优的网络，尤其在可逆门的数量上并不一定最少。如何找到更好的方法，有效地将可逆网络优化，使其成为可逆门数尽可能少的可逆网络，是研究者普遍关注的问题。运用模板的方式等价替换网络中的某一部分可逆逻辑门，是减少可逆逻辑门数量的一种有效方法（Dueck et al.，2003b；Maslov et al.，2003b；2003d；2005b；2006）。

然而，局部变换在常规和可逆情况下对网络变换都是有益的（Brand et al.，1993；Song et al.，1996）。Iwama、Kambayashi 和 Yamashita 介绍了一些可逆网络转换的规则，这主要服务于网络规范形式，因此变换集合是完备的。Iwama 等（2002）的文献中变换之一是为可逆网络的化简提出的，但没有说明实际的应用过程。

Miller 等（2003）为网络化简提出了一个模板工具。在这项工作中，模板的组成包括两个门的序列，以实现相同的函数。

11.1　基 本 定 义

定义 11.1（Maslov et al.，2003a）　一个长度为 m 的模板是指由 m 个 Toffoli 门组成的最优网络，即长度为 m 的模板不能被长度为 $n(n<m)$ 的模板所替代，模板网络实现的是一个恒等的逻辑函数功能，记为

$$T = G_0G_1\cdots G_{m-1} = \mathrm{Id} \tag{11.1}$$

对于长度为 m 的模板，取任意的 $k(0\leqslant k\leqslant m-1)$，令 $f=G_0G_1\cdots G_k, G_{k+1}\cdots G_{m-1}=f^{-1}$，亦即 $G_0G_1\cdots G_k=(G_{k+1}\cdots G_{m-1})^{-1}$。对于一个 Toffoli 门网络，当网络中的一个门序列与 $G_0G_1\cdots G_k$ 相匹配，且 $k\geqslant\lfloor m/2\rfloor$，则可用 $(G_{k+1}\cdots G_{m-1})^{-1}=G_{m-1}\cdots G_{k+1}$（Toffoli 门的逆就是其本身 $G=G^{-1}$）的门序列等价替换当前网络中的门序列，从而达到保持函数功能不变，同时减少门个数的目的。

定义 11.2（李文骞等，2006）　对于 Toffoli 门可逆网络的一条输入/输出线，如果这条线路上没有受控端（XOR 门），则称这条输入/输出线为控制线，记为 $C_i(i>0)$，反之称之为受控线，记为 $t_i(i>0)$，在模板网络中，C_i 和 t_i 分别表示一组相同的控制线的集合和受控线的集合。

引理 11.1（Maslov et al.，2005c）　如果一个门序列 $G_0G_1\cdots G_{m-1}$ 实现的是恒

等函数功能，则其 k 阶轮换 $G_kG_{(k+1)\mathrm{mod}m}\cdots G_{(k-1)\mathrm{mod}m}$ 实现的也是恒等函数功能。

证明　只需要证明一阶轮换实现的是恒等函数功能即可，k 阶轮换可以看成 k 次一阶轮换的操作。

令 $\mathrm{Id}=G_0G_1\cdots G_{m-1}$，则 $G_0\ \mathrm{Id}=G_0G_1\cdots G_{m-1}$。

根据 Toffoli 门的性质，相邻的两相同的门可以从门序列中移除。则 $G_0=G_1\cdots G_{m-1}$（Id 代表恒等功能，可以看成 1），所以有 $\mathrm{Id}=G_0G_0=G_1\cdots G_{m-1}G_0$。

引理 11.1 说明了对于一个长度为 m 的模板网络，实际上有 m 种不同的轮换形式。

定义 11.3（李文骞等，2006）　对于一个门序列 $G_0G_1\cdots G_{m-1}$，其一条控制线可以用特征向量 $(a_0,a_1,\cdots,a_{m-1})$ 来表示，其中 $a_i\in\{0,1\}$，$0\leqslant i\leqslant m-1$，$a_i=1$。当且仅当 G_i 在这条控制线上有控制点，否则 $a_i=0$。

图 11.1 为 Maslov 的部分模板（Maslov et al.，2005c）。

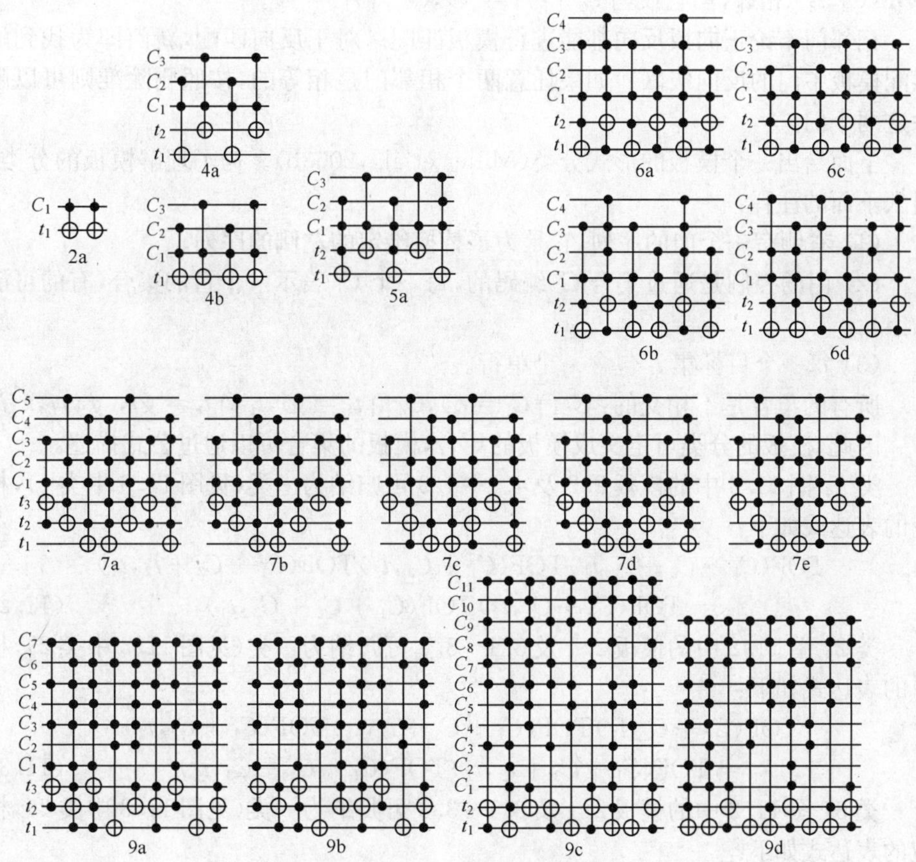

图 11.1　Maslov 的部分模板

需要特别说明的是图 11.1 中 $m=2$ 及 $m=4$ 对应的模板。这两个模板并不是可应用的模板，而是代表了 2 个规则。$m=2$ 的模板实际上是一个消除规则，即如果存在相邻的 2 个相同的门，则可以将其从门序列中移除。$m=4$ 是一个移动规则，若相邻的 2 个门 G_aG_b，令 G_a 的控制线集合为 C_a，受控线为 T_a，G_b 的控制线集合为 C_b，受控线为 T_b，则 $G_aG_b \rightarrow G_bG_a$ 当且仅当 $T_a \notin C_b$ 且 $T_b \notin C_a$。在模板匹配中，这个移动规则很重要，依据它移动门的位置，使得到的新的门序列同模板中的部分门序列相同，从而进行替换。

11.2 模板分类

在 Miller 等(2003b)的文献中，宽门的最初匹配，贯穿整个可逆网络，如果找到了所有目标的可逆网络，试图使用移动规则使它们相邻：门 $\mathrm{TOF}(C_1,t_1)$ 可与 $\mathrm{TOF}(C_2,t_2)$ 相邻，当且仅当 $C_1 \cap t_2=\varnothing, C_2 \cap t_1=\varnothing$。

相邻门不论正向或反向都能进行模板匹配。对于反向匹配，新门即为找到的匹配模板中门的反向级联。如果任意两个相邻门是相等的，按照删除准则可以删除这两个门。

下面给出一个模板的形式分类(Miller et al.，2003b)。为了理解模板的分类，引入下面的注释：

(1) 右侧有一个门的序列，它是为了替换给定的左侧的序列。

(2) 门的控制是通过集合 C_i 编码的，每一个 C_i 表示一个行的集合(有的可能为空)。

(3) 每一个目标集 t_i 包含一个单行。

所有的集合是不相交的：$C_i \cap C_j=\varnothing, C_i \cap t_k=\varnothing, t_l \cap t_k=\varnothing, \forall i,j,k,l$。

因此，模板的分类可定义成模板的集合，模板的集合可以通过公式描述。

类 1：图 11.2 中的模板 2.2 及 4.1～4.3 可归纳为一类(见图 11.3 中类 1)，相应的表达式如下：

$$\begin{aligned}&\mathrm{TOF}(C_1+C_2+t_2,t_1)\mathrm{TOF}(C_1+C_3,t_2)\mathrm{TOF}(C_1+C_2+t_2,t_1)\\&\quad=\mathrm{TOF}(C_1+C_3,t_2)\mathrm{TOF}(C_1+C_2+C_3,t_1)\end{aligned}\tag{11.2}$$

类 2：图 11.2 中的模板 2.1 及 3.1～3.3 可归纳为一类(见图 11.3 中类 2)，相应的表达式如下：

$$\begin{aligned}&\mathrm{TOF}(C_1+C_2,t_2)\mathrm{TOF}(C_1+C_3+t_2,t_1)\mathrm{TOF}(C_1+C_2,t_2)\\&\quad=\mathrm{TOF}(C_1+C_3+t_2,t_1)\mathrm{TOF}(C_1+C_2+C_3,t_1)\end{aligned}\tag{11.3}$$

类 3：图 11.2 中的模板 2.1 及 3.1～3.3 可归纳为一类(见图 11.3 中类 3)，相应的表达式如下：

$$\begin{aligned}&\mathrm{TOF}(C_1+C_2+t_2,t_1)\mathrm{TOF}(C_1+C_2+C_3,t_1)\mathrm{TOF}(C_1+C_3,t_2)\\&\quad=\mathrm{TOF}(C_1+C_3,t_2)\mathrm{TOF}(C_1+C_2+t_2,t_1)\end{aligned}\tag{11.4}$$

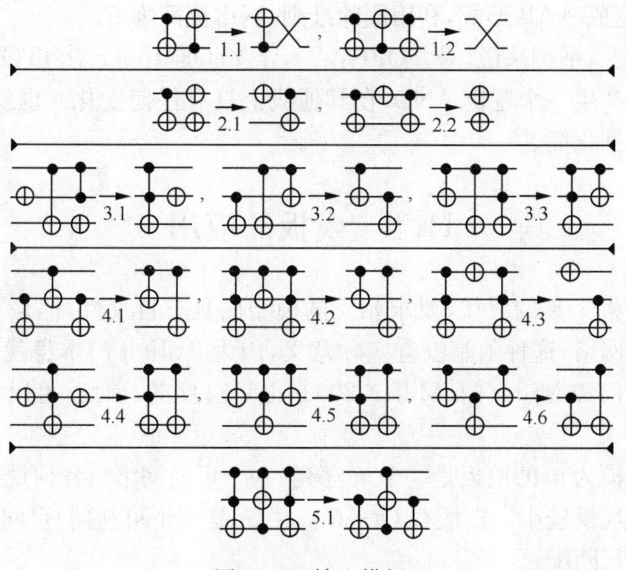

图 11.2　输入模板

为了对此进行检验，Maslov(2003a)给出并实现了一个在四行上建立的所有三门序列的穷尽搜索程序，基于以上三类[式(11.2)、式(11.3)及式(11.4)]及删除和移动规则，通过模板的思想检查是否序列得以简化。这个程序没有发现新的模板。得到结论，对于任何三门 Toffoli 网络，三个类与移动和删除规则形成完备的化简工具。

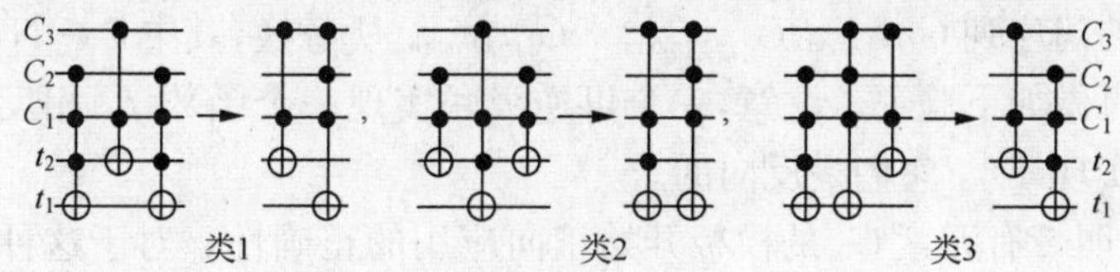

图 11.3　模板类 1～3

相似地，类 1 和类 2，如图 11.4 所示。结果描述如下：

模板的第一部分构成 ABA 的 3 个门，第一个和第三个是相同的。

如果下面的算法产生了有效的网络，则模板存在；否则不做，取第二个门，把它放到模板的第二部分。

在每一线上，可能有逻辑与 AND(·)，异或 EXOR(⊕)，或没有与垂线连接的线(表示为□)。通过图 11.4 在线 A 和 B 上使用符号，建立模板右侧的第二个门(因为表是对称的，这里不必详细列出哪些是 A、哪些是 B)。

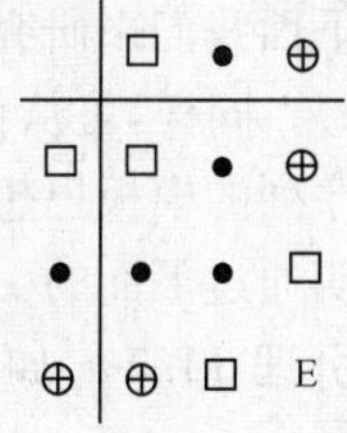

图 11.4　第二个门的构建过程

如果符号 E 在建立的过程中发生，则模板不能建立。原因是：如果所有的 ⊕ 运算都在相同的线上，则可应用移动准则,网络变成 AAB 形式,利用删除准则,网络化简为 B。

另一种情况,举例来说,对 $\mathrm{TOF}(t_1+t_2,t_3)\mathrm{TOF}(t_1+t_3,t_2)\mathrm{TOF}(t_1+t_2,t_3)$,算法在第一行产生一个逻辑 AND,在其他线上没有任何变化。也就是说,这个门的序列没有得到化简。

11.3 模板的应用

在生成模板工具的时候,要求相应的模型门具有自反性,但是对于用 Toffoli 门级联而成的网络,这种限制没有实际意义,因为 Toffoli 门本身就是自反的。事实上,Fredkin 门和 Miller 门(Miller,2002)也是自反的,因此,可以把它们添加到模型当中。

设一个规模为 m 的模板是一个 m 序列(一个可逆网络),任何规模 m 的模板必须是独立的且规模较小。模板 $G_0G_1\cdots G_{m-1}$(G_i 是一个可逆门)可同时从输入或输出两个方向进行匹配:

(1) 正向匹配。对于一个长度为 m 的模板,可逆网络中的一个门序列同模板序列 $G_0G_1\cdots G_{m-1}$ 中的 $G_iG_{(i+1)\bmod m}\cdots G_{(i+k-1)\bmod m}$ 相匹配,则网络中的这个门序列可以被模板中的门序列 $G_{(i-1)\bmod m}G_{(i-2)\bmod m}\cdots G_{(i+k)\bmod m}$ 所替换,其中 $k\in\mathbf{N},k\geqslant m/2$。

(2) 反向匹配。对于一个长度为 m 的模板,可逆网络中的一个门序列同模板序列 $G_0G_1\cdots G_{m-1}$ 中的 $G_iG_{(i-1)\bmod m}\cdots G_{(i-k+1)\bmod m}$ 相匹配,则网络中的这个门序列可以被模板中的门序列 $G_{(i+1)\bmod m}G_{(i+2)\bmod m}\cdots G_{(i-k)\bmod m}$ 所替换,其中 $k\in\mathbf{N},k\geqslant m/2$。

正确性可做如下验证。注意,一个可逆级联实现一个函数 f,相反地,如果从输出到输入实现 f^{-1},它们是反向的。

首先,证明带有元素 G_0 的模板开始正向应用的正确性。对于这种情况,需要 $G_0G_1\cdots G_{k-1}$ 与 $G_{m-1}G_{m-2}\cdots G_k$ 的替换操作。因为 $G_0G_1\cdots G_{m-1}$ 实现恒等函数,$G_{m-1}G_{m-2}\cdots G_k$ 实现反向的反向。因此,如果我们在反序中读,$G_{m-1}G_{m-2}\cdots G_k$ 实现反向的反向,即函数的自反。因此函数通过 $G_0G_1\cdots G_{k-1}$ 实现自身的替换,没有去做网络输出的改变。保持正向应用的正确性,可通过引理 11.2 证明。

下面我们来研究模板在公式中显示的正向和反向两个方向的应用(Maslov,2003a)。同样,可从任意一个元素开始使用上述方法。因此,这是一个较优的类似循环序列的模板思想。Toffoli 模板的形状如图 11.5 所示。循环序列模板的正确性证明通过下面的引理可以看出。

引理 11.2 如果一个网络 $G_0G_1\cdots G_{m-1}$ 实现恒等函数,对于任意 k-转换 $G_kG_{(k+1)\bmod m}\cdots G_{(k-1)\bmod m}$ 实现恒等。

证明 首先证明对于 1-转换的情况,即 $G_1G_2\cdots G_{m-1}G_0$。然后,所有的 k-转换可通过应用 1-转换进行 k 次证明。对于 1-转换的证明如下:

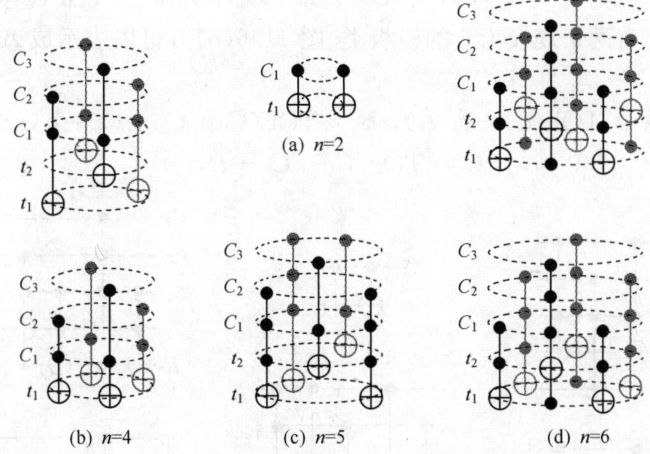

图 11.5　所有 $m<7$ 的模板环形图

$$\mathrm{Id} = G_0 G_1 \cdots G_{m-1}$$

$$G_0 \mathrm{Id} = G_0 G_0 G_1 \cdots G_{m-1}$$

$$G_0 = G_1 \cdots G_{m-1}$$

$$\mathrm{Id} = G_0 G_0 = G_1 \cdots G_{m-1} G_0$$

为了在应用模板的时候不增加门的数量，使用条件 $k \geqslant \frac{m}{2}$，并产生了一个相似的分类设计。

下面是模板规模为 7 的一个分类。使用前部分中的符号表示。

$m=1$，因为单个不同的 Toffoli 门的输出排列对应的函数唯一，所以规模为 1 的模板不存在。

$m=2$，有一个规模为 2 的模板的类[图 11.6(a)]，它是删除准则通过 AA 的描述，这里 $A=\mathrm{TOF}(C_1, t_2)$。

$m=3$，规模为 3 的模板不存在。

$m=4$，有一个模板的类[图 11.6(b)]，按以前的移动准则可以表示成 $ABAB$ 的形式，这里

$$A=\mathrm{TOF}(C_1+C_2, C_4+C_5), B=\mathrm{TOF}(C_1+C_3, C_4+C_6)$$

上面的模板在图 11.6(b)有 $|C_4|=0$，其导致 $|C_5|=1$ 和 $|C_6|=1$。当较低的 $|C_4|=1$，导致 $|C_5|=0$ 和 $|C_6|=0$。

$m=5$，只有一个规模为 5 的模板类[图 11.6(c)]，结合前面的类 1～3 和包括图 11.2 模板 2.1～2.2、3.1～3.3 和 4.1～4.6，可以表示成 $ABABC$ 的形式，这里

$A = \mathrm{TOF}(C_1 + C_2 + t_2, t_1)$, $B = \mathrm{TOF}(C_1 + C_3, t_2)$, $C = \mathrm{TOF}(C_1 + C_2 + C_3, t_1)$

$m = 6$，有两个规模为 6 的模板类[图 11.6(d)]，可以表示成 $ABACBC$ 的形式，这里

$$A = \mathrm{TOF}(C_1 + t_2, t_1),\ B = \mathrm{TOF}(C_1 + C_2 + C_3 + t_1, t_2),$$
$$C = \mathrm{TOF}(C_1 + C_2 + t_2, t_1)$$

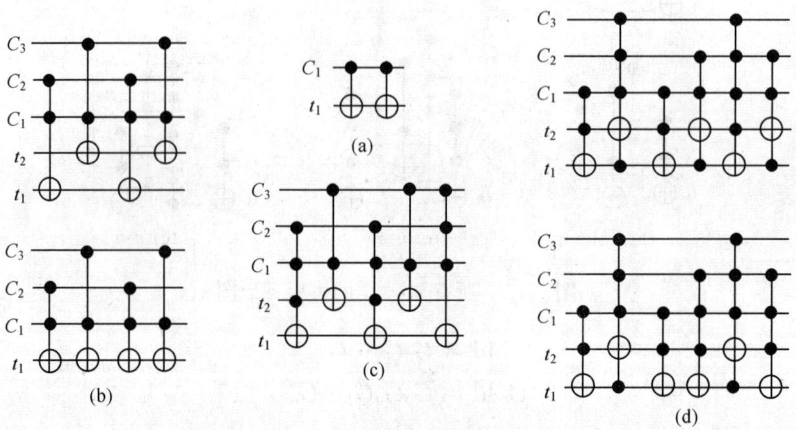

图 11.6　所有 $m < 7$ 的模板

另外，公式 $ABACDC$ 可描述为

$$A = \mathrm{TOF}(C_1 + t_2, t_1),\ B = \mathrm{TOF}(C_1 + C_2 + C_3 + t_1, t_2),$$
$$C = \mathrm{TOF}(C_1 + C_2 + t_1, t_2),\ D = \mathrm{TOF}(C_1 + C_2 + C_3 + t_2, t_1)$$

这两个类的公式看起来非常相似，且如果使用 Fredkin 门，它们可推广成为一个非常简单的模板 $\mathrm{FRE}(C_1 + C_2 + C_3, t_1 + t_2)$ 和 $\mathrm{FRE}(C_1 + C_2 + C_3, t_1 + t_2)$［这里 $\mathrm{FRE}(C, t_1 + t_2)$ 是一个门，其位 t_1 与 t_2 的值交换当且仅当在集合 C 的所有的行上都为 1］，这里只关注一般的 Toffoli 门。

$m = 7$，没有规模为 7 的模板。

验证上面分类的正确性，需要展示是不是规模大的模板可以减小为较小规模的模板。

规模为 4 的模板不依赖规模为 2 的模板，因为不相邻的门是相等的。

规模为 5 的模板不依赖规模为 2 的模板，因为不相邻的门是相等的。

规模为 4 的模板中可应用到模板中移动门 C 到任何地方，但是它不允许通过小模板化简规模为 5 的网络。

规模为 6 的模板不依赖规模为 2 的模板，因为不相邻的门是相等的。

一个规模为 4 的模板只可以应用到模板 $ABACBC$ 的交换门 A 和 C，并且不能引起任何的简化。

规模为 5 的模板最多在两门的模板 $ABACBC$ 上匹配，因此不能应用。

11.4 实验结果

对于模板序列 $AA > ABABC > ABACBC > ABACDC$，在网络中通过预测试着去匹配一些模板的门，并使用移动规则。如果模板可用，应用模板对最大门数 k 进行可能的匹配。如果没有模板可用，则化简过程完成。

例 11.1　图 11.7(a)给出了一个由 5 个 Toffoli 门级联而成的加法器，应用模板对这个级联网络进行化简。

程序中的模板化简部分使用了规模为 5 的模板匹配 3 个门[图 11.7(b)灰色部分]，剩下的两个门则直接保留。在相反序列中，因为没有进一步优化化简的可能性，可逆网络[图 11.7(c)]是最优的。假设可以实现带有 3 门或更少门的加法器。那么用新的模板把这些门相加最后建立了规模为 4 的级联。通过枚举可以验证，规模为 7 和少于 4 输入的网络不存在。图 11.7(c)中的 3 位全加器可逆网络比 Bruce 等(2002)中的任何一个都好。

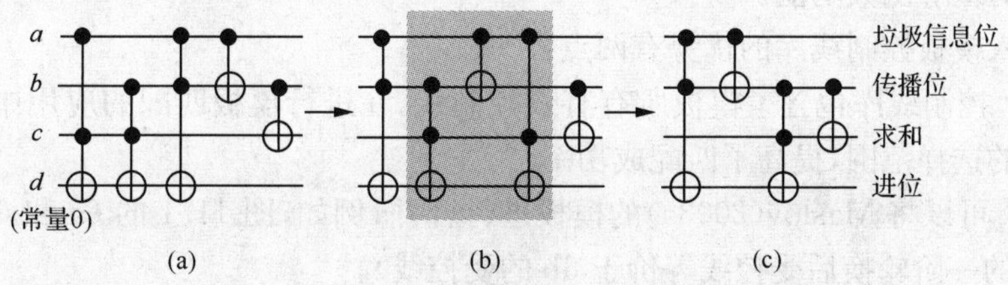

图 11.7　全加器的优化网络

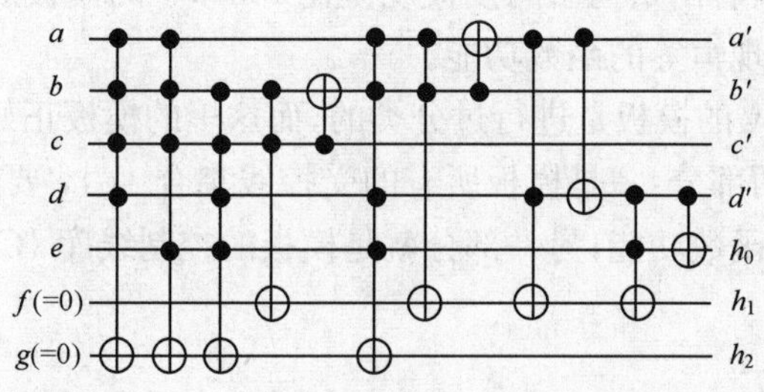

图 11.8　函数 rd53 可逆网络

例 11.2　考虑 Benchmark 函数 rd53(见图 11.8)。这个函数有 5 个输入和 3 个输出。输出是输入模式权重的二进制编码。例如，输入 00000，生成输出为 000；输入为 00100，生成的输出为 001；输入为 11111，生成的输出为 101。最大输出模式的乘积(multiplicity)是 10。所以添加 4 位垃圾信息至少需要输出总数为 7 位，因此需要加上 2 个输入。这个问题最初是在 Miller 和 Dueck(2003b)的文献中给出的,垃圾输出被修改为移走不需要的门。这里算法产生了带有 12 个门的可逆网络。比 Mishchenko 和 Perkowski(2002)提出的带有 14 个门的可逆网络要好。

11.5　模板的重构

11.5.1　重构

Maslov 对于模板的控制线的寻找并不是完备的。例如,对于图 11.1 中名为 6a 和 6c 的模板,特征向量(0,0,1,0,0,1)的控制线为 C_5,则对于 6a 模板,C_5,C_1,t_1,t_2 是一个新模板;但是将 C_5 加入原有的 6a 和 6c 模板,则原先的模板由于不满足恒等函数功能,就成了无效的模板。如何构建一个有效的模板,使得在实际应用中,能大大提高模板匹配的成功率。

定义 11.4　一个模板的控制线库是指模板所有有效控制线所组成的集合,所谓模板的有效控制线是指这条控制线和模板的所有受控线组成的可逆网络都能实现模板的恒等函数功能。

引入模板控制线库的优势有两点:

(1) 控制线库包含了模板所有有效控制线,在进行模板匹配的应用中增加了控制线的选择范围,提高了匹配成功率。

(2) 可以将 Maslov(2003a)的模板进行合并,例如,图 11.1 的 6a 和 6c、6b 和 6d (6d 的一阶轮换后受控线等价于 6b 的受控线)。

通过模板控制线库的概念重构模板如图 11.9 所示(模板网络下方的数字表明模板的长度)。可以看出重构后的模板规模比 Maslov 的模板规模大得多,但重构后的模板并不能实现恒等的函数功能。

实际上,Maslov 的模板是进行过分类的,而这里的模板正好相反,将所有的模板进行合并,分为两部分:一是模板所有的受控线集合 $\{t_i\}$,要求受控线组成的网络能够实现恒等的函数功能;另一部分就是模板的控制线库 $\{C_i\}$。

11.5.2　优化

模板的应用要保证其正确性,可逆网络中门的替换不会改变原有的函数功能。在模板的定义中,模板的恒等函数功能已经保证了这个前提。模板是一个强有力的可逆网络优化工具,然而模板的匹配又是一个较为复杂的技术。首先,模板网络是一个固定的线路,其控制线和受控线的数量是固定的,而需要优化的网络规模往往小于模板的规模,这就需要将模板简化后进行模板的应用。其次,模板的寻找、表示以及如何快速有效地实现模板匹配都是较为复杂的系统过程。

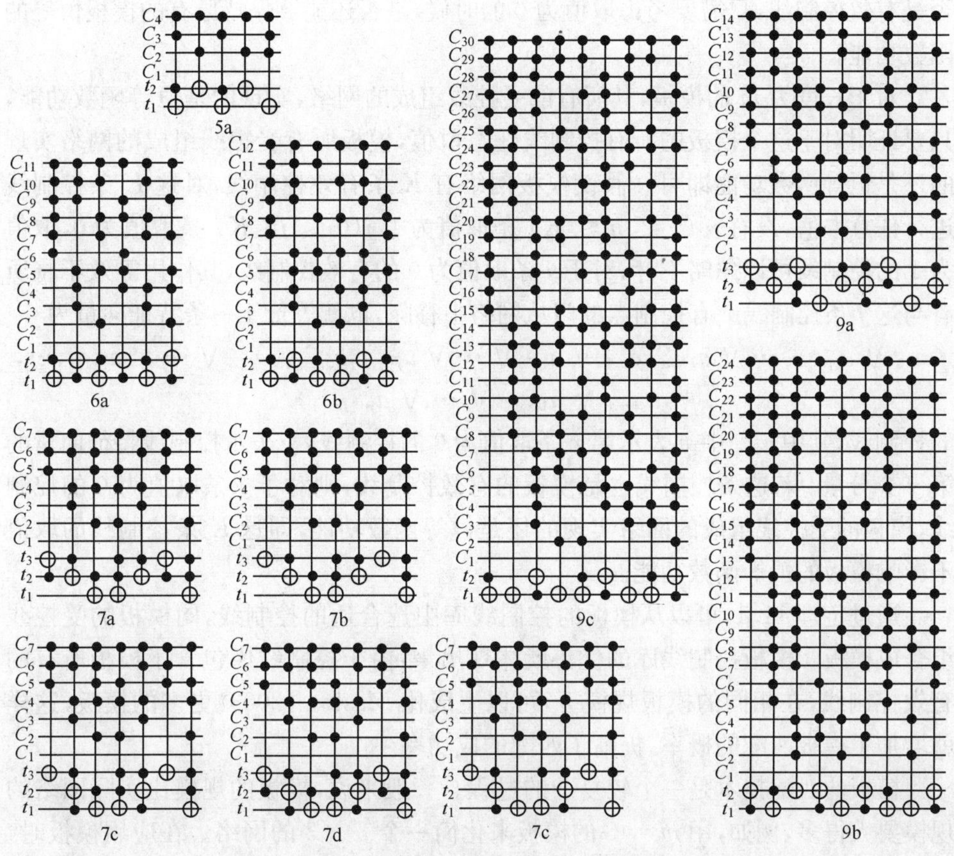

图 11.9　利用模板控制线库重构模板

可逆网络中的模板匹配仍然采用 11.4 节中的 2 个方向进行。

定理 11.1　一个具有 K 条有效控制线的模板是有效的(实现恒等函数功能)，当所有任意 $i(1 \leqslant i \leqslant K)$ 条控制线的特征向量的并所表示的控制线，也是这个模板的有效控制线。

证明　考虑控制线的取值对模板 $G_1G_2\cdots G_{m-1}$ 的影响。对于一条特征向量为 $(a_1a_2\cdots a_{m-1})$ 的控制线，其取值有 2 种情况：$x=0$ 或 $x=1$。当 $x=0$ 时，对应于特征向量中所有 $a_i=1$ 的门都是无效的。$a_i=1$ 表示门 G_i 在这个控制线上有控制点，当控制线为 0 时，门 G_i 在这条控制线上的控制点的值为 0。根据 Toffoli 门的定义，门 G_i 是无效的，则模板就等价于移除特征向量中所有 $a_i=1$ 的门的网络。当 $x=1$ 时，这条控制线可以被忽略，因为控制线取值为 1 时，无论控制向量中 a_i 为何值，都不会使任何门无效，即 $x=1$ 时，控制线不会对任何门起任何作用，也就不会改变这个模板的函数功能，所以可以将这条控制线忽略。判断一个控制线是否是有效控制线,只需要考虑取值为 0 的时候,是否还能够保持原有的模板恒等的函数功能。

对于长度为 m 的模板,其所有的受控线组成的网络,实现的是恒等函数功能,只要证明对于这个模板的所有控制线任意取值,模板所有受控线组成的网络实现的还是恒等函数功能即可。假设模板网络有 K 条有效控制线,对这 K 条控制线进行任意取值,设有 $n\ (0 \leqslant n \leqslant K)$ 条取值为 1,$j(0 \leqslant j \leqslant K)$ 条取值为 0,取值为 1 的控制线可以忽略不计,对于 j 条取值为 0 的有效控制线,其作用等效于将所有与这 j 条控制线上有控制点的门从网络中移除,也就等价于一条特征向量为

$$(a_{0,0} \vee a_{1,0} \vee \cdots \vee a_{j-1,0}, a_{0,1} \vee a_{1,1} \vee \cdots \vee a_{j-1,1}, a_{0,2} \vee a_{1,2} \vee \cdots \vee a_{j-1,2}, \cdots, a_{0,m-1} \vee a_{1,m-1} \vee \cdots \vee a_{j-1,m-1})$$

的控制线,其中 $a_{x,y}$ 中 x 表示第 x 条取值为 0 的控制线,y 表示控制线特征向量的第 y 个分量。若这条控制线也是模板的有效控制线,则对于 j 条取值为 0 的控制线,模板的受控线组成的网络实现的还是恒等函数功能,即这 K 条控制线的取值不影响模板的恒等函数功能。

通过定理 11.1,可以从模板的控制线库中选合适的控制线,同模板的受控线组合成模板。模板控制线库的优势就体现出来:由于控制线库包含了模板所有的有效控制线,在相同的模板规模下,可以生成比 Maslov (2003)更多的模板,这样就增加了模板匹配的概率,提高了匹配的成功率。

模板的匹配技术是一个较复杂的过程。一般来说,模板的规模比实际网络的规模要大得多,例如,用 $m=5$ 的模板来化简一个 3×3 的网络。在应用模板时,首先要生成同实际网络规模相等的模板网络,然后判断实际网络是否与模板的部分网络匹配,若匹配则进行替换。模板应用的步骤如下:

(1) 生成的模板网络一定要包含原模板所有的受控线,这样才能保证模板实现的是恒等函数功能。需化简的网络(简称网络) 控制线集合记为 C_n,受控线集合记为 T_n。模板控制线库记为 C_t,模板受控线集合记为 T_t 。如果 $T_n < T_t$,则说明不能生成有效的模板,此模板不能化简该网络。若 $T_n < T_t$,则将模板的所有受控线对应于网络的 T_n 中 T_t 条控制线,再在 C_t 中选取满足定理 11.1 的 $T_n - T_t + C_n$ 条控制线对应于网络中剩余的输入/输出线路。选取的控制线之间必须满足定理 11.1 的前提条件,有了这个前提条件,就保证生成的模板网络实现的是恒等函数功能,也就满足了模板应用的基本条件。

(2) 模板匹配过程实际上是在寻找网络中是否有一门序列和模板中的门序列相同,如果相同,并且门序列的个数多于模板长度的一半,则可以用模板剩余的门序列替代目前的门序列,从而达到门个数减少的目的。在实际操作中,首先在网络中找到模板网络中的一个门序列中的所有的门,若门序列的长度大于模板长度的

一半，则根据上文所述的移动规则，将这些门按模板网络的次序排列。若移动排列成功，实际上就是匹配成功，则进行门序列的替换。这一步骤的重点是要将模板网络中的所有的门序列同网络中门序列进行匹配，这样才能保证匹配的无遗漏。

(3) 若匹配成功，则将匹配后的网络进行下一次模板匹配的迭代；否则重复步骤(1)，直至此模板的所有的模板网络都被生成并被匹配。

(4) 更换模板，重复步骤(1)，直至所有的模板都被匹配过。

图 11.10 为一个模板匹配成功的例子。

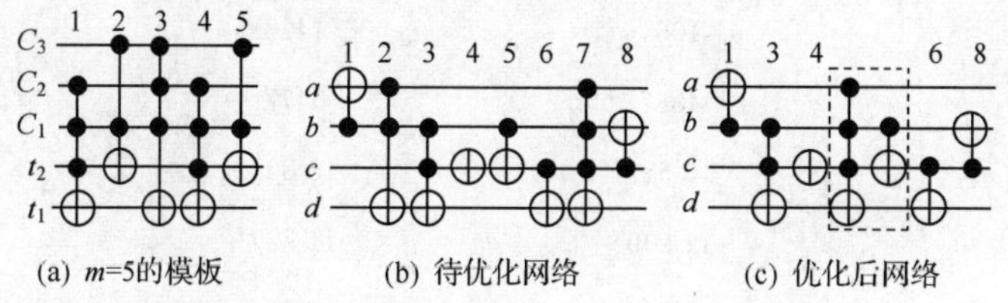

图 11.10　一个模板匹配成功的例子

图 11.10(a) 是 $m=5$ 的模板(是图 11.1 中的 5a 模板省略了虚拟控制线后的一种轮换形式)，可以看出模板是 5×5 的规模，需要优化的网络[图 11.10(b)]是 4 ×4 规模，在应用时，首先生成一个 4 ×4 的模板，即 C_1, C_2, t_1, t_2 组成的模板网络。应用模板的后向匹配规则，可以看出图 11.10(b) 中的门 7、门 5、门 2 与模板网络中的门 1、门 2、门 3 相匹配。根据移动规则可以移动排列在一起，所以可以用模板中的门 4、门 5 替换网络中的门 7、门 5、门 2，替换后的网络如图 11.10(c) 所示，虚线部分是替换后的门序列。

11.5.3　实验结果

为了验证模板匹配方法的高效性，李文骞等(2006)采用了 3×3 可逆网络的所有可逆函数的实验(表 11.1 中用 LI 表示)，即共 8! = 40 320 个函数。这个实验的目的是尽可能地用较小的可逆代价(网络中可逆门的数量)合成给定函数对应的可逆网络。实验首先根据函数输入/输出值生成网络，然后进行模板匹配，化简网络，再将模板匹配后的网络所用的可逆门数量进行统计记录，其实验结果是统计门数量相同的网络数量(即门数量相同的函数数量)。根据可逆函数的真值表，采用前面介绍的真值表变换规则方法，生成函数的可逆网络，然后进行模板匹配。

表 11.1　实验数据对比

门数	可逆网络的数量		
	LI	Maslov	Bruce
13	1	1	
12	2	3	
11	14	19	
10	153	206	
9	1064	1428	
8	4887	5477	577
7	10 687	10 897	10 253
6	12 249	11 727	17 049
5	7805	7302	8921
4	2718	2559	2780
3	625	586	625
2	102	102	102
1	12	12	12
0	1	1	1
网络门数平均值	6.22	6.31	5.87

为了得到更好的结果，可以采取一些改进的方法：①分别采用前向、后向、双向的生成法进行网络构造，同时对这 3 种构造出来的网络分别进行模板优化，取最优的网络。②在模板匹配中，各个模板应用次序的先后也有可能会影响整个匹配结果。本章对于已知的网络，将给出所有可能的匹配结果，并从中选取最优的网络。

将重构模板和 Maslov(2003a)模板优化后的结果(表 11.1 中的 Maslov)以及 Bruce 等(2002)的综合结果(表 11.1 中为 Bruce)进行比较，可以看出，相同的待优化网络，相同的模板匹配技术，应用本书中的重构模板，使用模板的匹配成功率大为提高，其中门数量为 0、1、2、3 的网络数量与理想值是一样的。

11.6　Toffoli-Fredkin 网络优化

11.6.1　Box 门

用 Toffoli 门与 Fredkin 门一起构造可逆网络，首先要观察 Toffoli 门和 Fredkin 门的关系，可以表示成一般形式 $G(S;B)$。Maslov(2003a)把 Toffoli 门和 Fredkin 门统一放到 Box 门 $G(S; B)$ 的定义中，当 $|B|=1$ 时，为 TOF $(S; B)$ 门，当 $|B|=2$ 时，为 FRE $(S; B)$ 门。以上这种表示方法的优点是，可以不用具体的去考虑它是哪一个门，给网络综合带来了极大方便。所以，如果集合 B 的规模是不确定的，它可以是 Toffoli 门和 Fredkin 门中的其中一个。Box 门的结构如图 11.11(c) 所示，表示为 $G(C; B)$，这里 B 是不确定的。如果 Box 门在网络中已经找到，下面的准则决定了这个门到底是 Toffoli 门还是 Fredkin 门，即给出了网络分配 EXOR 或 SWAP 到盒子中的方法。

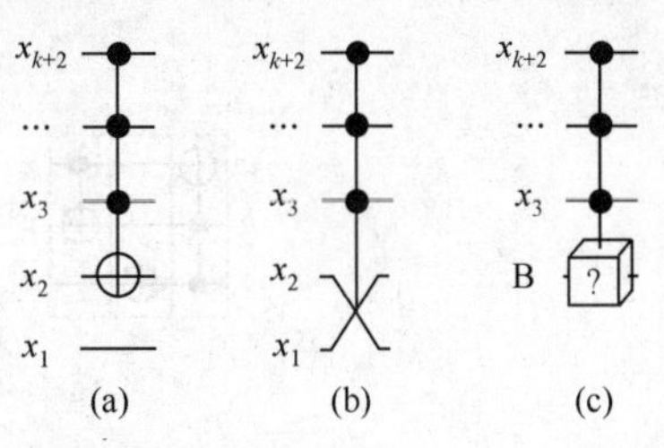

图 11.11　Toffoli 门(a)、Fredkin 门(b)和 Box 门(c)

如果 EXOR 操作是分配到盒子中的符号，这一行中所有的盒子变成 EXOR，并且其他没有改变。

如果 SWAP 操作是分配到盒子中的符号，这一行中所有的盒子变成 SWAP，并且其他没有改变。SWAP 需要写成两行，增加一行，使得两行带有重新构造 SWAP 来控制任意带有盒子的行。

一个正确构造的可逆网络中，盒子符号将永远不会使 EXOR 与 SWAP 符号在同一行。

如果设置不确定的盒子(Toffoli 门或 Fredkin 门)，这个盒子可按上面的规则分配 Toffoli 门或 Fredkin 门。

11.6.2　Fredkin 门与 Toffoli 门相似性的解释

单独的 Fredkin 门不能形成完备集，Fredkin 门扮演控制 SWAP 的角色，它不能改变模式中 1 的数量。例如，如果 NOT 操作在某网络中是必须的，则单单是 Fredkin 门的集合是无法实现这一操作的。给定一个 Toffoli 门的网络，则一定能够将其转换为 NOT-Fredkin 网络，两者实现相同的函数功能。它们可以表示相同的函数(假设垃圾信息是无约束的)。给定一个 Toffoli 门构造的网络，可以构造一个带 NOT-Fredkin 门的网络。其结构如下：

为每个 0 布尔模式和 1 布尔模式用布尔值对(1,0)编码。

给定一个 Toffoli 网络，把每一条水平线一分为二。如果原先的线上没有任何符号，则不要在分开的两条线上添加任何符号。不要放任何符号在分开的这两条线上。如果原先的线上有符号⊕，则将分开的两条线交换，构成 SWAP 门或受控 SWAP 门。如果这条线是控制线(·)，用形成的 NOT-·-NOT 线替换分开的第一条线，并且第二条线只带有(·)。

执行完以上操作，即可得由 NOT 门和 Fredkin 门组成的新的可逆网络，原可逆网络中所有的符号⊕都转换为 SWAP 门或受控 SWAP 门。可逆网络只由

NOT 和 Fredkin 门组成，从此所有出现的⊕被 SWAP 替换。图 11.12 是将某个可逆网络转换为 NOT-Fredkin 门网络的一个例子。

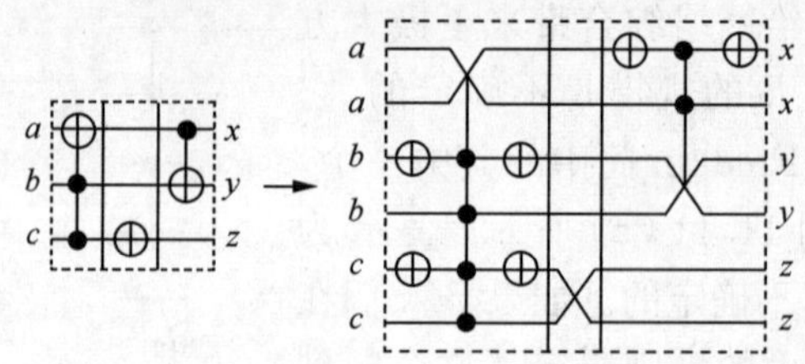

图 11.12　Toffoli 网络到 NOT-Fredkin 网络的一个变换

NOT-Fredkin 门网络具有以下优点：

(1) 函数的布尔输入计算是在偶数线上，并且相应的布尔输出是偶数输出。

(2) 第二个网络的计算是函数和它的否定同时进行的(在实际中可能不是有用的)。

(3) 如果产生网络的输入和输出是(自然地)配对的，并且相等的输出对被找到，它至少可以确定一个门的故障。这个性质在可测试设计中非常有用。

11.6.3　算法

在这一部分，将讨论几个 Fredkin-Toffoli 门系列的综合问题：可逆逻辑函数的综合、多输出函数的综合及不完全确定的多输出函数的综合。

通常情况下，函数是以真值表的形式表示的，真值表的左边对应输入模式(一般输入是按字典顺序排列的)，右边为输出模式。它所包含的输入模式在左边，输出模式在右边。

从基本算法开始，工作完全是基于确定的可逆函数。综合过程将从空网络开始实现恒等函数。在综合算法的每一步，我们从 Fredkin-Toffoli 门体系中添加少量的门到已经建立的级联网络尾部，直到结束。因为可逆级联可以从可逆网络的任一一端构造，我们不得不允许选择其中一端开始。对于基本的算法，级联是用相反序列进行的，从输出开始综合函数直到输入。

1. 基本算法

算法开始：取最窄的门并把它们级联到网络中，使得第一个输出模式到第一个输入模式。

第一个真值表的模式在有序序列(0,0,…,0)中是最低的，第一个模式在输出部分一般是未知模式 $(b_1,b_2,\cdots,b_n)$。用上述的模式形成(0,0,…,0)，对于每一个 i 使用门 $\mathrm{TOF}(x_i)$，使得 $b_i \neq 0$。当第一个门添加到级联网络的时候，更新表的输出部分，观察模式 $(b_1,b_2,\cdots,b_n)$，转换所需要的形式(0,0,…,0)。

中间步骤：没有影响较低顺序的模式，放到以前算法的步中期望的位置，使用最小的窄门数让输入模式成为相应的输出模式。

表的输入模式 $(a_1, a_2, \cdots, a_n)$ 是自然数 $(S+1)$ 的二进制表示。在输出部分的最后更新中，模式是较高顺序的任意模式 $(b_1, b_2, \cdots, b_n)$。如果顺序相等、模式相等，并且在这一步没有做任何事情，则 $(b_1, b_2, \cdots, b_n)$ 的序不能比 $(a_1, a_2, \cdots, a_n)$ 的小，因为在以前的步骤中所有这些模式都放到它们相应的位置了。

对于模式 $(b_1, b_2, \cdots, b_n)$ 转换为 $(a_1, a_2, \cdots, a_n)$，每个 Toffoli 门的应用是模式 $(b_1, b_2, \cdots, b_n)$ 位 1 可能的翻转，每个 Fredkin 门是不相等布尔值对可能的排列。因此，问题可以做如下阐述：使用两个操作"flip"和"swap"，得到布尔模式 $(b_1, b_2, \cdots, b_n) > (a_1, a_2, \cdots, a_n)$ 到 $(a_1, a_2, \cdots, a_n)$ 的形式。所以，所有中间的布尔模式都比 $(a_1, a_2, \cdots, a_n)$ 要大。对于相应门的控制将在后面给出。解决方案如下：

如果 $(b_1, b_2, \cdots, b_n)$ 中 1 的数量小于 $(a_1, a_2, \cdots, a_n)$ 中 1 的数量，试着应用一些"swaps"并且翻转剩余的 0 位为 1 位。使用"swaps"，使得每个中间模式 $(x_1, x_2, \cdots, x_n)$ 的顺序小于 $(a_1, a_2, \cdots, a_n)$ 的顺序，定义控制集为 $(x_1, x_2, \cdots, x_n)$ 的最小子集，使得这个子集形成一个比 $(a_1, a_2, \cdots, a_n)$ 顺序更高的布尔模式。如果"swaps"在第一个模式的较低端完成，则初始的模式 $(b_1, b_2, \cdots, b_n)$ 比 $(a_1, a_2, \cdots, a_n)$ 要大。所以，$(b_1, b_2, \cdots, b_n)$ 等于 1 的二进制数字比 $(a_1, a_2, \cdots, a_n)$ 等于 1 的数字要大。因此，这些数字将对除最后的 Toffoli 门以外所有相应的 Fredkin 门和 Toffoli 门作为控制，这些控制位将由 $(a_1, a_2, \cdots, a_n)$ 等于 1 的所有数字组成。

如果 $(b_1, b_2, \cdots, b_n)$ 中 1 的数量等于 $(a_1, a_2, \cdots, a_n)$ 中 1 的数量，那么只使用"swaps"操作就可能转换 1 模式到其他模式。在上面情况中通过过程描述找到控制。

如果 $(b_1, b_2, \cdots, b_n)$ 中 1 的数量比 $(a_1, a_2, \cdots, a_n)$ 中 1 的数量多，则在模式 $(b_1, b_2, \cdots, b_n)$ 的末端应用"swaps"串，然后施加必需的 Toffoli 门。从第一种情况中使用该过程，所有需要的控制都可以找到。

算法结束：当 (2^n-1) 个模式都在相应的位置，则最后一个模式将自动匹配。

在实现技术上一般经常采用比较窄的门，因为它的代价比较低。然而，在每一步选择最窄的门可以引起比较大的初始网络，这些网络不能通过模板进行足够的化简。事实上，在匹配过程中，门的选用是由输出到期望的输入模式的最短 Hamming 距离决定的，即在选择 1 的过程中取得。

2. 双向修改

基本的算法是由输出到输入，即从网络的输出端开始，进行到输入端结束。如果能够清楚理解基本算法的中间过程，在此基础上可以对基本算法进行改进，即从网络的两端进行门的选择与网络的构造，就能够同时从两端通过从两侧增长门的数量构造网络。由添加可逆门，相互确信计算的每一步在相应的位置至少放置了一个模式，这样的双向算法将使得平均覆盖速度最快。下面将取任意一个函数写到真值表，观察真值表在输出部分相应的变化。

(1) Toffoli 门应用。不失一般性，应用在第一个 k 变量上为控制和第 $(k+1)$ 变量上为目标的门 $\mathrm{TOF}(C;x_{k+1})$，$C=(x_1,x_2,\cdots,x_k)$。在真值表模式的输入部分，$(1,1,\cdots,1,x_{k+1}^0,x_{k+2}^0,\cdots,x_n^0)$ 与模式 $(1,1,\cdots,1,\bar{x}_{k+1}^0,x_{k+2}^0,\cdots,x_n^0)$ 交换。在已知的项中，前面的输出模式 $(1,1,\cdots,1,x_{k+1}^0,x_{k+2}^0,\cdots,x_n^0)$ 和输入模式 $(1,1,\cdots,1,\bar{x}_{k+1}^0,x_{k+2}^0,\cdots,x_n^0)$ 没有改变输入部分，排列是相同的。因为匹配模式没有在真值表的中间部分进行混合，这使得它很难跟踪一个模式。对于程序的执行，输入部分可能改变(从计算机的观点看，不会搞乱任何模式)。

(2) Fredkin 门的应用。应用 Fredkin 门 $\mathrm{FRE}(C;x_{k+1},x_{k+2})$，$C=(x_1,x_2,\cdots,x_k)$。下面的结果表中输入部分的所有模式的变化是 $(1,1,\cdots,1,x_{k+1}^0,x_{k+2}^0,\cdots,x_n^0)$ 与 $(1,1,\cdots,1,x_{k+2}^0,x_{k+1}^0,x_{k+3}^0,\cdots,x_n^0)$ 的交换。当模式按字典排序的时候，我们希望保持真值表的输入部分为传统形式，真值表的输出模式 $(1,1,\cdots,1,x_{k+2}^0,x_{k+1}^0,x_{k+3}^0,\cdots,x_n^0)$ 和之前的输入模式 $(1,1,\cdots,1,x_{k+1}^0,x_{k+2}^0,\cdots,x_n^0)$ 是相同的交换操作，因此双向算法有相同的步数。双向算法里的每一步都试图改变输出模式，在网络的任何一侧通过应用最少的窄门数匹配输入模式。

例 11.3 应用基本的方法对函数 3_17 进行综合，其真值表见表 11.2。

表 11.2 函数 3_17 真值表

输入	输出	S_0	S_1	S_2	S_3	S_4	S_5
000	111	000	000	000	000	000	000
001	001	110	001	001	001	001	001
010	100	011	111	010	010	010	010
011	011	100	100	100	011	011	011
100	000	111	011	110	111	100	100
101	010	101	110	011	101	110	101
110	110	001	010	111	110	101	110
111	101	010	101	101	100	111	111
		$T(a)$ $T(b)$ $T(c)$	$T(b;c)$ $T(c;a)$	$T(b;c)$ $T(b;a)$	$T(a;c)$ $F(c;a,b)$	$T(a;c)$ $T(a;b)$	$F(a;b,c)$

输出模式(1,1,1)相应的输入模式是(0,0,0)。为了得到输出模式(0,0,0)，使

用 3 个 Toffoli 门：TOF(a)、TOF(b)和 TOF(c)。注意，这不是唯一的实现方法，比如，使用以下 3 个门 TOF($b,c;a$)、TOF($c;b$)和 TOF(c)的效果是相同的。例如，TOF($b,c;a$)、TOF($c;b$)和 TOF(c)会是相同的。因此，程序实现可以采用分支或启发式选择可逆门。这种情况下，Toffoli 门的序列给出了转换输出模式的唯一方法，所以使用了最小的控制位数。表 11.1 中 S_0 所在的列表示原函数经过 3 个 Toffoli 门后得到的新的函数，属于过渡函数，其中表 11.1 中 T 代表 Toffoli 门，F 代表 Fredkin 门。

第一步，易知输入模式(0,0,1)对应输出模式(1,1,0)。为了得到(1,1,0)，可先使用 FRE (b,c)，交换位 b 和位 c，可得(101)，然后使用 TOF (c,a)，状态由(101)变为(001)。当然，这不是唯一的实现方法，使用 FRE (a,c) 和 TOF (c,b) 这两个门也能达到同样的结果。FRE (a,c) 和 TOF (c,b) 也能做同样的工作。

第二步，应用 TOF (b;c) 和 TOF (b;a) 去使它们匹配。

第三步，应用 TOF (a;c) 和 FRE (c;a,b) 匹配表 11.1S_2 的输出模式(1,0,0)，匹配期望的输入模式(0,1,1)。

第四步，使用 TOF (a;c) 和 TOF (a;b) 变换(1,1,1)为(1,0,0)（表 11.1 中 S_4）。

第五步，使用 FRE (a;b,c) 变换(1,1,0)为(1,0,1)（表 11.1 中 S_5 转换）。

第六步和第七步是空的，因为在以前的步中(表 11.1 中 S_6)输出已经完全匹配了输入。

这样综合的可逆网络有 12 个门，网络如图 11.13(a)所示。

例 11.4　使用双向算法为 3_17 构造一个可逆网络。

第一步，在基本算法中，是将输出状态(111) → 输入状态(000)，实现这个转换用了三个 Toffoli 门。先使用双向算法，先从输入端考虑，将输入状态(100) → 输出状态(000)，实现这一转换只需一个 TOF (a) 门。因为在输入端添加了门，打破了原先的输入端按字典顺序排列的状态，但是为了更便于读者理解，将改变后的输入状态重新按照字典顺序排列，相应的输出状态也跟着重新排列，输出状态如表 11.3中 S_0 列所示。这里，只用一步对级联赋予 TOF (a) 门。这个转换用前面的输入模式 (0,α,β) 和 (1,α,β) 产生表 11.3S_1 输出模式。

第二步，从输出端考虑，将输出状态(010) → 输入状态(001)，实现这一转换可在输出端使用一个 FRE(b, c)门。在级联的末端交换最后的两位[使用 FRE (b,c)]。

第三步，在表 11.3 中，S_2 中把(1,0,1)变为(0,1,0)，一个门是不够的。这一步可能有几种选择，这里只用它们的一个作为示范。在级联的末端，使用 FRE (a;b) 和 TOF (b;c) 两个门。

表 11.3 双向综合表

输入	输出	S_0	S_1	S_2	S_3	S_4	S_5
000	111	000	000	000	000	000	000
001	001	010	001	001	001	001	001
010	100	110	101	010	010	010	010
011	011	101	110	111	011	011	011
100	000	111	111	110	110	100	100
101	010	010	100	100	100	110	101
110	110	100	100	011	111	101	110
111	101	011	011	101	101	111	111
		$\rightarrow T(a)$	$\leftarrow F(b;c)$	$\leftarrow F(a;b)$ $\leftarrow T(b;c)$	$\rightarrow F(b;a,c)$	$\leftarrow T(a;b)$	$\rightarrow F(a;b,c)$

第四步，两个门 FRE $(b;a,c)$ 在网络的开始进行分配，TOF $(b,c;a)$ 也是做同样的变化，并且这两个门产生表 11.3 S_3 的目标模式(1,1,1)所期望的模式为(0,1,1)。选择一个，并在级联的开始分配 FRE $(b;a,c)$。

第五步，在级联的末端使用门 TOF $(a;b)$，模式(1,1,0)可生成为(1,0,0)。

第六步，门 FRE $(a;b,c)$ 分配到级联的末端或级联的开始，把(1,1,0)变成期望的形式(1,0,1)。因为这是最后的一步，分配一个门到级联的末端和始端的等价意义为：网络最后部分的元素是级联的第一个元素；开始部分元素的构造来自它的末端。换句话说，级联的两部分在门 FRE $(a;b,c)$ 相遇。

第七、八步是空的。

7 门可逆网络的级联和网络见图 11.13(b)。

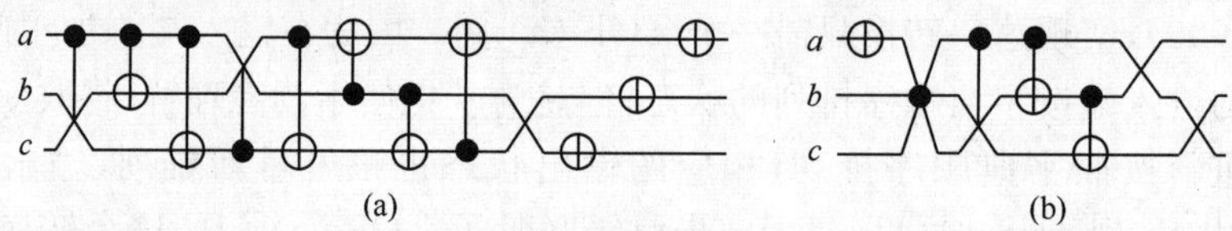

图 11.13 函数 3_17 可逆网络

3. 排列处理

通过排列输出模式，可以使网络的代价减小。输出模式排列是对级联的末端确定的 SWAP 数应用的结果，相应的交换数会加到网络构造与输出交换的代价上。目前，还没有针对选择最好排列的准则。

11.6.4　模板化简工具

设一个规模为 m 的模板是一个 m 个门的序列(一个可逆网络),这个序列实现一个恒等函数。

Toffoli 门与 Fredkin 门集合比只是 Toffoli 门的集合变得更复杂。因此,给出模板类的概念。

定义 11.5　一个规模为 m 的模板类,是一个带有逻辑条件的集合 $S_1,B_1,S_2,B_2,\cdots,S_m,B_m$ 上的网络 $G(S_1;B_1)G(S_2;B_2)\cdots G(S_m;B_m)$。一个可逆网络,总可以写成 $G_{i_1}G_{i_2}\cdots G_{i_m}$ 的形式,这里 $i_k=i_j$,当且仅当 $S_k=S_j$,且 $B_k=B_j$。

定义 11.6　一个类可写成不相交集合公式:$G_1(S_1,B_1)G_2(S_2,B_2)\cdots G_m(S_m,B_m)$,这里

(1) B_i,G_i 中相应的元素数写成 TOF($|B_i|=1$) 或 FRE($|B_i|=2$)。

(2) S_i 写成集合(C_{i_k})与单变量 t_{i_j} 的结合,每一个 S_i 为只有一个变量的集合:

$$S_i=C_{i_1}+C_{i_2}+\cdots+G_{i_k}+t_{i_1}+t_{i_2}+\cdots+t_{i_j}$$

(3) 如果 $|B_i|=1$,写成单变量 t_j;如果 $|B_i|=2$,它写成变量的结合 t_j+t_k。

(4) 所有的集合是不相交的,即 $C_i\cap C_j=\varnothing,C_j\cap t_k=\varnothing,t_k\cap t_l=\varnothing$。

如果一个盒子在网络中被找到,当操作 EXOR 或 SWAP 被分配到盒子的时候,就确定了改变网络的一个准则。

(5) 如果分配 EXOR,那么盒子用 EXOR 替代。如果带盒子的线包含另外盒子的符号,全部用 EXOR 替换。

(6) 如果分配的是 SWAP,带盒子的线变成两条线。在线上盒子每一个控制的发生是用它们上面的两条线和两个控制替代的,并且每一个其他盒子符号的出现用 SWAP 替换。根据前面的描述,EXOR 符号不能出现在这条线上,因为如果在这条线上出现 EXOR,所有的盒子将会用 EXOR 替换,这样 SWAP 替换最初就会出错。

将来在网络中如果一个盒子是不确定的,它要么是 EXOR,要么是 SWAP,无论哪个,都将通过上面的准则替换到网络中去。

$m=1$:没有规模为 1 的模板,因为每个门至少有两个输入模式。

$m=2$:一个规模为 2 的模板的分类,副本删除规则 AA 被定义为 $G_1(S_1,B_1)G_1(S_1,B_1)$。这个分类是副本删除规则的概括,其对任意两个 Toffoli-Fredkin 门都为真。用不相交表示的类可以写成两个公式,即对两个 Toffoli 门的组合与两个 Fredkin 门的组合:TOF(C_1,t_1)TOF(C_1,t_1) 和 PRE(C_1,t_1+t_2)RRE(C_1,t_1+t_2)。见图 11.14。

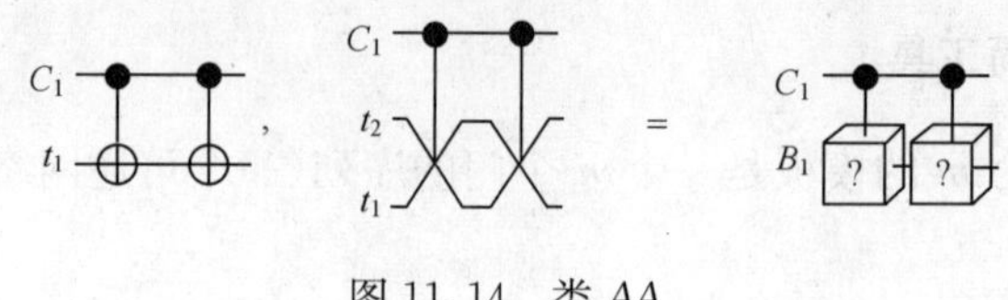

图 11.14　类 AA

$m=3$：没有规模为 3 的模板。

$m=4$：有若干个规模为 4 的模板类。

(7) 一个非常重要的模板类是"通过"准则，是一个带有条件（$S_2\cap B_1=\varnothing$，$S_1\cap B_2=\varnothing$，$B_1=B_2$）或（$S_2\cap B_1=\varnothing$，$S_1\cap B_2=\varnothing$，$B_1\cap B_2=\varnothing$ 或 $|B_1|=2$，$B_1=B_2$）$ABAB$ 的类 $G(S_1;B_1)G(S_2;B_2)G(S_1;B_1)G(S_2;B_2)$。这里类可以较短，存在整齐均匀的条件 $G(S_1,B_1)G(S_2,B_2)G(S_1,B_1)G(S_2,B_2)$，如果第一条线包含一个控制(点)和一个盒子，这个盒子是 SWAP，并且集合 B_1、B_2 为不相交或相等，如图 11.15 所示。OR 条件的第一部分覆盖了第一个图，第二个条件描述了第二部分。当它们拥有第三个条件的时候，第三和第四个图表示了这种情况。

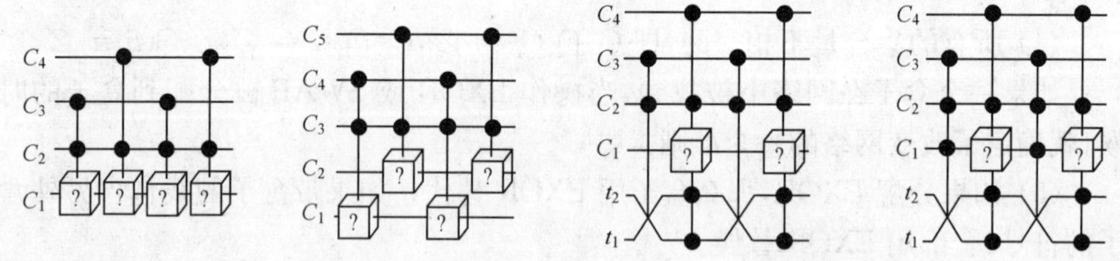

图 11.15　类 $ABAB$

对于寻找所有形式为 $ABAB$ 的模板，因为 $ABAB$ 是恒等的，通过门 AB 的序列产生网络将是自反变换。型为 $ABAB$ 模板的搜索变为对可实现两个不同门的自反变换的搜索。

下面模板的集合可处理一个、两个甚至三个类，按照一个模板的观点，这个集合是：

"半通过"准则：带有条件 $S_1\subseteq S_2$，$B_2\not\subseteq S_1$ 的门 FRE$(S_1;B_1)G(S_2;B_2)$FRE$(S_1;B_1)$ $G(S_3;B_3)$ 组，门 $G(S_3;B_3)$ 是通过 2-位集合 B_1 按照 SWAP 操作定义的带有控制和目标变换的门 $G(S_2;B_2)$。如果参数 $k=2$ 的模板被应用，就有下面关于网络变化的描述：门 FRE$(S_1;B_1)G(S_2;B_2)$ 相互交换，但是门 $G(S_2;B_2)$ 可能会发生微小的变化。上面的门组与通过准则类有一个非空交集。例如，图 11.15 中的第二个模板，第一个盒子是 Fredkin，第二个盒子是 Toffoli，集合 C_4 为空，是一个"半通过"组的模板。在图 11.16 中，通过组显示增加了新的模板。同样，如果取所有的“半通过”组模板的集合，并且减去所有“通过”准则组的模板集合，产生的集合将有第二个门总是改变的“半通过”组模板。

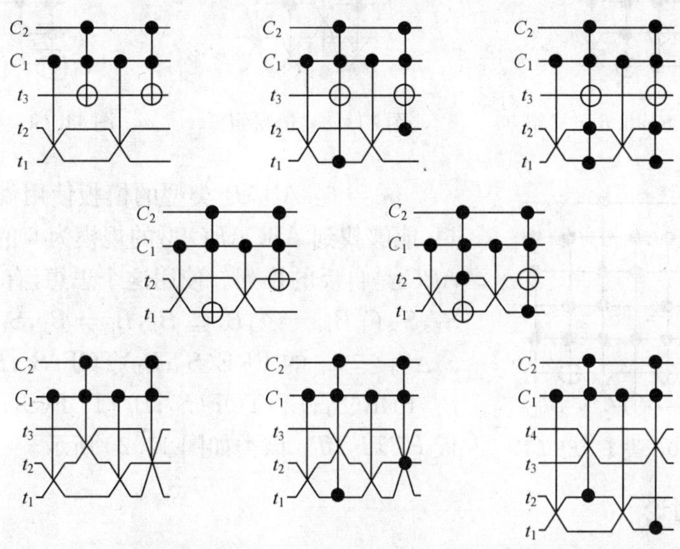

图 11.16　一个“半通过”组

一个组可视为用 Toffoli 门网络项定义的 Fredkin 门 TTTF，$\mathrm{TOF}(S_1;B_1)\mathrm{TOF}(S_2;B_2)\mathrm{TOF}(S_1;B_1)\mathrm{FRE}(S_3;B_3)$ 带有条件 $B_1 \subseteq S_2, B_2 \subseteq S_1, B_1 \neq S_2, (S_1 \backslash B_1) \subseteq (S_2 \backslash B_2), S_3 = S_2 \backslash (B_1 \cup B_2), B_3 = B_1 \cup B_2$。这个类图的表示见图 11.17。

当用“半通过”准则进行 Fredkin 定义组之间连接的时候，有一个模板组 $FFFF$，$\mathrm{FRE}(S_1;B_1)\mathrm{FRE}(S_2;B_2)\mathrm{FRE}(S_1;B_1)\mathrm{FRE}(S_3;B_3)$ 带有条件 $|S_1 \cap S_2|=1, S_1 \cap S_2 \neq 0, S_1 \cap S_2 \neq \varnothing, S_1 \cup B_1 \subseteq S_2 \cup B_2$，并且 $\mathrm{FRE}(S_3;B_3)$ 是带有控制并通过交换定义转换目标和通过集合 B_1（图 11.18）。这个组不是“半通过”准则的部分。例如，没有保持条件 $S_1 \in S_2$，但本质上做的是同一件事情。对于两个最开始门的配置，允许通过一个门元素的序列变换使得一个门“通过”其他门。换句话说，如果去掉线 t_2 并改变带有 EXOR 符号的每一半 SWAP（需要两条线，一半是指一条线），产生的结果在 Fredkin 定义组。

$m=5$：规模为 5 的模板的类只有一个。类 $ATATB$，$G(S_1;B_1)\mathrm{TOF}(S_2;B_2)G(S_1;B_1)\mathrm{TOF}(S_2;B_2)G(S_3;B_3)$ 有条件 $B_2 \subseteq S_1$，$B_1 \not\subseteq S_2, S_3 = (S_1 \cup S_2) \backslash B_2$，$B_3 = B_1$。

尽管拥有最大类，还是很少看到较大类的应用。因为很难用较大的类去匹配较小的类。这些类如图 11.19 所示。

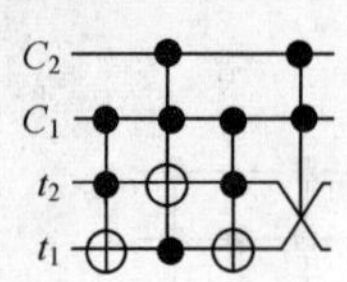

图 11.17　Fredkin 定义组

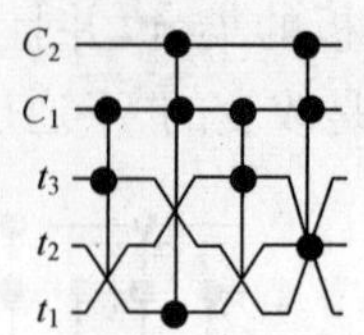

图 11.18　链接组

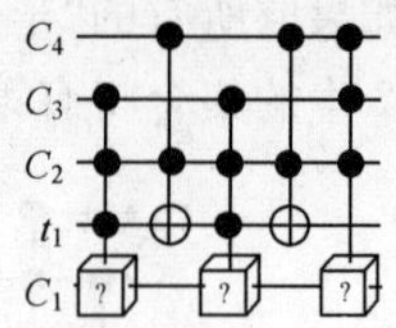

图 11.19　类 *ATATB*

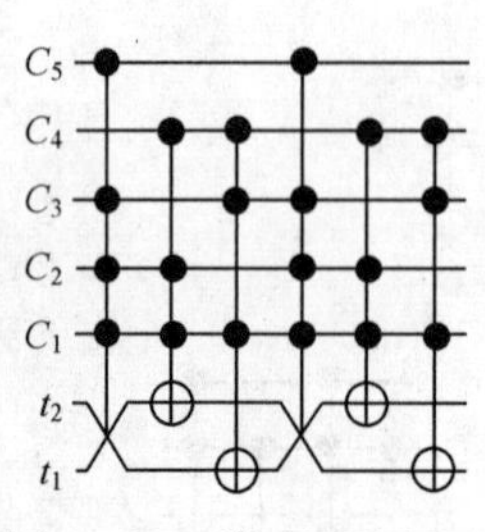

图 11.20　类 *FTTFTT*

$m=6$：*ABAB* 类型的模板使用规则搜索的思想，能够找到 *ABCABC* 型的规模为 6 的模板。这里 *ABC* 是自反的排列。使用这个思想，有条件为 $B_2 \subseteq S_1, S_2 \cap B_1 = \varnothing, B_3 \subseteq B_1, B_2 \neq B_1, S_3 \cap B_1 = \varnothing, S_2 \Delta S_3 \subseteq S_1$ 的 FRE(S_1;B_1)TOF(S_2;B_2)TOF(S_3;B_3)FRE(S_1;B_1)TOF(S_2;B_2)TOF(S_3;B_3) 型的模板 *FTTFTT*。该类如图 11.20 所示。

11.6.5　讨论

用模板工具化简图 11.13 中的网络，相应的结果在图 11.21 给出。通过观察可以看出，应用模板后，第一个网络的代价从 12 到 7 下降到第二个网络从 12 到 6，门的个数又减少了 1。化简后的两个网络对应相同的函数，但后一个网络的规模比前一个要小。这种情况发生的原因是因为模板应用参数限制为 $k \geqslant m/2$。这种方法中，模板的应用不会增加网络中门的个数，但有时模板的使用不“关注”化简的效果。如果模板应用参数 k 允许小于模板规模的一半，图 11.21 中第一种网络的情况可以转化成第二种网络的情况。图 11.22 是第一个网络到第二个网络的过程。首先，对灰色区域的门 CNOT 门和 NOT 门使用规模为 5 的模板。接着，通过 CNOT 建立 2 个 NOT。下一步是匹配规模为 6 的模板，取参数 4 应用这个模板(阴影区的门)。用两个门替换四个门:NOT 门和 Fredkin 门。使用移动规则向后穿过 SWAP(阴影区的门)通过 NOT 门。最后，使用参数为 $k=2$ 的 Fredkin 定义组产生网络的等价形式，如图 11.21 所示。

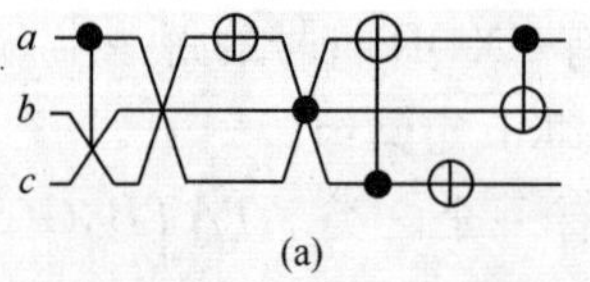

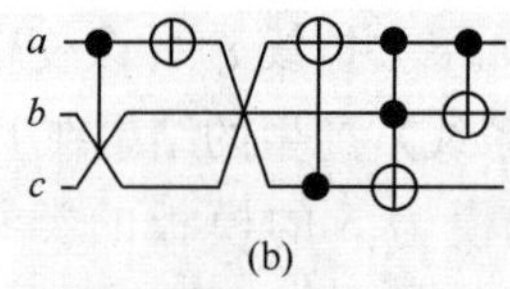

图 11.21　简化的网络

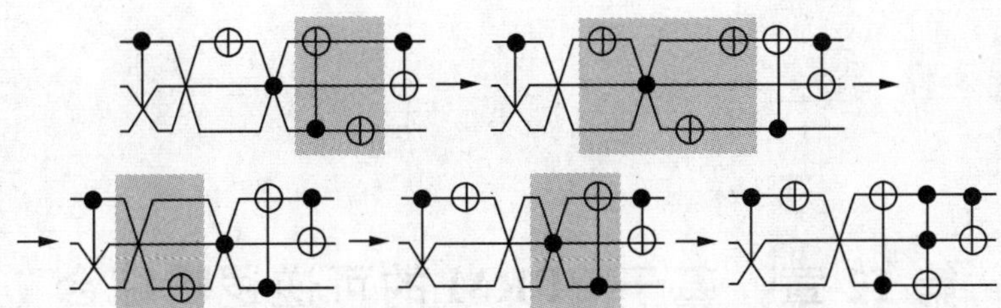

图 11.22　化简一个网络为另一个网络

表 11.4 给出了带有模型门 NOT、CNOT、Toffoli、SWAP 和 Fredkin 的最优综合中，规模为 3 的函数能实现 $k=0\cdots10$ 门的数量。在 Shende 等(2002,2004)中，提出了门 NOT、CNOT、Toffoli 和 SWAP 的最优综合。Dueck 等(2003b)的文献给出了启发式综合算法的结果和算法的实现，算法产生网络的最优规模的平均值为 105.9%。Toffoli/Fredkin 网络的启发式算法的结果比只用 Toffoli 网络综合的权重平均值还要好。

表 11.4　结果对比表

规模	优化	NCT	NCTS	CCECE	算法
0	1	1	1	1	1
1	18	12	15	18	18
2	184	102	134	175	184
3	1318	625	844	1105	1290
4	6474	2780	3752	4437	5680
5	17 695	8921	11 194	10 595	13 209
6	14 134	17 049	17 531	13 606	13 914
7	496	10 253	6817	8419	5503
8	0	577	32	1877	512
9	0	0	0	86	9
10	0	0	0	1	0
WA	5.134	5.866	5.629	5.727	5.437

第 12 章　基于 PPRM 的可逆逻辑综合

基于 PPRM 展开式的可逆网络综合大多使用穷尽搜索，这样的方法所构造的可逆网络一般都不是最优的。本章通过 PPRM 扩展式综合可逆逻辑网络，并把多输出的 Reed-Muller 扩展的表达式作为候选因子，利用对可逆函数候选因子的识别，把这些因子替换成为新的 Reed-Muller 扩展去判断能否优化可逆网络。

12.1　关于 PPRM

任意 n 变量 $x_1,x_2,\cdots,x_n$ 布尔函数 $f(x_1,x_2,\cdots,x_n)$ 在布尔空间中都可用两类规范展开形式来表示。

其一是众所周知的最小项展开形式(SOP)：

$$f(x_1,x_2,\cdots,x_n)=C_0\overline{x}_1\overline{x}_2\cdots\overline{x}_{n-1}\overline{x}_n+C_1\overline{x}_1\overline{x}_2\cdots\overline{x}_{n-1}x_n+\cdots+C_{2^n-1}x_1x_2\cdots x_{n-1}x_n \tag{12.1}$$

其中系数 $C_i\in\{0,1\}$，$+$ 表示或运算，变量与变量及变量与系数之间为与运算。

其二是 Reed-Muller(RM) 展开形式，n 个输入与 n 个输出变量的布尔函数 $f(x_1,x_2,\cdots,x_n)=\{y_1,y_2,\cdots,y_n\}$ 的展开式为

$$f(x_n,x_{n-1},\cdots,x_1)=\bigoplus_{i=0}^{2^n-1}(d_iP_i) \tag{12.2}$$

称为正极性 Reed Muller 展开式(positive polarity Reed-Muller，PPRM)。也就是说，任意一个布尔函数均可用若干个输入变量乘积的异或和的形式表示。

其中 $P_i=\prod_{k=1}^{n}(x_k)^{i_k}$，$i_k$ 表示 i 的二进制数的第 k 位数，即 $i=(i_ni_{n-1}\cdots i_k\cdots i_1)_2$，$i_k$ 是输入变量 x_k 的指数，决定 x_k 是否出现，$d_i\in\{0,1\}$，决定 P_i 是否出现。当 n 确定后，PPRM 展开式中唯一可变的是 d_i，因此生成 PPRM 展开式的本质就是计算 d_i 的值。其中，设 $\forall i\in\{0,1,\cdots,h\}$，$y_i\in\{0,1\}$，则 $\bigoplus_{i=0}^{h}y_i=y_0\oplus y_1\oplus\cdots\oplus y_h=(\sum_{i=0}^{h}y_i)\bmod 2$，mod 是取余运算。

以 3 个变量的可逆逻辑网络为例，PPRM 展开式为

$$f(x_1,x_2,x_3)=d_0\oplus d_1x_1\oplus d_2x_2\oplus d_3x_2x_1\oplus d_4x_3\oplus d_5x_3x_1\oplus d_6x_3x_2\oplus d_7x_3x_2x_1 \tag{12.3}$$

如图 3.2 所示，令 $a=x_1,b=x_2,c=x_3,a_0=y_1,b_0=y_2,c_0=y_3$，则可逆逻辑网络用 PPRM 展开式表示为

$$\begin{cases}a_0=ba\oplus c\\ b_0=1\oplus b\\ c_0=a\oplus ba\oplus c\end{cases} \tag{12.4}$$

为了验证式(12.4)PPRM 展开式的正确性。任选式(12.4)中的等式，从表 3.1 中任选输入值 x 与对应的输出值 y，即 $f(x)=y$，分别代入到等式的右边与左边，如果等式始终成立，则式(12.4)的 PPRM 展开式为正确，否则为不正确。

为了构造可逆网络，给出下面相关理论(李志强等，2009)。

引理 12.1　在可逆逻辑网络中，任意两个相邻的通用 Toffoli 门，分别为 $\mathrm{TOF}_1(C_1;t_1)$，$\mathrm{TOF}_2(C_2;t_2)$。若 $C_1\cap t_2=\varnothing$，$C_2\cap t_1=\varnothing$，则 TOF_1、TOF_2 可以交换位置。

证明　设 $C_1=\{x_{i_1},x_{i_2},\cdots,x_{i_k}\}$，$t_1=\{x_j\}$，$C_2=\{x_{m_1},x_{m_2},\cdots,x_{m_p}\}$，$t_2=\{x_h\}$，$j\leqslant h$，则任意输入值 $\mathrm{In}=\{x_1,x_2,\cdots,x_n\}$ 经过 TOF_1 后的输出值为

$$T^{\circ}=\{x_1,x_2,\cdots,x_{j-1},x_j\oplus(x_{i_1}x_{i_2}\cdots x_{i_k}),x_{j+1},\cdots,x_n\} \tag{12.5}$$

它也是 TOF_2 的输入值，因为存在 $C_1\cap t_2=\varnothing$，$C_2\cap t_1=\varnothing$，所以唯一变化的 $x_j\notin C_2$，即 TOF_1 对 TOF_2 的控制端的信息没有影响，则经过 TOF_2 的输出值为

$$\begin{cases}x_1,x_2,\cdots,x_{j-1},x_j\oplus(x_{i_1}x_{i_2}\cdots x_{i_k}),x_{j+1},\cdots,x_{h-1},x_h\oplus(x_{m_1}x_{m_2}\cdots x_{m_p}),\\ x_{h+1},\cdots,x_n,\quad j<h\\ x_1,x_2,\cdots,x_{j-1},x_j\oplus(x_{i_1}x_{i_2}\cdots x_{i_k})\oplus(x_{m_1}x_{m_2}\cdots x_{m_p}),\\ x_{j+1},\cdots,x_n,\quad j=h\end{cases}$$

同理可得，In 经过 TOF_2、TOF_1 后的输出值与上式相同，即 TOF_1、TOF_2 与 TOF_2、TOF_1 的功能相同，所以在可逆逻辑网络中，TOF_1、TOF_2 可以交换位置。

证毕。

引理 12.2　若可逆逻辑网络有 n 条线，则可使用 2.4 节中的通用 Toffoli 可逆门共有 $n\times 2^{n-1}$ 种。

证明　根据 2.4.6 小节可知，通用 Toffoli 可逆门的受控端只有 1 个，可从 n 条线中任选，有 n 种选择；控制端则在余下的 $n-1$ 条线中任选 i 条线，有 C_{n-1}^i 种选择，则控制端有 i 条线的通用 Toffoli 门共有 $N_{\mathrm{GT}}(i)=n\mathrm{C}_{n-1}^i$ 种，已知 $0\leqslant i\leqslant n-1$，所以全部 $\mathrm{NCTG_T}$ 可逆门的种类有

$$N_{\mathrm{GT}}=\sum_{i=0}^{n-1}N_{\mathrm{GT}}(i)=\sum_{i=0}^{n-1}(n\mathrm{C}_{n-1}^i)=n2^{n-1} \tag{12.6}$$

证毕。

定理 12.1　在可逆逻辑网络 $TOF_1, TOF_2, \cdots, TOF_n$ 中，如果存在相同的可逆门 TOF_m、TOF_k，$1 \leqslant m < k \leqslant n$，且任意 TOF_i，$m < i < k$ 都满足 $C_i \cap t_k = \varnothing$，$C_k \cap t_i = \varnothing$，则 TOF_m、TOF_k 可同时从网络中去除。其中 C_j、t_j，$1 \leqslant j \leqslant n$ 分别表示可逆门 TOF_j 的控制端集合与受控端集合。

证明　设可逆逻辑网络中包含：

$$TOF_1, TOF_2, \cdots, TOF_{m-1}, TOF_m, TOF_{m+1}, \cdots, TOF_{k-1}, TOF_k, TOF_{k+1}, \cdots, TOF_n$$

因为 $C_i \cap t_k = \varnothing, C_k \cap t_i = \varnothing, 1 \leqslant m < i < k \leqslant n$，根据引理 12.1，$TOF_k$ 可分别与 $TOF_{k-1}, TOF_{k-2}, \cdots, TOF_{m+1}$ 交换位置，得到新的可逆网络序列为

$$TOF_1, TOF_2, \cdots, TOF_{m-1}, TOF_m, TOF_k, TOF_{m+1}, \cdots, TOF_{k-1}, TOF_{k+1}, \cdots, TOF_n$$

由条件可知 $TOF_m = TOF_k$，按照相同门删除原则，TOF_m 与 TOF_k 可以从网络中同时去除，可得新的可逆逻辑网络序列为

$$TOF_1, TOF_2, \cdots, TOF_{m-1}, TOF_{m+1}, \cdots, TOF_{k-1}, TOF_{k+1}, \cdots, TOF_n$$

证毕。

12.2　PPRM 展开式的构造

12.2.1　PPRM 展开式的构造方法

根据可逆逻辑网络的功能构造可逆函数，PPRM 展开式的构造如下（李志强等，2009；Gupta et al.，2006）：

步骤一：设有 n 个输入、输出变量，分别为 $x_n, x_{n-1}, \cdots, x_1$ 与 $y_n, y_{n-1}, \cdots, y_1$，$x_j \in \{0,1\}$，$y_j \in \{0,1\}$，$1 \leqslant j \leqslant n$，则全体输入值对应关系分别为

$$\{I_0, I_1, \cdots, I_{2^n-1}\} \rightarrow \{0, 1, \cdots, 2^n - 1\}$$

与之相对应的输出值分别为 $\{O_0, O_1, \cdots, O_{2^n-1}\}$，其中 $O_i = (y_{i,n} y_{i,n-1} \cdots y_{i,1})_2$，$0 \leqslant i \leqslant 2^n - 1$；而当输入值 $(x_n x_{n-1} \cdots x_1)_2$ 为 i 时，则输出变量 y_j 的值记为 $y_{i,j}$。

步骤二：生成 y_j 的 RM 展开式，即表 12.1 中 $y_{i,j}$ 的通用表达式，其中 $0 \leqslant i \leqslant 2^n - 1, 1 \leqslant j \leqslant n$，这里给出递归算法。

输出变量 y_j 的 PPRM 展开式生成算法 GRM(i,j) 算法：

输入：i 是可逆函数的输入，j 表示生成 y_j 的 PPRM 展开式。

输出：PPRM 展开式

步骤 2.1：if $i = 0$ then

步骤 2.2：　return $y_{0,j}$

步骤 2.3：else

步骤 2.4：return $\mathrm{GRM}(i-1,j)\oplus(\bigoplus_{h=0}^{i}(\mathrm{eq}(h\mid i,\ i)\ y_{h,j}))P_i$

表 12.1　n 个输入、输出变量的通用真值表

输入			输出
$i=(x_n\cdots x_2x_1)_2$	$x_n\cdots x_2$	x_1	$y_n\cdots y_j\cdots y_1$
0	$0\cdots0$	0	$y_{0,n}\cdots y_{0,j}\cdots y_{0,1}$
1	$0\cdots0$	1	$y_{1,n}\cdots y_{1,j}\cdots y_{1,1}$
⋮	⋮		⋮
2^n-2	$1\cdots1$	0	$y_{2^n-2,n}\cdots y_{2^n-2,j}\cdots y_{2^n-2,1}$
2^n-1	$1\cdots1$	1	$y_{2^n-1,n}\cdots y_{2^n-1,j}\cdots y_{2^n-1,1}$

计算 y_j 的 PPRM 展开式为 $\mathrm{GRM}(2^n-1,j)$，即此展开式分别输入 $\{0,1,\cdots,2^n-1\}$ 时，对应的输出值分别为

$$y_j=\{y_{0,j},y_{1,j},\cdots,y_{2^n-1,j}\} \tag{12.7}$$

其中 $\mathrm{GRM}(2^n-1,j)\mid_{(x_nx_{n-1}\cdots x_1)_2=k}\overset{\text{简记为}}{=}\mathrm{GRM}(2^n-1,j)\mid_k=y_{k,j}$。步骤 2.4 中“|”为位或运算，$\mathrm{eq}(h\mid i,\ i)$ 的含义是若 h 的二进制的 1 全部包含在 i 的二进制中，为 1，否则为 0；步骤 2.4 中 $\bigoplus_{h=0}^{i}(\mathrm{eq}(h\mid i,\ i)\ y_{h,j})$ 的含义是选择全部 $y_{h,j}$，$0\leqslant h\leqslant i$ 且 $\mathrm{eq}(h\mid i,\ i)=1$，求它们的异或和，若为 1，步骤 2.4 返回为 $\mathrm{GRM}(i-1,j)\oplus P_i$，否则为 $\mathrm{GRM}(i-1,j)$，其中

$$\mathrm{eq}(i,j)=\begin{cases}0, & i\neq j\\ 1, & i=j\end{cases}$$

步骤三：通过对 RM 展开式逐步化简，生成可逆逻辑网络。设可逆逻辑网络有 n 个输入、输出变量分别为 $x_1,x_2,\cdots,x_n$ 与 $y_1,y_2,\cdots,y_n$，分别有 n 个 PPRM 展开式：

$$y_j=d_0\oplus d_1x_1\oplus d_2x_2\oplus d_3x_2x_1\oplus\cdots\oplus d_{2^n-1}x_n\cdots x_2x_1 \tag{12.8}$$

其中 $1\leqslant j\leqslant n$，$d_i\in\{0,1\}$。依次试探可逆门 $\mathrm{TOF}(C_k;x_k)$，根据引理 12.2 可知，共有 $n2^{n-1}$ 种可逆门，则将 PPRM 展开式中全部 n 个等式中所有的 x_k 用 $x_k\oplus C_k$ 代替，并化简，不断重复此过程，直至 PPRM 展开式变为恒等式。即 $\forall i\in\{1,2,\cdots,n\}$，$y_i=x_i$，将化简过程中使用的可逆逻辑门顺序排列，生成所求可逆逻辑网络。

12.2.2　PPRM 展开式的展开过程

根据 12.2.1 小节的步骤二，如表 12.1 所示，设输入值为 k，PPRM 展开式 $\mathrm{GRM}(i,j)$ 的值为 $y_{k,j}$，则

$$\mathrm{GRM}(i,j)\mid_{k\in\{0,1,\cdots,i\}}=y_{k,j},0\leqslant i\leqslant 2^n-1,1\leqslant j\leqslant n \tag{12.9}$$

下面根据表 3.2 可逆函数，构造 PPRM 展开式，有两种方法(李志强等，2009)：

1) 直接使用 GRM 的递归算法

计算过程详见表 12.2，表中最后一行的 PPRM 展开式与上一行没有变化，可知：$\bigoplus_{i=0}^{2^n-1} y_{i,j} = (\sum_{i=0}^{2^n-1} y_{i,j}) \bmod 2 = 2^{n-1} \bmod 2 = 0$，如表 12.2 中，当 $n=3$ 时，$R_7 = R_6 \oplus 0 = R_6$。

表 12.2 PPRM 展开式的生成过程表

输入			输出					生成 y_j 的 R M 展开式			
i	cba	P_i	f	$y_{i,3}$	$y_{i,2}$	$y_{i,1}$	R_i	$R_{i-1}\oplus(\bigoplus_{h=0}^{i}(\mathrm{eq}(h\|i,i)\ y_{h,j}))P_i$	$j=3$	$j=2$	$j=1$
0	000	$c^0b^0a^0$ 1	2	0	1	0	R_0	$y_{0,j}$	0	1	0
1	001	$c^0b^0a^1$ a	6	1	1	0	R_1	$R_0\oplus(y_{0,j}\oplus y_{1,j})P_1$	a	1	0
2	010	$c^0b^1a^0$ b	0	0	0	0	R_2	$R_1\oplus(y_{0,j}\oplus y_{2,j})P_2$	a	$b\oplus 1$	0
3	011	$c^0b^1a^1$ ba	1	0	0	1	R_3	$R_2\oplus(y_{0,j}\oplus y_{1,j}\oplus y_{2,j}\oplus y_{3,j})P_3$	$ba\oplus a$	$b\oplus 1$	ba
4	100	$c^1b^0a^0$ c	7	1	1	1	R_4	$R_3\oplus(y_{0,j}\oplus y_{4,j})P_4$	$c\oplus ba\oplus a$	$b\oplus 1$	$ba\oplus c$
5	101	$c^1b^0a^1$ ca	3	0	1	1	R_5	$R_4\oplus(y_{0,j}\oplus y_{1,j}\oplus y_{4,j}\oplus y_{5,j})P_5$	$c\oplus ba\oplus a$	$b\oplus 1$	$ba\oplus c$
6	110	$c^1b^1a^0$ cb	5	1	0	1	R_6	$R_5\oplus(y_{0,j}\oplus y_{2,j}\oplus y_{4,j}\oplus y_{6,j})P_6$	$c\oplus ba\oplus a$	$b\oplus 1$	$ba\oplus c$
7	111	$c^1b^1a^1$ cba	4	1	0	0	R_7	$R_6\oplus(\bigoplus_{k=0}^{i} y_{k,j}P_r)=R_6$	$c\oplus ba\oplus a$	$b\oplus 1$	$ba\oplus c$

2) 将 GRM 算法转变为矩阵计算

执行下列步骤：

(1) 根据表 3.2 可逆函数的输出值的二进制数构造矩阵 F，用递归定义 M 方阵。

$$M^0 = (1),\quad M^n = \begin{pmatrix} M^{n-1} & 0 \\ M^{n-1} & M^{n-1} \end{pmatrix} \tag{12.10}$$

(2) 生成 RM 展开式的向量计算公式为

$$(R^{\mathrm{T}} \cdot P) \bmod 2 \tag{12.11}$$

其中 $R = M^nF$，$P = (P_0, P_1, \cdots, P_{2^n-1})^{\mathrm{T}}$，$P_i$ 的定义参见式(12.2)，$0 \leqslant i \leqslant 2^n - 1$。

$$R = M^nF = \begin{pmatrix} 1&0&0&0&0&0&0&0 \\ 1&1&0&0&0&0&0&0 \\ 1&0&1&0&0&0&0&0 \\ 1&1&1&1&0&0&0&0 \\ 1&0&0&0&1&0&0&0 \\ 1&1&0&0&1&1&0&0 \\ 1&0&1&0&1&0&1&0 \\ 1&1&1&1&1&1&1&1 \end{pmatrix} \begin{pmatrix} 0&1&0 \\ 1&1&0 \\ 0&0&0 \\ 0&0&1 \\ 1&1&1 \\ 0&1&1 \\ 1&0&1 \\ 1&0&0 \end{pmatrix} = \begin{pmatrix} 0&1&0 \\ 1&0&0 \\ 0&1&0 \\ 1&0&1 \\ 1&0&1 \\ 0&0&0 \\ 0&0&0 \\ 0&0&0 \end{pmatrix} \tag{12.12}$$

$$\begin{pmatrix} c \\ b \\ a \end{pmatrix} = (R^{\mathrm{T}} \cdot P)\mathrm{mod}2 = (\begin{pmatrix} 0 & 1 & 0 \\ 1 & 0 & 0 \\ 0 & 1 & 0 \\ 1 & 0 & 1 \\ 1 & 0 & 1 \\ 0 & 0 & 0 \\ 0 & 0 & 0 \\ 0 & 0 & 0 \end{pmatrix}^{\mathrm{T}} \begin{pmatrix} 1 \\ a \\ b \\ ba \\ c \\ ca \\ cb \\ cba \end{pmatrix})\mathrm{mod}2 \tag{12.13}$$

$$= \begin{pmatrix} a + ba + c \\ 1 + b \\ ba + c \end{pmatrix} \mathrm{mod}2 = \begin{pmatrix} a \oplus ba \oplus c \\ 1 \oplus b \\ ba \oplus c \end{pmatrix}$$

根据 GRM 算法的特点，为提高算法性能，可用非递归方法快速构造 M 方阵。

以上两种 RM 构造方法本质相同，结果是相同的，都为式(12.4)。但 GRM 算法计算每个可逆函数都使用递归，而矩阵的方法只要首次构造 M^n 方阵，然后将任意 n 变量的可逆函数代入式(12.11)，并生成 RM 展开式所构成的向量，避免使用递归。

12.3　基于 PPRM 构造可逆逻辑网络

基于 PPRM 构造可逆逻辑网络的方法生成可逆逻辑网络的过程可概括为图 12.1的形式。

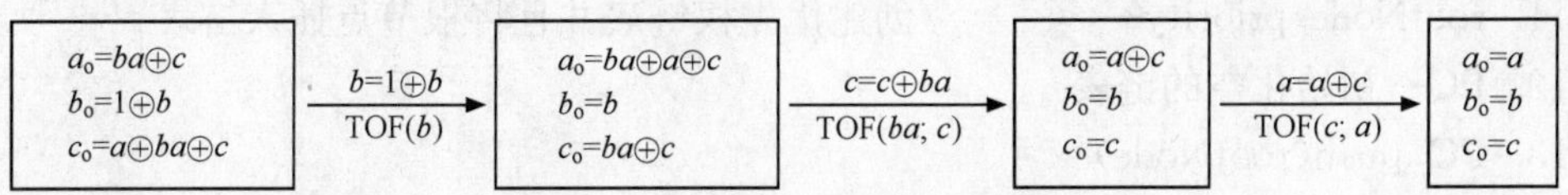

图 12.1　RM 生成可逆逻辑网络的过程

将上面的可逆门：TOF(b)、TOF($b,a;c$)、TOF($c;a$) 顺序排列，即可生成如图 3.2所示的可逆逻辑网络。

12.3.1　生成 PPRM 扩展式

在生成布尔函数的 PPRM 扩展式的过程中，有两个问题有待解决：第一，大多遇到的函数是不可逆的，因此需要添加垃圾输入和输出并且对它们分配位值，使函数可逆。根据给定的最优化标准，在可能的分配组合中，决定哪一个组合将是最优的可逆网络。第二，必须在可逆函数转换成 PPRM 形式之前，将可逆函数转换成扩展的 SOP 形式(简称为 ESOP)。Mishchenko 和 Perkowski(2001)给出了相应的解决方案。该方案运用了大量的探索法和向前策略，这样能够很快地找到布尔函数的 ESOP 形式。一旦 ESOP 形式被找到，只要将所有的变量做 $\bar{a}=a\oplus 1$ 替换（这里 $\oplus$ 表示异或运算），因此就可以把 ESOP 转换成 PPRM。

12.3.2 综合算法

这里的综合算法，其输入是一个待综合的可逆函数 $f(v_1,v_2,v_3,\cdots,v_n)$ 的 PPRM 扩展式，输出是实现函数 f 的 Toffoli 门网络。下面将用一个实例说明算法应用和实现过程。

算法描述：

基于 PPRM 扩展的可逆逻辑综合算法(Gupta et al.，2006)：

条件：将被综合的函数 $f(v_1,v_2,v_3,\cdots,v_n)$ 进行 PPRM 扩展式

```
bestDepth←∞
bestSolNode←NULL
initTerms←PPRM 扩展式的项数
Timer←事先设定的有限时间      //建立搜索树根节点并初始化
rootNode←新生成的根结点
rootNode. depth←0
rootNode. factor←NULL
rootNode. pprm←PPRM 表达式
rootNode. terms←initTerms
rootNode. elim←initTerms-rootNode. terms
rootNode. priority←∞        //创建优先权链表并且将根节点插入链表
PQ←初始化空的链表
PQ. push(rootNode)
repeat
  parentNode←PQ. pop()
  if  parentNode. depth≥bestDepth－1 then
    continue      //搜索每一个节点的 PPRM 的输出变量
  for all v_i in v_out,i in parentNode. pprm  do
    v_i. pprm←parentNode. pprm. expansion(v_i)  //考虑所有不包含 v_i 的
                                                   v_out,i 的 PPRM 扩展式
    for all_factor in v_i. pprm do
      if factor does not contain v_i then
        childNode←新建一个节点作为 parentNode 的孩子
```

```
23.        childNode. depth←parentNode. depth＋1
24.        childNode. factor←v_i＝v_i ⊕ factor
25.        childNode. pprm←将 parentNode. pprm 中 v_{out,i} 里
                        所有包含 v_i 的项，将 v_i 替换成 v_i＝v_i ⊕ factor
26.        childNode. terms←childNode. pprm 中的项数
27.        childNode. elim←parentNode. terms－childNode. terms
           //如果发现更好的搜索路径，则进行更新
28.        if childNode  是更好的解决路径并且 childNode. depth＜bestDepth then
29.          bestDepth←childNode. depth
30.          bestSolNode←childNode
           //如果该节点是候选节点，计算它的优先级并插入队列
31.        if childNode. depth ＜ Depth then
32.          childNode. priority  ←α×childNode. depth＋(β×childNode. elim)/(childNode. depth)
             －γ×factor. literalCount
33.          PQ. push(childNode)
34. until(PQ. isEmpty()＝＝FALSE&&Timer. isExpired()＝＝FALSE)
35. return   bestSolNode
36. Reversefind(bestSolNode)//基于结束节点反推，从而输出构成网络的
    Toffoli 门
```

上述算法是表示基本综合算法的伪代码。1～13 步是初始化，变量 bestDepth 存储了函数 f 综合的最佳网络的门数，它被置为无穷大。变量 bestSolNode 存储了一个指向叶子节点的指针，该指针指向综合可逆网络的最后一个门。变量 initTerms存储函数 f 的 PPRM 扩展式中的项总数。计算器 Timer 说明了综合的时间限制：如果时间片结束，则说明算法搜索的深度已经很深，即使往下继续搜索，所得网络的门数相对较多，因此将放弃这一条路径。

设定 Timer 对于算法很重要，如果没有 Timer，在没有找到解决路径的情况下，深度会一直增大，这样运行速度会很慢，而且很有可能找不到相应的网络。

初始化搜索树的根节点 rootNode：该节点的深度和因子分别被置为 0 和 NULL。函数 f 的所有输出变量 $v_{\text{out},i}$ 的 PPRM 扩展式是由所有的输入变量 v_i 得到的，并且 PPRM 的项数保存在变量 rootNode. pprm 中。变量 rootNode. terms 和 rootNode. elim 分别代表当前的 PPRM 扩展式的项的总数和当产生一个替换，从原来的 PPRM 扩展式消去的项的数量。因为这是根节点，所以 rootNode. elim 被置为 0。

初始化一个链表 PQ，同时根节点被推进链表。根节点在综合过程中将会是

第一个被搜索的节点。链表中保存了按照各自的节点。

初始化阶段之后，算法进入循环。从链表中移出并且保存在父亲节点里。算法的 16～17 行检测父亲节点是否值得搜索。如果父节点的深度大于等于 bestDepth−1，这样父节点可以被忽略，因为它不可能成为比目前最佳方法还好的解决方案。通过检验函数 f 里的 PPRM 扩展式对应的每个输出变量 $v_{\text{out},i}$ 来搜索父节点。对于每一个输入变量 v_i，搜索 $v_{\text{out},i}$ 里的 PPRM 扩展式因子，搜索的因子包含在 parentNode. pprm 里，且不包含 v_i。例如，$a_{\text{out}} = a \oplus 1 \oplus bc \oplus ac$，那么合适的因子是 1、$bc$ 和 ac，因为它们在字面上不含 a。通过这种方法所识别的每个因子，在父节点里的 PPRM 扩展式将执行 $v_i = v_i \oplus$ factor 替换。创建了一个新作为父节点的孩子节点。孩子节点的深度将增加 1，同时因子的拷贝将被保存。一旦替代发生，那么孩子节点的 PPRM 扩展式将形成。childNode. terms 和 childNode. elim分别保存了新的 PPRM 的项数和消除的项数。

最后，分析孩子节点的同时下面的步骤之一将被采纳：

(1) 如果函数 f 的综合已经完成并且现在的方法比当前最佳方法好，那么 bestDepth 和 bestSolNode 的值将被更新。

(2) 如果通过替换得到新的 PPRM 项数比父节点项数多，然而它的深度小于设定值，则孩子节点插入链表。如果得到新的 PPRM 表达式项数比父节点的项数少，则同样孩子节点插入链表。

重复以上步骤直到链表变空或者定时器终止。前一个条件意味着没有剩余的候选节点去搜索。后一个条件表明搜索的时间达到了综合极限。结束后，bestSolNode包含了一个指向叶子节点的指针，这个节点是表示综合网络最后的门。从搜索树的 rootNode 到 bestSolNode 的路径表示 Toffoli 门在综合网络的串联，路径的边表示所做的替换。对于路径上的每个节点 n，n. factor 包含了替换 $v_i = v_i \oplus$ factor 的拷贝。因此，v_i 是目标位，factor 表示 Toffoli 门的控制位。

如果通过算法找到解决路径，此时表达式 bestSolNode. pprm[i][0] == bestSolNode. pprm[i][2]&&bestSolNode. pprm[i][3] == 0 为真。因此需要通过 bestSolNode 这个节点往回追溯，直到追溯到最开始的根节点。这样做的目的是记录得到每个 PPRM 表达式的 Toffoli 门，最终得到构成该网络的所有 Toffoli 门，算法终止。

12.3.3 PPRM 化简

本算法中很关键的一步是需要根据最简的 PPRM 扩展式进行各种比较和判断。如果不进行化简，很有可能算法永远不会结束而进入死循环。例如，如果得到

$$\begin{cases} c_{\text{out}} = c \oplus ac \oplus ac \\ b_{\text{out}} = b \\ a_{\text{out}} = a \end{cases} \tag{12.14}$$

很显然算法应该结束了，但由于没有化简到最简式，算法无法判断结束标志。对于任一节点 tempNode：

(1) 如果 temp. pprm[j]的 PPRM 表达式中包含了单个因子这种情况，则进行替换操作。

例如，对于 PPRM 表达式 $c=b\oplus a\&b$，如果用 $b=b\oplus a\&c$ 这个替换式去替换，那么得到的结果是 $c=b\oplus a\&c\oplus a\&b$。

(2) 如果 temp. pprm[j]的 PPRM 表达式包含了因子混合在某项中的情况，也要经过步骤(1)进行替换。

上例中的 $c=b\oplus a\&c\oplus a\&b$，用 $b=b\oplus a\&c$ 这个替换式去替换，得到的结果是 $c=b\oplus a\&c\oplus a\&b\oplus a\&a\&c$。

很显然经过这两步得到的表达式 $c=b\oplus a\&c\oplus a\&b\oplus a\&a\&c$ 相比最初的 $c=b\oplus a\&b$ 复杂了许多，但是这是结果表达式未化简的情况，下面算法提供了 PPRM 表达式的化简的步骤：

步骤一：如果有相同的字符出现，则只保留一个字符。

步骤二：如果 PPRM 中出现两个相同的项时，则删除这些项。

以上步骤是对 PPRM 表达式中的每一项进行操作，直到表达式所有项操作完毕为止。步骤一中，例如，表达式 $c=b\oplus a\&c\oplus a\&b\oplus a\&a\&c$ 的第四项是 $a\&a\&c$，那么根据化简规则，该项为 $a\&c$；如果有字符"1"的出现，则删除 1。比如，$c=b\oplus a\&1$，根据化简规则变为 a。步骤二中，$c=b\oplus a\&c\oplus a\&b\oplus a\&c$ 的第二项和第四项是相同的，于是最后的结果为 $c=b\oplus a\&b$，与最初的表达式相同，说明该节点的 pprm[j]并没有使得项数增加。

12.3.4　数据结构

在 12.2.2 小节生成 RM 展开式向量过程中，由于需要二重递归，因此算法选择了树状结构。而其中的每个节点都将保存在链表中，链表被用来决定下一步处理哪一个节点，结构体 NodeInfo 存储函数的 PPRM 扩展式，并且替换是通过遍历而得到的。算法实现的方法需要重复地在链表的一个方向上向前搜索。为了加速搜索过程，设一个保存的指针指向最后的位置，并且下次的搜索将从该指针向前；一个树的数据结构被用来跟踪搜索空间的轨迹，因为叶子节点表示下面搜索的仅有的候选节点，不需要存储中间节点的 PPRM 的扩展式，而仅仅需要存储非叶子节点的替换表达式。

12.3.5　实例

为了更好地说明算法，选取了一个比较典型的 PPRM 扩展式进行具体分析，如图 12.2 说明了基本综合算法对于表 12.3 的可逆函数的应用。在图 12.2 中，暗黑色阴影的节点表示该节点已经被搜索了，浅色的阴影节点是当前阶段已经加入的节点，没有阴影的节点是将要考虑的节点。起始时，函数的 PPRM 扩展式被存

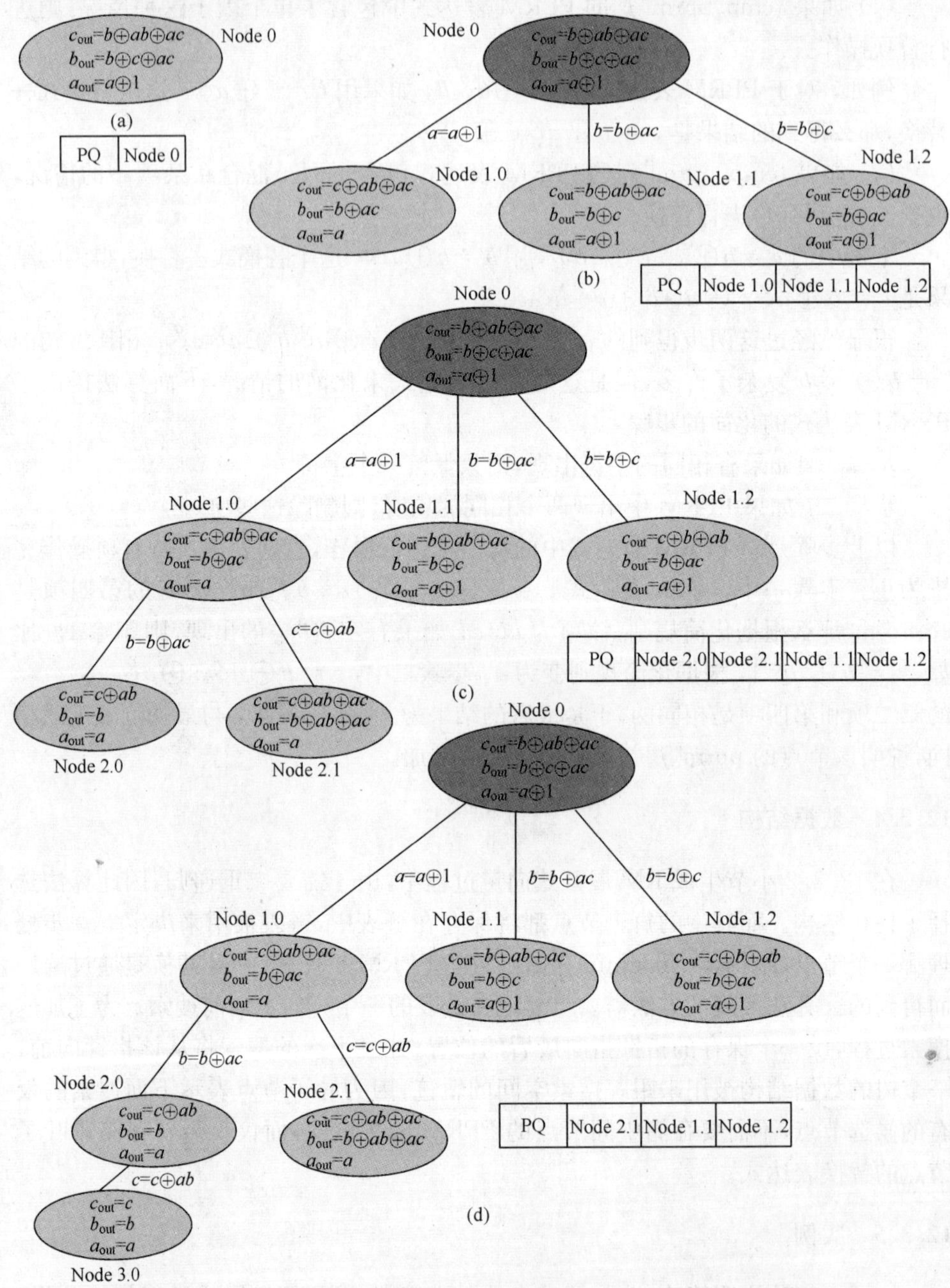

图 12.2　算法的应用

储于 Node 0，该节点被插入到链表中。图 12.2(a)表示当前的搜索树和链表。下一步，节点 Node 0 从链表中移出(Node 0 是当前链表的唯一项)并且检验它可能的替代项。算法支持三种可能的替代式，分别是：① $a=a\oplus 1$；② $b=b\oplus c$；③ $b=b\oplus ac$。

表 12.3　PPRM 扩展式函数实例

c	b	a	c_0	b_0	a_0
0	0	0	0	0	1
0	0	1	0	0	0
0	1	0	1	1	1
0	1	1	0	1	0
1	0	0	0	1	1
1	0	1	1	0	0
1	1	0	1	0	1
1	1	1	1	1	0

对于每一个替换，一个新的节点将产生，所标志的因子将在 PPRM 扩展式中被替换从而得到新的 PPRM 扩展式。因为三个替换的全部结果得到的新 PPRM 扩展式项数都更少，所以所有的节点都将被加入到链表队列中。下一步，Node 1.0从队列中移出进行分析。对于该节点，$b=b\oplus ac$ 和 $c=c\oplus ab$ 是两种可能的换表示。这些替代所对应的节点 Node 2.0 和 Node 2.1。Node 2.0、Node 2.1 插入到队列中。在下面的重复过程中，Node 2.0 从队列中移出。唯一的替换是 $c=c\oplus ab$，该替换形成了一个解决方法，该解决方法和深度被保存了。至此，找到了该 PPRM 扩展式所对应的可逆网络。

12.3.6　实验结果与分析

为了验证算法的有效性，列举了以下四个实例进行说明。如表 12.4 所示。

从表 12.4 中可以看出，本算法所能级联的网络规模与国际同行相比得到较大的提高。由于网络级联规模往往集中在 3 输入或以下，因此本算法实现了规模上的突破。从表 12.4 中可以看出，得到了 4 输入、5 输入以及 8 输入的可逆网络，如图 12.3 所示。本算法从理论上可以实现任一大变量的可逆网络，只是运行时间会较长。以上三个实例的运行时间分别为 34min、60min 和 20min，时间均在合理范围内。除此以外，如图 12.4 所示，作者的可逆综合程序 bjsj.exe 运行只需使用 76K 的内存空间，这对于大规模可逆函数综合意义极大。

表 12.4　实验结果

要求的 PPRM 扩展式	网络所用 Toffoli 门	控制位数	运行时间/min
$c=c\oplus a\&b\oplus a\&c$ $b=b\oplus c\oplus a\&c$ $a=a\oplus 1$	$a=a\oplus 1$ $b=b\oplus a\&c$ $c=c\oplus a\&b$	3	9
$d=d\oplus a$ $c=b\oplus a\&c\oplus a\&b$ $c=b\oplus c\oplus a\&c$ $a=a\oplus 1$	$a=a\oplus 1$ $b=b\oplus a\&c$ $c=c\oplus a\&b$ $d=d\oplus 1$ $d=d\oplus a$	5	34
$e=e\oplus a\&b$ $d=d\oplus 1$ $c=c\oplus a\&c$ $b=b\oplus c\oplus a\&c$ $a=a\oplus 1$	$a=a\oplus 1$ $b=b\oplus a\&c$ $d=d\oplus 1$ $e=e\oplus b$ $e=e\oplus a\&b$ $e=e\oplus a\&b$	6	60
$h=h$ $g=g$ $f=f\oplus a$ $e=e$ $d=d\oplus 1$ $c=c$ $b=b\oplus a\&d$ $a=a\oplus 1$	$b=b\oplus a\&d$ $d=d\oplus 1$ $f=f\oplus a$ $a=a\oplus 1$	4	20

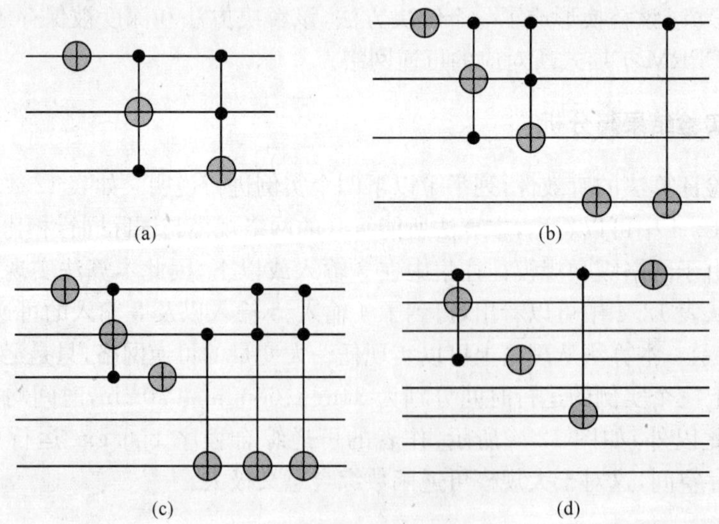

图 12.3　实例所对应的可逆网络

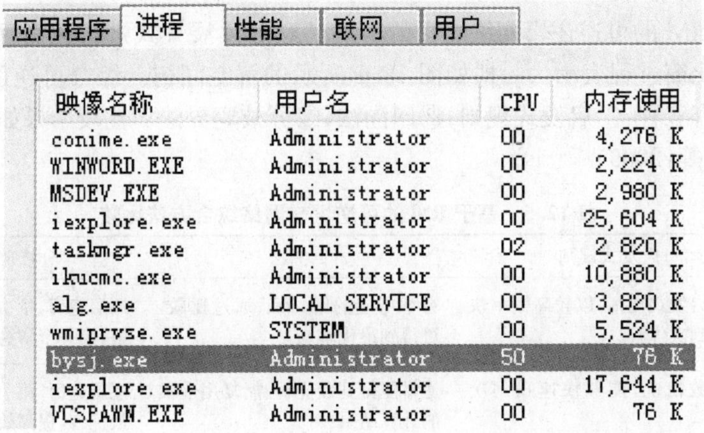

应用程序　进程　性能　联网　用户

映像名称	用户名	CPU	内存使用
conime.exe	Administrator	00	4,276 K
WINWORD.EXE	Administrator	00	2,224 K
MSDEV.EXE	Administrator	00	2,980 K
iexplore.exe	Administrator	00	25,604 K
taskmgr.exe	Administrator	02	2,820 K
ikucmc.exe	Administrator	00	10,880 K
alg.exe	LOCAL SERVICE	00	3,820 K
wmiprvse.exe	SYSTEM	00	5,524 K
bysj.exe	Administrator	50	76 K
iexplore.exe	Administrator	00	17,644 K
VCSPAWN.EXE	Administrator	00	76 K

图 12.4　程序运行内存消耗图

12.3.7　算法分析与改进

PPRM 综合器算法在网络规模上得到了较大的提高，使得可逆网络级联规模小的问题得到了一定的改善，算法实现的网络门数也较小。同时，运行时间也在合理的范围之内。尤为重要的是，由于不需要存储网络的中间过程，因此它所需内存空间极小，这对可逆网络规模进一步提高显得非常重要。

两点讨论：

(1) 算法(12.3.2)是基于深度搜索可逆网络的，只需深度设定合理就一定能够搜索到对应的网络。Gupta 等(2006)所设计的算法是基于任一节点 tempNode.elim 值进行判断的。然而，事实上根据算法 PPRM 扩展式的项数并非都线性减小的，所以 Gupta 等(2006)的算法有时可能无法得到实验结果。因此，需要设定合理的深度值。只要在设定的深度值之内，算法一定去继续往下搜索，直到找到对应网络或者没有找到而回溯继续搜索。

(2) 算法(12.3.2)通过 Reversefind()函数进行回溯搜索，从而得出构成网络的 Toffoli 门，由于 Gupta 等(2006)没有这一过程，所以它只能做到找到该网络，因此无法具体描述网络的组成，这是一个很大的缺陷。然而，算法(12.3.2)在正向搜索的时候已经保存了构成网络的每一条边(即 Toffoli 门)。因此，只要算法搜索到结束条件成立，只需通过 Reversefind()函数反推，就能输出构成该网络的所有 Toffoli 门。

算法(12.3.2)适合大变量的可逆网络综合，但对于小变量的可逆网络综合的速度就显得相对有些慢。主要原因在于算法的结构为树状结构，而且存在二重递归的函数。比如，得到图 12.3 的四输入的 PPRM 扩展式需要 34min，但 8 输入的

PPRM 扩展式只需 20min。

基于 RM 的可逆逻辑网络综合的本质是对 RM 展开式进行化简，可以将 RM 展开式的化简过程表示为一棵如图 12.1 所示的解空间树。综合可逆逻辑网络的方法主要有三种：①启发式规则；②回溯法；③分枝定界法。比较结果如表 12.5 所示（李志强等，2009）。

表 12.5 基于 RM 的可逆逻辑网络综合方法比较

方法	启发式规则	回溯法	分枝定界法
内容	利用启发式规则，以较高概率快速找到次优解	穷举可能的解，最后通过比较，可得到最优解	逐层遍历，依次试探可能的解，第一个解为最优
优点	大多数情况，能够快速找到次优解	通常能得到最优解，能复用前面的计算结果	逐层遍历，第一个解必定是最优解，提高效率
缺点	(1) 一般不能获得最优解 (2) 启发式规则不具有普遍适用性 (3) 因采用优先排序队列，常因入队元素太多而内存溢出	(1) 通用性不强。必须事先估计网络的最大长度，而这没有确定的算法 (2) 速度较慢。遍历出可能的全部解，最后，通过比较，方能得到最优解	(1) 速度较慢。如果最优网络较长，需逐层试探网络较短的情况 (2) 如使用队列，内存消耗较大。否则因无法复用计算，速度较慢

12.4 几种基于 PPRM 的可逆逻辑网络综合

李志强等(2009)对该内容做了较为全面的总结，本节将以此为主进行阐述。

12.4.1 基于 PPRM 的可逆逻辑网络综合的快速算法 WHH(f)

输入：所求可逆逻辑网络的可逆函数 f。

输出：所求可逆逻辑网络的可逆门序列。

第一步：应用式(12.13)的方法，将可逆函数 f，自动生成 RM 展开式，存入 RM[1]中。

第二步：if RM[1]为恒等式 then return 空序列。

第三步：数组 mgateidx 中存放全部可逆门的序号，且与 RM 因子相对应的可逆门序号排在数组的前列。

第四步：ihigh=2。

第五步：while not DFS(ihigh,2) do {。

第六步：ihigh=ihigh+1 }。

第七步：return mgate[1],mgate[2],…,mgate[ihigh−1]。

上述是本章可逆综合算法的主程序，是根据网络的功能自动高效地生成最优的可逆逻辑网络。第一步是根据可逆网络的功能对应的可逆函数 f 生成 RM 展开式;第二步判断 RM 展开式是否为恒等式,如果是,则网络中没有可逆门,返回空序列;否则,第三至七步是从解空间树的第二层开始,调用如下算法 DFS 逐层寻找解,直至找到解为止,从而快速生成最优的可逆网络序列。

假设最优可逆网络的门数为 i,则可调用深度搜索算法 DFS,快速搜索深度为 $i+1$ 的解空间树,且只要判断第 $i+1$ 层(叶子层)是否有解。深度搜索的优点是不使用队列,在可逆网络线数一定的情况下,所需存储空间仅与树的高度成正比,还可复用上层计算的结果,快速化简本层 RM 展开式。

12.4.2　深度搜索解空间树的算法 DFS(ihigh,irow)

输入:ihigh 为解空间树的高度,irow 为当前访问的层号。

输出:返回在第 ihigh 层(叶子点)是否找到解,若找到,则可以从全局数组 mgate 中读取可逆门序列。

```
1.   if irow = ihigh + 1 then {
2.       if RM[irow - 1] 为恒等式 then
3.           return true
4.       else
5.           return false }
6.   else {
7.       for i = 1 to n × 2^(n-1) do {
8.           mgate[irow - 1]. value = mgateidx [i]
9.           mgate[irow - 1]. index = i
10.          if not BBF(irow - 1) then continue
11.          将 mgate[irow - 1]代入 RM[irow - 1],经过化简,生成新的 RM 展开式,存入 RM[irow]
12.          if DFS(f, ihigh, irow + 1) then return true }
13.      return false }
```

递归算法 DFS(ihigh,irow)是从第 irow 层开始,在高度为 ihigh 的解空间树上深度搜索解。第 1 步是判断当前第 irow 层是否超过树的高度。若超过,则第 irow−1 层为叶子层;否则为非叶子层。若为叶子层,则第 2~5 步判断当前网络是否为解,因为算法 WHH 是逐层寻找解,因此非叶子层中一定没有解,只有叶子层才有可能有解。第 7~13 步是在已有网络后面,依次试探所有可能的一个可逆门,生成 RM 展开式,并递归调用本算法,进入下一层试探。若第 2 步成立,即找到第一个解,返回真;若叶子层中不存在解,则返回假。第 10 步 BBF(irow−1)判断可逆门 mgate[irow−1]能否追加到当前网络的后面。若不能,则从解空间树中剪去此可逆门为根的子树,缩小搜索空间,提高算法整体性能,因此设计限界函数

BBF 非常重要。

设可逆网络中可逆门序列为 $g_1g_2\cdots g_{h-1}$，判断能否追加可逆门 g_h，若出现如下两种情况，禁止追加。

(1) 如果 g_h 能够根据定理 12.1 与前面 $h-1$ 个可逆门中某个可逆门化简，此为可化简情况。因为作者是寻求最优解，而最优解内部是不能化简的。这与模板的思想相反，模板是用来化简网络，而本方法是选取不能化简的可逆门，可利用模板技术快速判断大多数可化简的情况，但判断算法的复杂度不能太高，否则虽然访问节点数减少了，但因判断算法的复杂性增强，算法整体性能反而变差，为此设计简单高效的算法，判断大多数可化简情况，详见 BBF 算法。

(2) 如果 g_h 能够根据引理 12.1 移动到 g_j 位置，且 g_j 的序号大于 g_h 的序号，此为无解情况。因为本算法在每个节点上是按照可逆门的序号顺序试探，因此移动后的可逆门序列 $g_1g_2\cdots g_{j-1}g_hg_j\cdots g_{h-1}$ 在前面一定试探过，且没有获得解，否则算法会提前返回，而不可能运行到当将状态。详见 BBF 算法。

此判断方法每次最多比较 $h-1$ 次，因此速度很快；而使用模板化简网络时，因为化简的可能性很多，需要依次试探，因此运行速度较慢。

12.4.3 BBF 算法

算法 BBF (h)，判断能否在可逆门序列 gate[1]，gate[2]，…，gate [$h-1$] 的后面追加可逆门 gate [h] 。

输入：可逆门 gate[h]的数组下标 h。

输出：如果能追加可逆门 gate[h]，则返回 true，否则返回 false，

```
1.  for i = h-1 downto 1 do {
2.        if gate[i]. t in gate[h]. C or gate[h]. t in gate[i]. C then
3.              return true
4.        else if gate[h] = gate[i] then
5.              return false
6.        else if gate[h]. index < gate[i]. index then
7.              return false }
8.  return true
```

上述算法将可逆门 gate[h]从后至前依次与可逆门 gate[i]比较。第 2 步是判断是否符合引理 12.1 的位置交换条件。若不能交换，则放弃化简，认为可追加；若能交换，第 4 步判断这两个门是否相同，若相同，则根据定理 12.1 可知，这两个门可从网络中去除，为可化简的情况，不可追加。第 6 步判断追加可逆门 gate[h]的序号是否小于当前可逆门 gate[i]的序号，若小于，为已探测过的无解情况，不可追加。第 8 步，当前面都不能确定能否追加，则认为可追加。

12.4.4　实验结果与分析

采用 3 变量可逆函数,共生成 $2^3!=8!=40\ 320$ 个可逆逻辑网络。实验的目的是用较短的时间找到全部可逆综合代价尽可能小的网络。实验与 Miller 等的进行了比较(Maslov et al.,2007;Cheng et al.,2006; Shende et al.,2002)。

为深入了解算法中各种优化技术对性能的影响，李志强和陈汉武等(2009)采用 4 种方案分别实验,分别为:深度优先,仅去除相邻且相同的量子门(A);整体广度优先，局部深度优先，仅去除相邻且相同的量子门(B);深度优先,应用全部优化技术(C);整体广度优先,局部深度优先，应用全部优化技术，即本书最优的算法(D)。它们的共同点是获得全部最优解，不同的是运行速度有差异。除了上面的优化技术有差异外,其他优化技术都相同,因此整体运行性能都比较高。其中 A 算法是对 C 算法去除相应优化,而 B 算法是对 D 算法去除相应优化,上述的 C 算法详细内容见算法 DFM、DFC。表 12.6 分别为李志强等(2009)、Gupta 等(2006)、Miller 等(2003)、Agrawal 和 Jha(2004)的实验结果。

表 12.6　3 变量可逆网络综合的实验数据

可逆门的数量	Li	Guptas	Miller	Agrawal
9		36	2	30
8	577	3351	659	3297
7	10 253	12 476	10 367	12 488
6	17 049	13 596	16 953	13 620
5	8921	7479	8819	7503
4	2780	2642	2780	2642
3	625	625	625	625
2	102	102	102	102
1	12	12	12	12
0	1	1	1	1
门数量均值	5.866	6.10	5.875	6.101

引用算法 WHH 的全局变量,再加入全局变量 irowmin,表示当前最优解在树中的高度,即当前最优可逆网络的门数加 1,初始值置为无穷大。

12.4.5　深度优先搜索最优可逆网络的算法 DFC(irow)

输入:irow 为当前搜索的解空间树的层号。

输出:返回是否搜索到最优的可逆网络。若找到,则可以从全局数组 mgate 中读取可逆门序列。

```
1.  if irow≥irowmin or irow> MAX+1 then return false
2.  myok=false
3.  引用 DFS 算法第 8～12 行代码
4.      if RM[irow]是恒等式 then {
5.          if irowmin>irow then {
6.              irowmin=irow
7.              return true } }
8.      else if irow+1<irowmin and irow< MAX+1 then {
9.              if DFC(irow+1) then myok=true }
10.  return myok
```

算法 DFC(irow)是对算法 DFS 进行了一些修改,它是从第 irow 层深度搜索最优解。第 1 步,如果 irow ≥ irowmin,表示当前最优解使用的可逆门数(irowmin－1)比当前搜索生成的可逆网络门数(≥irow－1)少,即当前搜索生成的可逆网络不可能是最优的,则放弃搜索;如果 irow>MAX＋1,表示当前访问的层已超出解空间树的范围,则放弃搜索。算法 DFS 中已知解只能出现在叶子层,因此只需在叶子层寻找解,且找到的第一个解一定是最优解;而 DFC 算法不知道最优解在哪一层,因此必须在深度遍历时,通过各个解的层号比较,找出最小层的解。若当前网络是解,则在第 5～7 步记下最小层号 irowmin;否则,第 8 步判断第 irow＋1层是否可能有最优解。如有则进入第 9 步,递归调用本算法,判断能否从 irow＋1 层深度搜索到最优解,当本算法递归结束,若存在解,irowmin 必为最优解所在的层号。

12.4.6　调用算法 DFC 生成可逆逻辑网络的算法 DFM(f)

输入:所求可逆逻辑网络的可逆函数 f。

输出:所求可逆逻辑网络的可逆门序列。

```
1.  引用 WHH 算法第 1～3 行代码
2.  if not DFC(2) then return 无解
3.  return mgate[1],mgate[2],…, mgate[irowmin-1]
```

算法的第 2 步若提前返回,是因为设定的 MAX 太小,无法生成所求的可逆逻辑网络。

由表 12.7 可知,程序运行时间与访问节点的总数量基本成正比,因此优化算法主要考虑如何减少访问节点的总数量。表 12.6 中使用 1 个可逆门时平均都访问了 24/12＝2 个节点,这是因为每个程序都优先考虑了 RM 的因子。在使用 2～7 个可逆门时,D 算法访问节点数都比 C 算法少,但使用 8 个可逆门时,D 算法访问节点数却比 C 算法多,这是因为 D 算法总体层次遍历,设可逆门数为 N,D 算法访问节点数为依次深度遍历高度为 2,3,…,N＋1 的解空间树的节点数之和,而 C

算法是在高度为 9 的解空间树上深度遍历。当使用可逆门较少时，N 较小，D 算法只要依次深度遍历较少且较矮的解空间树，而 C 算法必须先深度遍历到较高层，然后逐步回溯到较低层，因此 D 算法访问节点数要比 C 算法少。当使用可逆门较多时，N 较大，D 算法要依次深度遍历较多且较高的解空间树，重复访问了许多节点，而 C 算法只进行一次在高度为 9 的解空间树上深度遍历，在使用 8 个可逆门时，即解空间树高度为 9 的遍历中，显然 D 算法访问节点数比 C 算法多。且 BBF 算法对访问节点数也有较大影响。在 3 个变量的可逆网络中，图 12.5 表示的通用 Toffoli 门共有 $M = n2^{n-1}\ |_{n=3} = 12$ 种，假设各种可逆门使用的概率均等，则两个相邻的门共有 12×12＝144 种组合情况，对于非门、控制非门、Toffoli 门可移动的情况分别有 8、6、4 种，每种可逆门只有一种可化简情况，即两个相邻的门相同，可移动的概率为 $\alpha = [(8+6+6+4)\times 3]/(12\times 12) = 50\%$，可化简的概率为 $\beta = 12/(12\times 12) = 8.33\%$。设网络中已有 $n-1$ 个门，若追加 1 个门，则可化简的概率为 p_n，计算方法如下：$p_1 = 0, p_n = p_{n-1} + [\alpha(1-\beta)]^{n-2}\times\beta$。而 $0 < \alpha(1-\beta) < 1$，因此当 n 较大时，p_n 收敛，计算可得 n 为 1，2，…，8 时，可化简的概率分别为 0、8.33%、12.15%、13.9%、14.7%、15.07%、15.24%、15.31%，最终收敛于 15.38%。由此可知，当可逆门数增加时，可化简的概率不断增大，但最终收敛于固定值，保持不变。而每次化简都可以减少访问解空间树的节点空间。设树的高度为 h，在第 i 层中若有一个节点可化简，则可以从树中剪去 $(M^{h-i+1}-1)/(M-1)\ |_{M=12} = (12^{h-i+1}-1)/11$ 个节点。因此当 $h-i$ 越大，去除的节点数越多。

表 12.7　各个长度的可逆网络访问解空间树的节点总数

网络数量	输入/输出数	A	B	C	D
1	0	0	0	0	0
12	1	24	24	24	24
102	2	12 334	2127	38 446	2104
625	3	3 646 986	193 195	2 472 032	149 051
2780	4	177 328 722	13 429 360	81 416 811	7 266 155
8921	5	5 254 945 610	604 425 324	1 342 678 137	228 599 180
17 049	6	46 429 446 708	13 570 260 781	9 968 606 306	3 671 993 552
10 253	7	97 168 913 824	64 326 465 993	17 878 744 171	13 276 279 639
577	8	19 382 232 051	21 320 452 462	3 053 423 134	3 492 586 889
均值	5.866	4 176 997.179	2 476 072.154	801 770.314	512 819.36
	运行总时间	14 h 59 min	8 h 49 min	3 h 13 min	1 h 59 min

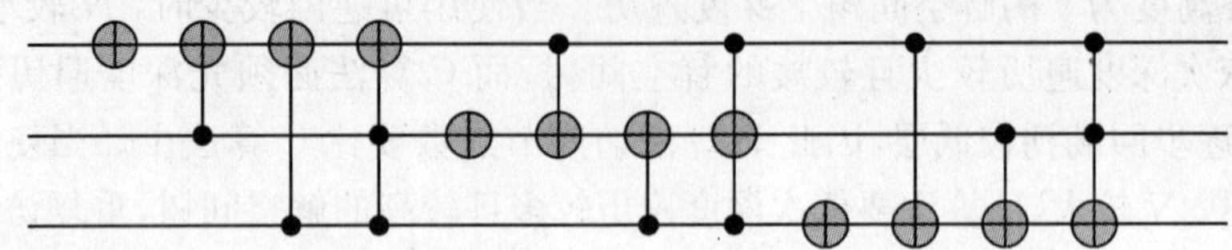

图 12.5　在 3 变量的实验中使用的全部可逆门

实验数据表明(李志强等,2009),优化技术显著提高了程序运行效率,在相同的软硬件环境下,加入全部优化技术的 C、D 算法明显优于没有加入主要优化技术的 A、B 算法,但 A、B 算法又比其他同类算法快许多,是因为它们除了没有应用主要优化技术外,其他与 C、D 算法相同,因此速度不会很慢,李志强等(2009)也实验过用高度为 9 的深度优先搜索,仅去除相邻且相同的可逆门,历时却有 40 h。相比而言,D 的算法更加优化。主要原因是:①平均访问节点少;②仅需判断解空间树的叶子节点是否为解,因此判断是否为解的次数就更少了。平均访问节点少的原因是:D 算法总体采用层次遍历,在解空间树较矮时访问节点数很少;当解空间树较高时,访问节点数增多,但采用 BBF 限界函数,以较大的概率去除大量子树。

12.5　小　结

在本章中,算法通过使用可逆函数的 PPRM 表达式去综合 Toffoli 门的可逆网络。为了较好地实现算法,本章提出了 PPRM 扩展式的简化方法,只有最简的 PPRM 表达式才能优化的实现逻辑综合;算法使用链表去搜索所有可能的因子以求解决路径;进行了两点改进,使得搜索一定能找到对应的可逆网络。与其他综合方法相比,算法的综合规模有了较大的提高,而且运行时间均在合理范围之内。更为重要的是,算法在网络级联的过程中内存消耗极低,这很好地解决了传统级联存在的网络存储量太大的问题。

参考文献

安博,陈汉武,杨忠明,等.2010. 基于真值表变换的可逆逻辑综合算法. 东南大学学报(自然科学版),40(1):58-63

陈汉武,李志强,徐宝文.2008. 置换群与整数间一对一 Hash 函数的构建. 东南大学学报(自然科学版),38(2):225-227

高有,游宏.1999. 特征不为 2 的有限域上酉群的极小生成元集. 系统科学与数学,19(1):46-50

戈瑟,格洛斯科特,迪恩斯塔尔.2006. 纳电子学与纳米系统:从晶体管到分子与量子器件. 陈贵灿,等译. 西安:西安交通大学出版社

顾晖,管致锦,张义清.2004. 多态系统数据分析的逻辑决策算法. 现代电子技术,27(22):52-53

管致锦,秦小麟,葛自明.2007. 量子电路可逆逻辑综合的研究及进展. 南京邮电大学学报(自然科学版),27(2):24-27

管致锦,秦小麟,施佺,等.2008. 基于正反控制模型的可逆逻辑综合. 计算机学报,31(5):835-844

管致锦,秦小麟,陶涛,等.2010. 可逆逻辑门网络的表示与级联. 电子学报,38(10):2370-2376

管致锦,王波,刘维富,等.2002. 一种新的基于最小项逻辑优化的软件设计与实现. 微电子学与计算机,19(11):68-70

管致锦,张义清.2004. 适于大数目输入变量的逻辑综合启发式算法. 计算机应用与软件,21(11):8-10

管致锦,张义清,邱建林,等.2004a. 巨大变量组合逻辑设计优化软件的研究与设计. 计算机工程,30(19):5-57

管致锦,张义清,顾晖,等.2004b. 基于阈门网络的逻辑综合问题研究. 微电子学与计算机,21(6):89-91

管致锦,张义清,邱建林.2003a. 基于可观测性无关项的快速逻辑优化实现策略. 微机发展,13(6):86-88

管致锦,张义清,邱建林,等.2003b. 大变量逻辑函数最佳覆盖问题研究. 计算机应用与软件,29(12):11-13

胡冠章,王殿军.2006. 应用近世代数. 第三版. 北京:清华大学出版社

乐亮,解光军.2010. 量子可逆逻辑电路综合. 合肥工业大学学报(自然科学版),33(1):143-147

李文骞,陈汉武,王佳佳,等.2006. 模板技术在量子逻辑电路优化中的应用. 东南大学学报(自然科学版),36(6):920-926

李光辉.2005. 逻辑电路的等价性检验方法研究. 北京:中国科学院计算技术研究所博士学位论文

李志强,陈汉武 . 2006. 基于 Reed-Muller 量子可逆逻辑网络的快速综合算法 . 扬州大学学报(自然科学版), 9(4): 52-56

李志强,陈汉武,李文骞 . 2008a. 基于位运算的量子可逆逻辑电路快速综合算法 . 计算机科学, 35(1):13-17

李志强,陈汉武,徐宝文,等 . 2008b. 四量子可逆逻辑电路快速综合算法 . 电子学报, 45(12): 2081-2089

李志强,陈汉武,徐宝文,等 . 2009. 量子可逆逻辑电路综合的快速算法研究. 计算机学报, 32 (7):1291-1303

罗特曼 . 2007. 高等近似代数 . 章亮译 . 北京:机械工业出版社

梅晓春 . 2009-09-20. 时间反演不可逆性问题的起源与现状 . http://blog. sina. com. cn/mxc001

尼尔森 M A. 2004. 量子计算和量子信息 . 赵千川译 . 北京:清华大学出版社

邱建林,王波,管致锦,等 . 2004. 用二值逻辑对多值逻辑进行优化 . 计算机辅助设计与图形学学报,16(5): 682-686

特拉普 . 2008. 密码学与编码理论 . 王全龙,王鹏,林昌露译 . 北京:人民邮电出版社

王波,管致锦,刘维富,等 . 2003. 基于编码算法的组合逻辑电路最优化软件的设计与实现 . 计算机工程与应用, 39(13):153-155

王锵,石纯一 . 1997. 一种因果推理形式 . 软件学报, 8(4): 291-296

汪志诚 . 2003. 热力学与统计物理. 第三版 . 北京:高等教育出版社

曾琼,闰炜 . 2007. 组合电路等价性检验方法研究 . 计算机工程,33(4): 253-255

佐川弘幸,吉田宣章 . 2007. 量子信息论 . 宋鹤山,宋天译. 大连:大连理工学出版社

张小颖 . 2009. 量子逻辑电路的研究与设计. 上海:复旦大学硕士学位论文

张义清,管致锦,李洵 . 2006. 逻辑函数的粗糙集表达及最小化方法 . 黑龙江大学自然科学学报, 23(2): 265-268

张义清,管致锦,吕彦鸣 . 2007a. 基于粗糙集的组合逻辑优化算法 . 兰州理工大学学报, 33(1): 88-91

张义清,管致锦,吕彦鸣,等 . 2007b. 逻辑函数无冗余覆盖选择问题 . 计算机工程与应用, 43 (10): 60-62

张义清,管致锦,吕彦鸣 . 2008. 基于置换群的可逆网络级联 . 兰州理工大学学报, 34(4): 219-223

Agrawal A, Jha N K. 2004. Synthesis of reversible logic. Proceedings of Design, Automation and Test in Europe Conference and Exhibition, Paris, 2:1384-1385

Andrel B, Khlopotine M, Perkowski P K. 2002. Reversible logic synthesis by iterative composition. Proceedings of International Workshop on Logic and Synthesis:261-266

Al-Rabadi A, Perkowski M. 2001. New classes of multi-valued reversible decompositions for three dimensional layout. Proceeding of Reed-Muller Workshop: 185-204

Athas W, Tzartzanis N, Svensson L, et al. 1997. A low-power microprocessor based on resonant energy. IEEE Journal of Solid-State Circuits, 32(11): 1693-1701

Aschbacher M, Scott L. 1985. Maximal subgroups of finite groups. Journal of Algebra, 92: 44-80

Bennett C H. 1973. Logical reversibility of computation. IBM Journal of Research and Development，17(6)：525-532

Bennett C H. 1982. The thermodynamics of computation—a review. International Journal of Theoretical Physics，21(12)：905-940

Bennett C H，Landauer R. 1985. The fundamental physical limits of computation. Scientific American：38-46

Butler G. 1992. Fundamental algorithms for permutation groups. Lecture Notes in Computer Science. Berlin，New York：Springer：78-87

Butler J. 1991. Multiple-Valued Logic in VLSI. California：IEEE Computer Society Press

Benioff P. 1982. Quantum mechanical Hamiltonian models of Turing machines that dissipate no energy. Physical Review Letters，48(23)：1581-1585

Barenco A，Bennett C H，Cleve R，et al. 1995. Elementary gates for quantum computation. Physical Review A，52(5)：3457-3467

Beckman D，Chari A，Devabhaktuni S，et al. 1996. Efficient networks for quantum factoring. Physical Review A，54：1034-1063

Biamonte J，Perkowski M. 2005. Tricks to validate quantum switching networks. Proceedings of KIAS-KAIST 6th Workshop on Quantum Information Science：9-14

Brand D，Sasao T. 1993. Minimization of AND-EXOR expressions using rewriting rules. IEEE Transactions on Computers，42(5)：568-576

Bruce J W，Thornton M A，Shivakumaraiah L，et al. 2002. Efficient adder circuits based on a conservative reversible logic gate. Proceedings of IEEE Computer Society Annual Symposium on VLSI：74-79

Chen R M. 2003. Moore's law and strategy of innovation and development. Information technology & Standardization，10(3)：59-63

Chen Y X，Guan Z J，Chen S L，et al. 2009. The generation of the reversible gate network-based the variable system numbers. Fifth International Conference on Natural Computation：543-547

Cheng S T，Wang C Y. 2006. Quantum switching and quantum merge sorting. IEEE Transactions on Circuits and Systems-Ⅰ，53(2)：316-325

Church A. 1936. An unsolvable problem of elementary number theory. American Journal of Math，58(2)：345-363

Charles L S，Alexander H F，Mattisson S，et al. 1985. Hot-Clock *n*-MOS. Chapel Hill Conference on VLSI：1-17

Cheng S T，Wang C Y. 2006. Quantum switching and quantum merge sorting. IEEE Transactions on Circuits and Systems Ⅰ：Regular Papers，53 (2)：316-325

David P. 1998. Quantem gates and circuits. Physical and Engineering Sciences，16(8)：261-276

Deutsch D Q. 1985. Quantum computational networks. Proceedings of the Royal Society，London A，425：73-90

Deutsch D，Barenco A，Ekert A. 1995. Universality in quantum computation. Proceedings of the

Royal Society, London A, 449:669-677

de Vos A. 1996. Introduction to r-MOS systems. Proceedings of 4th Workshop on Physics and Computation:92-96

de Vos A. 1997. Towards reversible digital computers. Proceedings of European Conference on Circuit Theory and Design:923-931

de Vos A. 1999. Reversible computing. Progress in Quantum Electronics, 23(1):1-49

de Vos A, Desoete B, Adamski A, et al. 2000. Design of reversible logic circuits by means of control gates. Lecture Notes in Computer Science: 55-264

de Vos A, Desoete B, Janiak F, et al. 2001. Control gates for reversible computers. Proceedings of 11th International Workshop on Power and Timing Modeling, Optimization and Simulation, 92:1-10

de Vos A, Rentergem Y V. 2005. Reversible computing: rom mathematical group theory to electronical circuit experiment. Proceedings of the 2nd Conference on Computing Frontiers: 35-44

Desoete B, de Vos A. 2002. A reversible carry-look-ahead adder using control gates. The VLSI Journal of Integration, 33(1): 89-104

Ding W P, Guan Z J, Shi Q, et al. 2009. Research of electronic patient record mining based on rough concept lattice. International Workshop on Intelligent Systems and Applications: 1-4

Dueck G W, Maslov D. 2003a. Reversible function synthesis with minimum garbage outputs. The 6th International Symposium on Representations and Methodology of Future Computing Technology: 154-161

Dueck G W, Maslov D, Miller D M. 2003b. Transformation-based synthesis of networks of Tofoli/Fredkin gates. IEEE Canadian Conference on Electrical and Computer Engineering, 1: 211-214

Feynman R P. 1985. Quantum mechanical computers. Optic News, 11(2): 11-20

Feynman R P. 1986. Quantum mechanical computers. Foundations of Physics, 16(6):507-531

Feynman R P. 1996. Feynman Lectures on Computation. Cambridge: Perseus Books

Fredkin E, Toffoli T. 1982. Conservative logic. International Journal of Theoretical Physics, 21 (3): 219-253

Frank M P. 2005. Introduction to reversible computing: motivation, progress, and challenges. Proceedings of the 2nd Conference on Computing Frontiers:385-390

Gershenfeld N, Chuang I. 1998. Quantum Computing with Moleculas. Boston: Addison-Wesley Longman Publishing

George W M. 2004. Mathematical Foundations of Quantum Mechanics. Princeton: Princeton University Press

Green D. 1986. Modern Logic Design. Workingham: Addison-Wesley:133-164

Guan Z J, Qin X L, Dai H. 2008b. Reversible logic gate network cascade based on permutation group. Transactions of Nanjing University of Aeronautics & Astronautics, 25(3):219-223

Guan Z J, Qin X L, Ge Z M, et al. 2006. Reversible synthesis with minimum logic function. International Conference on Computational Intelligence and Security：968-971

Guan Z J，Qin X L，Zhang Y Q，et al. 2006. A design method for logic optimization of large number of I/O variable. Journal of Computer Information System，3 (2)：1161-1166

Guan Z J，Qin X L，Zhang Y Q，et al. 2007. Network structure cascade for reversible logic. International Conference Nature Computation：306-310

Guan Z J，Bao Z H，Jing W P. 2009a. The cascade of the reversible gate network-based the dynamic binary spanning tree. The 2nd International Workshop on Computer Science and Engineering，(10)：403-407

Guan Z J，Qin X L，Zhang Y Q. 2009b. Reversible network construct based on orthomorphics permutation. Journal of Information & Computational Science，4(2)：235-241

Guan Z J，Zhang Y Q，Lü Y M. 2009c. Reversible logic gate cascade network based on series connection. International Conference on Computational Intelligence and Security，(12)：468-472

Gupta P，Agrawal A，Jha N K. 2006. An Algorithm for synthesis of reversible logic circuits. IEEE Transactions on Computer-Aided Design of Integrated Circuits Systems，25(11)：2317-2330

Goldberg E I，Prasad M R，Brayton R K. 2001. Using SAT for combinational equivalence cheeking. Design，Automation，and Test in Europe：114-121

Hang Y Q，Guan Z J，Yang L. 2010. Construction of reversible network-based the anti-sequence of natural number pair. The International Conference on Computer and Communication Technologies in Agriculture Engineering：246-250

Himanshu T，Vinod A P. 2007. Designing efficient online testable reversible adder with new reversible gate. IEEE International Symposium on Circuits and Systems：1085-1088

Hurst S. 1984. Multiple-valued logic-its status and its future. IEEE Transaction Computers，33 (12)：1160-1179

Iwama K，Kambayashi Y，Yamashita S. 2002. Transformation rules for designing CNOT-based quantum circuits. Design Automation Conference，(149)：419-424

Kerntopf P. 2000a. A comparison of logical efficiency of reversible and conventional gates. International Workshop on Logic Synthesis：261-269

Kerntopf P. 2000b. On the efficiency of reversible logic(3,3) gates. Proc. 7th International Conference on Mixed Design of Integrated Circuits and Systems：185-190

Keyes R W，Landauer R. 1970. Minimal energy dissipation in logic. IBM Journal of Research and Development，14(2)：152-157

Khan M，Perkowski M. 2003. Multi-output ESOP synthesis with cascades of new reversible gate family. International Symposium on Representations and Methodology of Future Computing Technologies：144-153

Khazamipour A. 2006. A new architecture of adiabatic reversible logic gates. IEEE North-East Workshop on Circuits and Systems：233-236

Knill E, Laamme R, Milburn G J. 2001. A scheme for efficient quantum computation with linear optics. Nature, 409: 46-52

Kim J. 2002. A study on ensemble quantum computers[PhD Dissertation]. Daejeon: Korea Advanced Institute of Science and Technology

Kim J, Lee J S, Lee S. 2000. Implementation of the refined Deutsch-Jozsa algorithm on a three-bit NMR quantum computer. Physical Review, 62(2):235-241

Kim S, Kwon J H, Chiae S I. 2001. An 8-b nRERL microprocessor for ultra-low-energy applications. Proceedings of the ASP-DAC: 27-28

Kumar S, Hari S, Shroff S, et al. 2006. Noor and Kamakoti V. efficient building blocks for reversible sequential circuit design. Circuits and Systems, (1): 437-441

Landauer R. 1961. Irreversibility and heat generation in the computing process. IBM Journal of Research and Development, 5(2):183-191

Li H, Guan Z J, Chen S L, et al. 2009. The reversible network cascade based on reversible logic gate coding method. The Fifth International Conference on Information Assurance and Security: 213-216

Liebeck M, Praeger C, Saxl J. 1987. A classification of the maximal subgroups of the finite alternating and symmetric groups. Journal of Algebra, 111: 365-383

Lim J, Kim D, Chae S. 1999. A 16-bit carry-look ahead adder using reversible energy recovery logic for ultra-low-energy systems. IEEE Journal of Solid-State Circuits, 34(6): 898-903

Lloyd S. 1995. Almost any quantum logic gate is universal. Physical Review Letters, 75(2):346

Long G L, Sun Y. 2001. Efficient scheme for initializing a quantum register with an arbitrary superposed state. Physical Review A, 64(1):14303

Lukac M, Pivtoraiko M, Mishchenko A, et al. 2002. Automated synthesis of generalized reversible cascades using genetic algorithms. The 5th International Workshop on Boolean Problems: 33-45

Maslov D. 2003a. Reversible logic synthesis [PhD Dissertation]. Fredericton: University of New Brunswick

Maslov D, Dueck G W. 2003b. Garbage in reversible design of multiple output functions. International Symposium on Representations and Methodology of Future Computing Technologies: 162-170

Maslov D, Dueck G W. 2003c. Improved quantum cost for n-bit Toffoli gates. Electronics Letters, 39(25): 1790-1791

Maslov D, Dueck G, Miller D M. 2003d. Templates for toffoli network synthesis. International Workshop on Logic Synthesis: 320-326

Maslov D, Dueck G W, Miller D M. 2003e. Fredkin/Toffoli templates for reversible logic synthesis. International Conference on Computer Aided Design: 256-261

Maslov D, Dueck G W, Miller D M. 2003f. Simplification of Toffoli networks via templates. Proceedings Integrated Circuits and System's Design: 53-58

Maslov D, Dueck G W. 2004. Reversible cascades with minimal garbage. IEEE Transactions on

Computer-Aided Design of Integrated Circuits and Systems, 23(11): 1497-1509

Maslov D, Dueck G W, Miller D M. 2005a. Synthesis of Fredkin-Toffoli reversible networks. IEEE Transactions on VLSI, 13(6): 765-769

Maslov D, Dueck G W, Miller D M. 2005b. Toffoli network synthesis with templates. IEEE Transaction on Computer-Aided Design Integrated Circuits Systems, 24(6): 807-817

Maslov D, Young C, Miller D M, et al. 2005c. Quantum circuit simplification using templates. Design Autom ation and Test in Europe, 2: 1208-1213

Maslov D, Miller D M, Dueck G W. 2006. Techniques for the synthesis of reversible Toffoli networks. ACM Transactions on Design Automation of Electronic Systems, 12(4): 1084-4309

Maslov D, Miller D M. 2007a. Comparison of the cost metrics for reversible and quantum logic synthesis. IET Computers & Digital Techniques, 1(2): 98-104

Maslov D, Miller D M, Dueck G W. 2007b. Techniques for the synthesis of reversible Toffoli networks. ACM Transactions on Design Automation of Electronic Systems, 12(4):42:1-42

Merkle R C. 1993. Two types of mechanical reversible logic. Nanotechnology, 4(2): 114-131

Merkle R C, Drexler K E. 1996. Helical logic. Nanotechnology, 7(4):325-339

Miller D M. 2002. Spectral and two-place decomposition techniques in reversible logic. The 45th Midwest Symposium on Circuits and Systems, 45(2): 493-496

Miller D M, Dueck G W. 2003a. Spectral techniques for reversible logic synthesis. 6th International Symposium on Representations and Methodology of Future Computing Technologies: 56-62

Miller D M, Maslov D, Dueck G W. 2003b. A transformation based algorithm for reversible logic synthesis. The 40th Design Automation Conference: 318-323

Mishchenko A, Perkowski M. 2001. Fast heuristic minimization of exclusive sum-of-products. International Workshop on Applications of the Reed-Muller Expansion Circuit: 242-250

Mishchenko A, Perkowski M. 2002. Logic synthesis of reversible wave cascades. International Workshop on Logic Synthesis: 197-202

Mottonen M, Vartiainen J J, Bergholm V, et al. 2004. Quantum circuits for general multiqubit gates. Physical Review Letters, 93(13):342-348

Moore G E. 1965. Cramming more components onto integrated circuits. Electronics, 38(8):20-25

Mateo D, Rubio A. 1998. Design and implementation of a 5×5 trits multiplier in a quasi-adiabatic ternary CMOS logic. IEEE Solid-State Circuits Society, 33(7): 1111-1116

Nielsen M A, Chuang I, Grover L K. 2000. Quantum computation and quantum information. American Journal of Physics, 70(5): 558-559

Neve A, Flandre D. 2001. Branch-based logic for high performance carry-select adders in 0. 25μm bulk siliconon-insulator CMOS technologies. Proc. 11th Int. Workshop on Power and Timing Modeling, Optimization and Simulation, 8(2):1-10

Ni L H, GuanZ J, Zhu W Y. 2010. A general method of constructing the reversible full-adder. The 3rd International Symposium on Intelligent Information Technology and Security Information: 109-113

Pan W D, Nalasani M. 2005. Reversible logic. IEEE Potentials, 24(1):38-41

Pawel K. 2004. A new heuristic algorithm for reversible logic synthesis. Proceedings of the 41st Annual Design Automation Conference: 834-837

Perkowski M. 2007-10-01. Reversible computation for beginners. http://www.ee.pdx.edu/~mperkows

Perkowski M, Jozwiak L, Kerntopf P, et al. 2001. A general decomposition for reversible logic. The 5th International Reed-Muller Workshop: 119-138

Perkowski M, Lukac M, Pivtoraiko M, et al. 2003. A hierarchical approach to computer-aided desin of quantum circuits. The 6th International Symposium on Representations and Methodology of Future Computing Technologies: 201-209

Perkowski M, Kerntopf P, Buller A, et al. 2001. Regularity and symmetry as a base for effecient realization of reversible logic circuits. International Workshop on Logic Synthesis: 245-252

Peres A. 1985. Reversible logic and quantum computers. Physical Review, 32(6): 3266-3276

Picton P. 2000. A universal architecture for multiple-valued reversible logic. Journal of Multiple-Valued Logic, 153(5): 27-37

Price M D, Somaroo S S, Dunlop A E, et al. 1999. Generalized methods for the development of quantum logic gates for an NMR quantum information processor. Physical Review A, 60(4): 2777-2780

Pta Gu, Prasad A K, Markov I L, et al. 2003. Synthesis of reversible logic circuits. IEEE Transactions on CAD, 22(6):723-729

Rayner M, Newman D. 1995. On the symmetry of logic. Journal of Physics A: Mathematical and General, 28(19): 5623-5631

Rentergem Y V, de Vos A. 2005. Reversible full adders applying Fredkin gates. Proceedings of 12th Mixdes Conference:179-184

Rice J E, Fazel K B, Thornton M A. 2009. Toffoli gate cascade generation using ESOP minimization and QMDD-based swapping. Proceedings of the Reed-Muller Workshop: 63-72

Saeedi M, Sedighi M, Zamani M S. 2007. A novel synthesis algorithm for reversible circuits. International Conference on Computer-Aided Design: 65-68

Schrom G, Selberherr S. 1996. Ultra-low-power CMOS technology. IEEE 9th International Semiconductor Conference: 237-246

Shende V V, Bullock S S, Markov I L. 2004. Synthesis of quantum logic circuits. IEEE Transactions on Computer-Aided Design of Integrated Circuits and Systems, 25(6): 1000-1010

Shende V V, Prasad A K. 2002. Reversible logic circuit synthesis. Proceedings of International Workshop Logic and Synthesis:125-132

Shende V V, Prasad A K, Markov I L, et al. 2002. Synthesis of reversible logic circuits. IEEE Transactions on CAD, 22(6): 723-729

Smolin J A, Di Vincenzo D P. 1996. Five two-bit quantum gates are sufficient to implement the quantum Fredkin gate. Physical Review A, (53): 2855-2856

Song N, Perkowski M. 1996. Minimization of exclusive sum of products expressions for multi-output multiple-valued input, incompletely specified functions. IEEE Transactions on CAD, 15(4): 385-395

Song X Y, Yang G W, Perkowski M. 2005. Algebraic characteristics of reversible gates. Theory of Computing Systems, 39(2): 311-319

Stewart I. 1989. Galois Theory. London: Chapman and Hall

Stinson J, Rusu S. 2003. A 1.5 GHz third generation ttanium 2 processor. Proceedings of the 40th Design Automation Conference: 706-709

Storme L, de Vos A, Jacobs G. 1999. Group theoretical aspects of reversible logic gates. Journal of Universal Computer Science, 5(5): 307-321

Szilard L. 1929. Uber die entropieverminderung in einem thermodynamischen system bei eingriffen intelligenter wesen. Zeits Physik, 53(1): 840-856

Teschke L. 1979. Über die normalteiler der p-sylowgruppe der symmetrischen gruppe vom grade pm. Mathematische Nachrichten, 87(1): 197-212

Thapliyal H, Srinivas M B. 2005. An extension of Fredkin gate circuits using DNA: reversible logic synthesis of sequential circuits using Fredkin gate. SPIE International Symposium on Optomechatronic Technologies: 196-202

Thapliyal H, Srinivas M B. 2006. Modified Montgomery modular multiplication using 4:2 compressor and CSA adder. Third IEEE International Workshop on Electronic Design, Test and Applications: 414-417

Toffoli T. 1980. Reversible computing. Seventh Colloquium on Automata, Languages and Programming, 28(1): 632-644

Toffoli T. 1981. Bicontinuous extensions of invertible combinatorial functions. Theory of Computing Systems, 14(1): 13-23

Turing A. 1936. On computable numbers with an application to the entscheidungs-problem. Proceedings of the London Mathematical Society, 42(2): 30-65

von Neumann J. 1949. Re-evaluation of the problems of complicated automata problems of hierarchy and evolution. Fifth Illinois Lecture: 20-36

von Neumann J. 1966. Theory of Self-Reproducing Automata. Illinois: University of Illinois Press

Vasudevan D P, Lala P K, Parkerson J P. 2005. CMOS realization of online testable reversible logic gates. IEEE Computer Society Annual Symposium on VLSI: 309-310

Wasaki Y. 1988. Causal ordering in a mixed structure. Proceedings of the Seventh National Conference on Articial Intelligence: 313-318

Weir A. 1955. The Sylow subgroups of the symmetric groups. Proceedings of the American Mathematical Society, (6): 534-541

Wikipedia. 2008-07-12. Editing Gordon Moore. http://en.wikipedia.org/wiki/Gordon_Moore

Wille R. Fast exact Toffoli network synthesis of reversible logic. IEEE/ACM International Conference on Computer-Aided Design: 60-64

Wille R, Drechsler R. BDD-based synthesis of reversible logic for large functions. Design Automation Conference：270-275

Yang G W，Hung W，Song X，et al. 2003. Majority-based reversible logic gate. The 6th International Symposium on Representations and Methodology of Future Computing Technologies：191-200

Yang G W，Song X Y，Hung N P，et al. 2006a. Group theory based synthesis of binary reversible circuits. The 3rd Annual Conference on Theory and Applications of Models of Computation：365-374

Yang G W，Song X Y，Hung W N. 2006b. Group theory based synthesis of binary reversible circuits. Theory and Applications of Models of Computation，3959：365-374

Yang G W，Song X Y，Perkowski M. 2005a. Fast synthesis of exact minimal reversible circuits using group theory. Proceedings of the ASP-DAC，(2)：1002-1005

Yang G W，Tang Z，Song X Y，et al. 2005b. Exact synthesis of 3-qubit quantum circuits from non-binary quantum gates using multiple-valued logic. Procee dings of Design，Automation and Test in Europe：434-435

Yoeli M，Rosenfeld G. 1965. Logical design of ternary switching circuits. IEEE Transaction on Electron. Computers，14(1)：19-29

Younes A，Miller J. 2004. Representation of boolean quantum circuits as reed-muller expansions. Journal of Electronics and Control，91(7)：431-444

Younis S，Knight T. 1994. Asymptotically zero energy split-level charge recovery logic. Proceedings of IEEE International Workshop on Low Power Design：177-182

Zhang Y Q，Guan Z J，Nie Z L. 2010. Function modular design of the DES encryption system based on reversible logic gates. The International Conference on Multimedia Communications：245-251

Zheng Y，Huang C. 2009. A novel toffoli network synthesis algorithm for reversible logic. Design Automation Conference：739-744

Zhu W Y，Guan Z J，Hang Y Q. 2009. Reversible logic synthesis of networks of positive/negative control gates. The Fifth International Conference on Natural Computation：538-542

Zilic Z，Radecka K，Kazamiphur A. 2007. Reversible circuit technology mapping from non 2 reversible specifications. Proceedings of the Conference on Design，Automation and Test in Europe：58-563

Zimmermann R，Fichtner W. 1997. Low-power logic styles：CMOS versus pass-transistor logic. IEEE Journal of Solid-State Circuits，32(7)：1079-1090

龙桂鲁，刘洋. 2008. 广义量子干涉原理及对偶量子计算机，物理学进展，28(4)：85-106

Cao H X，Li L，Chen Z L，et al. 2010. Restricted allowable generalized quantum gates. Chinese Sci. Bull.，55(20)：2122-2125

Giancoli D C. 2000. Physics for Scientists and Engineers. 3rd ed. New Jersey：Prentice-Hall

Gudder S. 2007. Mathematical theory of duality quantum computers. Quantum Information Processing，6(1)：37-47

Liu Y, Long G L. 2008. Analytic one-bit and CNOT gate constructions of general n- qubit controlled gates. International Journal of Quantum Information, 6(3):447-462

Long G L. 2006. General quantum interference principle and duality computer. Commun. Theor. Phys., 45(5): 825-844

Steven S. 2005. The isothermal expansion and compression of an ideal gas. *In*: Zumdahl A. Chemical Principles. 5th ed. Careers: Houghton Mifflin Company

Tesla N. 2007-05-12. New monarch of machines. http.//www.tfcbooks.com/tes/a/1911-10-15.htm

Tucci R R. 1999. Quantum entanglement and conditional information transmission. Quantum Physics, 2(9):9909041-9909073

Vartiainen J J. 2004. Efficient decomposition of quantum gates. Physical Review Letters, 92 (17): 177902

Wang L, Almaini A E A, Bystrov A. 1999. Efficient polarity conversion for large boolean functions. IEE Proc-Comput. Digit. Tech., 146(4):197-204

Wang Y Q, Du H K, Dou Y N. 2008. Note on generalized quantum gates and quantum operations. Int. J. Theor. Phys., 47: 2268-2278

Zou X F, Qiu D W, Wu L H, et al. 2009. On mathematical theory of the duality computers. Quantum. Inf. Process, 8:37-50